노벨상 수상자와 함께한 24일

Physics Over Easy
Breakfasts with Beth and Physics
Copyright © 2010 by World Scientific Publishing Co. Pte Ltd.,
All rights reserved.

Korean Translation Copyright © 2012 by Einbooks Publishing.
Korean translation rights arranged with World Scientific Publishing Co. Pte Ltd.,
Singapore through Impact Korea Agency, Korea.

이 책의 한국어판 저작권은 임팩트코리아 에이전시를 통한
World Scientific Publishing Co. Pte Ltd와의 독점계약으로
아인북스에 있습니다. 저작권법에 의하여 한국 내에서
보호를 받는 저작물이므로 무단전재와 복제를 금합니다.

Physics Over Easy: Breakfasts with Beth and Physics

노벨상 수상자와 함께한 24일

일상에서
궁금했던
물리 이야기

레오니트 아자로프 지음 | 남철주 옮김

아인북스

아름다운사람人

365일 독자와 함께 지식을 공유하고 희망을 열어가겠습니다.
당신의 지혜와 풍요로운 삶의 지수를 높이는 아인북스가 되겠습니다.

노벨상 수상자와 함께한 24일

초판 1쇄 발행 2012년 8월 10일
초판 2쇄 발행 2013년 11월 18일

지은이 | 레오니트 아자로프
옮긴이 | 남철주
펴낸곳 | 아인북스
펴낸이 | 윤영진
등록번호 | 204-93-08829
주소 | 서울시 종로구 내수동 72
　　　경희궁의 아침 3단지 오피스텔 1104호
전화 | 02-926-3018   팩스 | 02-926-3019
메일 | bookpd@naver.com
ISBN | 978-89-91042-42-1   03420

■ 잘못 만들어진 책은 바꾸어 드립니다.
■ 값은 뒤표지에 있습니다.

| 개정판 서문 |

독자들은 이 책 초판에서 밝힌 식사 시간의 논의들이 실제로 일어났던 것인지, 아니면 저자가 모두 창안해 지어낸 것인지 매우 궁금해 한다. 내가 아내와 나눈 대화 내용은 모두 현실에서 정말로 있었던 일이다. 그리고 나는 개정판을 출간하게 되었다. 이제 여러분들은 안심이 되는가? 어떻게 초판의 구성 방식을 그대로 유지할 수 있을지는 모르겠다. 아내와 나는 둘 다 은퇴를 한 이후 우리의 생활 방식이 변했고, 실제로 책에서 벌였던 논의들에 자극을 받는 상황으로 변한 것도 마찬가지다.

그렇지만 아내는 내가 개정판을 출간하는 것에 동의했다는 것을 알았을 때 그녀는 이 상황을 잘 극복할 수 있는 새로운 소재와 자료를 요약해 설명해달라고 주장했다. 그래서 우리는 물리학에 대한 정기적인 대화를 계속했지만, 대화는 아침 식사 시간과 다른 식사 시간도 포함되었다. 이런 대화 내용은 제19장~제24장에 조금씩 보완되어 있다.

이 책의 제1장에서 18장까지는 몇몇 사소한 수정 사항 외에는 초판과 다르지 않다. 이번에 쓰는 새로운 내용들은 지난 수십 년 동안 발전하고 무르익어 왔던 것이며, 이는 좀 더 최근에 발견된 내용들을 자세히 설명하고 있다. 이 새로운 내용들이 현재에도 계속 진행 중에 있는 논의들이며 좀 더 진전된 작업으로 보아야만 한다. 초판을 쓰던 당시에는 우리가 아직 완벽하게 이해하지 못했기 때문에 이 부분이 초판에는 포함되어 있지 않다. 물리학자들에게 이 진전된 논의가 진행되던 시기는 아주 고무적이며 흥분되는 시간들이다. 새롭고 세심하며 민감한 조사결과들은 우주를 연구하기 위해 위성을 쏘아 알려진 것들이다.

전기적으로 중성인 불완전한 가상의 입자 힉스Higgs를 찾아내기 위해 더욱 강력한 입자 가속기가 작동되고 있으며, 원자보다 작은 아원자의 세계에 대해 우리는 점점 확실하게 알게 되었다. 실증적인 증거를 중요시하는 실험주의자들은 나노와 같은 미세한 입자에 대한 실제적 적용을 찾고 있으며, 유용하고 쓰임새 있는 장치를 통해 양자역학의 기묘함을 활용하는 방법을 증명하고 있다. 결국 이론가들은 물리학 전반을 아우르는 방대한 대통합 이론GUT(Grand Unified Theories)을 확대하는 방식을 찾고 있다. 끝으로 나는 여러분이 이 흥미로운 발전 상황을 정독하며 즐기기를 바란다.

| 들어가는 글 _ 무엇이 우리를 계속 움직이게 하는가? |

이제 나는 내가 물리학자라는 것을 인정하지 않기로 했다. 새로 사귄 지 얼마 안 되는 친구들이 내 직업을 물으면 "나는 물리학자야"라고 대답했는데, 내 대답을 들은 그 친구들은 이상하게도 내 직업에 대해 더는 말하고 싶지 않다는 듯이 종종 화제를 슬며시 다른 데로 돌렸기 때문이다. 그래서 그 다음부터는 물리학자라고 말하지 않고 대신 "나는 물질 과학자야"라고 말했다. 이렇게 말하면 상대방은 겁을 먹는 일 없이 오히려 내 직업에 대해 강한 호기심을 나타내면서 물질 과학자가 하는 일이 무엇이냐고 물었다. 그러면 나는 모든 종류의 물질의 특성에 대해 연구하는 코네티컷 대학 연구소 소장이라고 대답하고 얼른 화제를 바꾸어 말했다.

　누가 물질과학이 무엇이냐고 물었을 때, '나는 사람들을 포함한 세상의 모든 것을 구성하는 물질들의 물리적 특성과 근원적인 구조를 연구하는 학문'이라고 말한다면 상대방은 아마 화제를 다른 것으로 바꾸려 할 것이다. 새로 사귄 친구가 더 자세한 설명을 요구한다면 나는 관심사가 개개 원자들의 물리적 현상과 그 물질들이 나타내는 특성을 어떻게 결정짓는지를 연구하는 데 있다고 말해줄 것이다. 이렇게 말하면 아마도 그 친구는 물리학에 대해 감탄하거나 물리학자를 존경하게 될 것이다. 그런데 사람들은 여러 가지 서로 다른 이유로 내 직업에 대해 캐묻지 않았다. 가끔 내 직업에 대해 더 질문하면 나는 저술한 몇 권의 책에 대해 말했다. 그러면 그들은 감탄의 탄성을 질렀다. 그들이 이해할 수 있는 책을 쓸 수만 있다면 얼마나 좋을까?

몇 해 전 모든 물리학자가 두려워하는 일이 나에게도 일어났다. 나는 예일뉴헤이븐Yale-New Haven 병원에서 목 수술을 받기 위해 기다리고 있었다. 경동맥 내막 절제 수술을 하기로 한 외과 의사는 수술 대기실에서 내 직업이 무엇이냐고 물었다. 내가 물리학자라고 하자 의사는 동정 어린 눈으로 나를 뚫어지게 보면서 대학에서 물리 성적이 거의 낙제 점수에 가까웠기 때문에 의대에 입학하는 데 매우 애를 먹었다고 말했다. 이제 독자들도 어떤 사람이 처음 보는 낯선 사람에게 자신이 물리학자임을 밝히는 것이 왜 좋은 일이 아닌지 이해할 것이다.

여자들은 대체로 나를 잘 이해해주고 또한 물리에 대해서도 진지한 관심을 갖고 질문을 했다. 특히 그녀가 처녀이고 나 역시 총각인 것을 알았을 때 더욱 그러했다. 내가 유람선을 타고 카리브 해를 여행하는 도중에 한 여자를 만났는데, 그녀도 역시 나를 잘 이해해주어서 나는 여행이 끝나기도 전에 그녀에게 청혼을 했다.

베스는 학생들의 행동 관리를 전공한 매우 뛰어난 심리학자였다. 일반적으로 아이들을 다루는 사람에게 물리학 교수란 그리 호감을 주지 못한다. 그러나 그녀는 이러한 사실을 나에게 내색하지 않았을뿐더러 자신이 교육 경력을 쌓아가는 동안, 소홀히 할 수밖에 없었던 학문에 조예가 깊은 사람에 대해 항상 존경심을 나타냈다.

베스는 미네소타 대학에서 박사 과정을 마쳤다. 그녀는 9년 동안이나 물리학을 공부하지 않았지만, 과학 철학을 포함한 과학 공부를 통해 자연을 지배하는 법칙은 아주 단순하다는 것을 발견했다. 일반적으로 어떤 자연 현상에서도 가능한 한 가장 간단한 설명이 올바른 설명이다. 베스는 물리학은 가장 기본적인 과학이며, 어떤 현상에 대해 아주 간단하게 설명해야 된다는 것을 깨달았다. 그녀는 본래 호기심이 많아서 전기 퓨즈가 어떻게 작동하는지, 로켓이 어떻게 날아가는지, 하늘이 낮에는 파랗다가 왜 해가 질 무렵에는 붉게 변하는지를 알려고 했다. 그녀는 이러한 의문점을 해결하기 위해 나와 함께하는 아침 식사 시간을 몹시도 기다렸다.

베스는 어렸을 때 물리학을 어렵게 느껴서 공부를 포기한 반면에 나는 학창시절에 물리 과목에 상당히 많은 관심을 가졌다. 나는 학교에서 공부하는 과목 중 수학이 가장 쉬웠기 때문에, 나를 가르치던 선생님들께서 아낌없이 보내주던 관심과 격려를 만끽할 수 있었다. 그러나 선생님의 귀여움을 독차지했던 나는 가끔씩 친구들과 주먹다짐을 해서 그런 즐거움이 약간씩 줄어들었다. 항상 "저 꼬맹이 아인슈타인"이라고 불렸기 때문에 아인슈타인과 같은 물리학자가 되고 싶다는 불타는 열망을 갖고 자라났다.

나는 회계사, 의사, 변호사, 야구선수가 되고 싶어하는 친구들과 달라지는 것 외에는 물리학자가 되는 것이 무엇을 의미하는지 알지 못했다. 대학에 들어가 물리학을 전공할 때쯤 나는 물리학이라는 학문이 내 동료 학생들이 추구하는 다른 과목에 비해서 더 재미있지도 덜 재미있지도 않다는 것을 깨닫게 되었지만, 물리학은 여전히 나에게 매력적이었다. 물리학자가 되는 것이 아인슈타인이 되는 것과 왜 다른지를 내가 완전히 이해한 것은 대학원에서 필요한 모든 과정을 힘들여 다 마치고나서였다. 그러나 그때에는 이미 주사위가 던져진 후였다.

　물리학은 왜 그런 두려움을 야기하는 것일까? 실제로 물리학은 대학의 다른 전공과목보다 어려운 과목이 아니다. 아마도 어렵게 보이도록 만드는 것은 다른 학자나 물리학자들이 영속시키기를 바라는 신비감 때문이다. 나는 물리 교수가 된 후, 학생들에게 수식적인 방정식에 숨어 있는 의미를 설명하는 것보다 수학적 언어의 복잡함을 자세히 설명하는 것이 훨씬 쉽다는 것을 발견했다. 불행하게도, 어떤 과목이 어렵거나 재미없는 것처럼 생각되는 것은 흔히 그것을 가르치는 교수의 준비가 부족하기 때문이다.

　나는 대학에서 짧은 기간이었지만 시에 대한 강의를 들은 적이 있는데, 그 강의는 오히려 시에 대한 호기심마저 없애 버렸다. 그 이후로 정말 시를 좋아하지 않았다. 그러나 시를 아주 매력적으로 들리도록 만드는 전문 해설가가 있다는 이야기를 들은 적도 있다.

　나는 베스와 결혼한 지 얼마 지나지 않아서, 학부의 학생들이 물리학을 아주 쉽고 재미있게 공부할 수 있는 책을 쓰기로 결정했다. 내가 이 일에 점점 빠져들면서 이 일은 아침 식사 시간의 대화로 이어지게 되었다. 이렇게 해서 《천일야화》에 나오는 셰에라자드처럼 1,001번의 아침 식사를 하면서 물리학을 이야기하게 되었다. 본문에 나오는 이야기는 이 중에서 가장 기억할 만한 대화를 모아 놓은 것이다.

| 차례 |

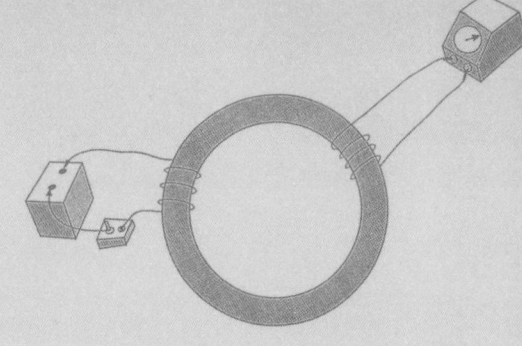

개정판 서문 _ 5

들어가는 글 – 무엇이 우리를 계속 움직이게 하는가? _ 7

첫 번째 아침 식사 : 관성과 삶은 달걀	14
두 번째 아침 식사 : 베네-블록 달걀	27
세 번째 아침 식사 : 사과-중력 팬케이크	35
네 번째 아침 식사 : 콘플레이크와 에너지	46
다섯 번째 아침 식사 : 초코 핫케이크와 칼로리	53
여섯 번째 아침 식사 : 프렌치토스트	65
일곱 번째 아침 식사 : 콜드컷	76
여덟 번째 아침 식사 : 블루베리 머핀	91
아홉 번째 아침 식사 : 사과 튀김과 사랑	106
열 번째 아침 식사 : 달걀과 바삭바삭한 베이컨	126
열한 번째 아침 식사 : 라이트 크림을 곁들인 오트밀	143
열두 번째 아침 식사 : 훈제 연어와 베이글	163

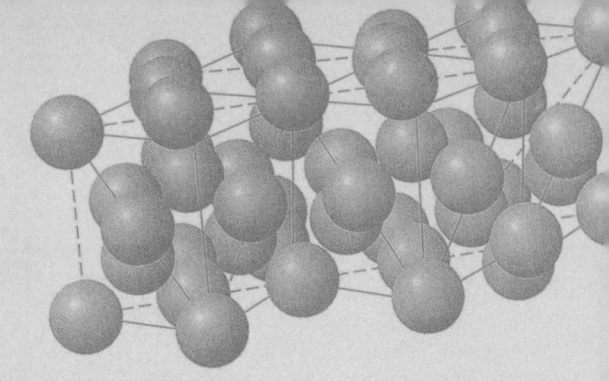

열세 번째 아침 식사 :	파리나	178
열네 번째 아침 식사 :	데니시 페이스트리	196
열다섯 번째 아침 식사 :	벌집 모양의 바삭한 와플	211
열여섯 번째 아침 식사 :	오렌지 주스와 도넛과 커피	230
열일곱 번째 아침 식사 :	쌀 과자	240
열여덟 번째 아침 식사 :	옥수수 튀김	268
열아홉 번째 식사 :	집에서의 저녁 식사	296
스무 번째 식사 :	해변에서의 점심 식사	312
스물한 번째 식사 :	베네치아 만에서의 점심 식사	320
스물두 번째 식사 :	해변 식당에서 식사	328
스물세 번째 식사 :	별빛 아래에서 외식	341
스물네 번째 식사 :	음료를 마시며 나눈 마지막 대화	350

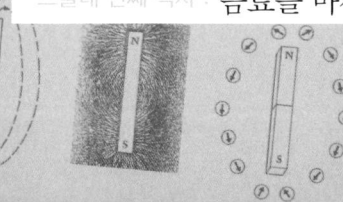

노벨상 수상자와 함께한 24일

일상에서 궁금했던 물리 이야기

첫 번째 아침 식사

관성과 삶은 달걀

그 모든 것이 어떻게 시작되었는가? : 구르는 공

물리학에 대한 아내와의 대화는 내가 다음과 같이 말한 어느 날 아침부터 우연히 시작되었다. "초기의 물리학자에 관한 재미있는 이야기를 발견하고 재조사하는 것이 나에게는 정말 즐거운 일이야."

내 이야기에 호기심이 생긴 아내는 "최초의 물리학자는 누구였나요?" 라고 질문했다(이제 곧 알게 되겠지만 그녀는 무한한 호기심 때문에 이와 같은 질문을 많이 하게 된다).

"갈릴레오 자신은 깨닫지 못했지만 갈릴레오가 최초의 물리학자였지. 그러나 케임브리지 대학의 학장이며 비상근 부총장인 윌리엄 휴얼William

Whewell이 그러한 이름을 처음 제안했던 19세기 중반까지는 학자를 과학자나 물리학자라고 부르지 않았지."

"그러나 갈릴레오보다 훨씬 전에 지금 물리학이라 부르는 학문을 연구한 사람들이 분명히 있었죠!" 아내는 이의를 제기했다. "아주 진보된 많은 이집트 문명인 또는 그리스나 마야, 아스텍 문명인들 그 밖에 아시아의 문명인들에 대해서는 어떻게 생각하세요?"

"우리는 아메리카, 아시아, 아프리카 등에서 고대 건축물의 유적들을 발견할 수 있지. 또한 초기 건축가들이 발견하고 이용했던 간단한 많은 도구에 대해서도 알고 있어. 그러나 놀랍게도 과학적 분석에 관해 우리가 갖고 있는 가장 오래된 기록은 지금 그리스와 터키라고 부르는 지역의 고대 학자들의 가르침으로 거슬러 올라가게 되지. 단 하나의 예외는 천체들에 대한 규칙적인 관찰이 있었지만 이는 과학이라기보다는 기술이라 할 수 있지. 또한 이는 자연 현상을 이해하는 데 사용된 것이 아니라, 통치자의 장래를 예견하는 데 사용되었어. 그러나 과거에 일어났던 사건들이 갈릴레오의 생애에 많은 영향을 미쳤지. 약 2,500년 전 지금 근동 지방이라 불리는 곳을 둘러싸고 있는 하늘색 바닷가를 따라 살고 있는 몇몇 사람은 자신들의 주변 환경에 대해 유난히도 깊이 생각하기 시작했지. 아마도 그들은 자신들을 과학자라 부르지 않았기 때문에 자신들의 생각을 들어주거나 자신들의 일에 사람들을 참여시키는 데 별 어려움이 없었을 거야."

"당신은 교수들이 자신들을 교수라 부르지 않는다면 더 많은 학생이 강의를 들을 것이라 생각하세요?"

"그럴 가능성은 얼마든지 있지. 어쨌든 '학교'는 개인주의적인 그리스 학자들의 보호 아래 점진적으로 발전해왔어. 자연 철학의 아버지라 불리며 가장 초기의 그리스 학자인 피타고라스는 직각삼각형에서 직각을 이루는 두 변의 각각의 제곱의 합은 빗변의 제곱과 같다는 것을 추론함으로써 널리 알려진 사람이지. 잘 알려지지 않은 사실이지만 대부분의 사람이 지구가 평평하다고 확신하고 있었을 때 피타고라스는 지구는 둥글다고 주장했어. 그러나 피타고라스의 주장은 배가 수평선 너머로 서서히 사라진다는 사실(그림 1)을 관찰해서가 아니라 미학적으로 물체가 가질 수 있는 가장 그럴듯한 형태가 구라는 것을 전제로 한 것이었지. 바로 이런 이유 때문에 완전한 지구는 구이어야만 한다는 것이었지. 그러나 피타고라스는 이단적인 사상으로 인한 대중의 노여움을 피하기 위해 비밀단체를 만든 다음에 자신들의 주장이 외부로 새어나가지 않도록 맹세를 했지."

"그들이 걱정한 것은 자신들이 비웃음거리가 될 것에 대한 것이었나

[그림 1] 지구는 둥글기 때문에 배가 수평선 너머로 지나갈 때 석양 무렵 해가 지는 것처럼 배가 가라앉는 것으로 보인다.

요, 아니면 그들의 안전 때문이었나요?"

"실은 나도 잘 몰라. 비밀단체를 만드는 것이 단순히 지성인들의 속물적인 습성일 수도 있어. 당신도 논리학을 배워서 알고 있겠지만 그리스의 가장 위대한 철학자인 아리스토텔레스는 정밀한 추론에 대한 법칙을 체계적으로 자세히 설명했지. 그는 사람들의 관심을 끄는 여러 주제를 포괄적으로 분석하는 데 이 법칙을 적용했어. 이 과정에서 아리스토텔레스는 결론을 이끌어낸 논증이 논리의 법칙에 맞게 이루어졌느냐 하는지는 중시했지만, 그 결론이 옳은지 그른지 시험해볼 필요성을 느끼지 않았어. 그러나 나는 기하학에서 그들의 정리를 정밀하게 증명할 것을 요구했던 사람들이 그 밖의 것에 대해서는 검증 받지 않은 생각들을 어떻게 그렇게 과감히 받아들일 수 있었는지가 당황스러워."

"아리스토텔레스의 책에는 인간의 행동을 묘사하고 있다고 믿고 있어요. 그것은 바로 그를 최초의 심리학자라고 말하는 이유가 되지요." 아내가 언급했다.

"아리스토텔레스는 지구상에서 운동하는 물체들을 포함한 많은 사물에 대해 사람들의 생각을 고정시켜 놓았지. 그는 처음에 소위 '자연적인 운동'과 '강제적인 운동'으로 구분했어. 추측건대 자연적인 운동은 물체의 '본성'에 근거를 둔 것 같아. 예를 들어 돌멩이와 같은 물체의 본성은 땅이기 때문에 돌멩이를 들었다가 놓을 때 돌멩이는 땅으로 되돌아간다고 생각했지. 또한 돌멩이가 크고 무거울수록 돌멩이가 땅으로 되돌아가려는 성향은 더욱 커진다고 생각한 것이지. 이와 비슷하게 연기는 본성이 하늘이기 때문에 통나무를 태울 때 피어나는 연기는 하늘로 올라간다고 생각한 거야. 지상에서 일어나는 대부분의 자연적인 운동이 그러하듯이 이러한 자연적인 운동은 위로 올라가거나 내려오는 직선 형태의 운동만을 할 수 있었다고 생각했어."

"나뭇잎은 어떤가요? 나뭇잎은 지상으로 떨어진다기보다는 떠 있는 것 같은데……."

"아리스토텔레스는 나뭇잎의 본성은 주로 지상이지만 부분적으로는 하늘에 있다고 했어. 따라서 나뭇잎은 돌멩이처럼 땅으로 떨어지긴 하지만 아주 천천히 떨어지게 되는 거야."

"아리스토텔레스는 행성과 별의 운동은 어떻게 설명했나요?"

"그들은 지상에서 멀어지거나 가까워지는 직선운동을 하지 않는다고 설명하였는데 또다시 그는 이 문제를 솜씨 좋게 해결했어. 천체들은 원운동을 하고 있다는 거야. 원운동은 시작도 끝도 없기 때문에 영원히 계속적으로 운동할 수 있다는 거야."

"순환 논법circular argument처럼요?"

"천체들이 순환적인 운동을 한다고 말하는 것은 아마도 그것 때문일 거요. 자, 아까 하던 이야기를 계속합시다. 수평 방향으로 돌멩이를 운동시키려면 돌멩이에 힘을 가해야만 한다는 거지. 즉, 이때 돌멩이의 운동은 '강제적인' 운동이야. 빠르게 흘러가는 강물이 그 위에 떠 있는 통나무를 운반시키거나 바람이 나뭇잎을 떨어지게 하거나 돛단배를 움직이게 하는 것 등은 모두 강제적인 운동의 예라 할 수 있지. 강제적인 운동을 하게 하는 외부의 힘이 없어질 때 물체들은 본래의 상태로 되돌아가는 거요. 돌멩이는 지상에 그대로 있거나 지상으로 되돌아가고 통나무와 돛단배는 물 위에 그냥 떠 있게 되는 거야."

"잠깐만." 아내가 가로막았다. "돌멩이를 옆으로 던질 때 돌멩이의 강제적인 운동은 바로 손이 해준다는 거지요. 그러나 돌멩이를 던진 후 더는 손이라는 외적인 요인이 없더라도 돌멩이는 계속 운동하는 것에 대해 아리스토텔레스는 어떻게 설명했나요?"

"여기서 아리스토텔레스의 재능을 엿볼 수 있지. 그는 다음과 같이 추론했어. 돌멩이가 앞으로 운동할 때 돌멩이는 앞쪽의 공기가 돌멩이의 운동에 방해가 되지 않도록 밀어내게 되고 이 때문에 돌멩이의 뒤쪽에는 공기가 없는 빈 공간이 만들어지게 되지. 따라서 압축된 공기는 빈 공간을 채우기 위해 돌멩이의 뒤쪽으로 몰려가게 되는 거야. 이런 과정에서 돌멩이는 앞쪽으로 나아가게 되는 거야! 돌멩이는 본래의 상태로 되돌아가려는 성향 때문에 차츰 돌멩이가 던져진 곳에서 지상으로 떨어지게 되는 거지. 당신은 이렇게 정교한 논리적 설명을 어떻게 생각해?"

"좋아요. 갈릴레오를 최초의 물리학자라 부를 수는 있지만 그 이전에 다른 많은 사람이 여러 가지 기초적인 연구를 했다고 말할 수 있죠?" 아내는 소스 냄비 속의 끓는 물에 달걀 2개를 풍덩 떨어뜨리면서 물었다. "이제 우리가 처음에 이야기했던 것으로 되돌아가죠. 갈릴레오에 대해 더 자세히 이야기 좀 해주세요. 또 그가 이룩한 유명한 업적에 대해서도 이야기를 해주세요."

"갈릴레오는 1564년 2월 15일, 이탈리아의 피사에 있는 가난한 귀족 집안에서 태어났지. 그의 아버지는 음악의 수학적 형태에 많은 관심을 갖고 있었지만, 자식들 중에서 재능이 가장 뛰어난 갈릴레오에게는 재정적으로 많은 보상을 받을 수 있는 의학을 공부하게 했어. 그래서 젊은 갈릴레오는 내과의사가 되기 위해 피사 대학에 입학했지만 갈릴레오는 아버지가 그랬던 것처럼 수학에 더 많은 흥미가 있다는 사실을 알게 되었지. 그래서 그는 과학적 호기심을 만족시키기 위해 의학 공부를 그만 두었어. 다행히도 피사 대학의 학장들은 그의 과학적인 장래성을 인정하여 그를 수학과의 전임강사로 임명했지. 그런데 갈릴레오는 수학뿐만 아니라 어떤 분야에서도 공식적인 학위를 받지 못했지. 덕분에 전임강사로 3년간을 더 머무를 수가 있었고, 그곳에서 자유 낙하하는 물체의 운동에 관한 기초적인 연구를 하게 되었던 거야."

"갈릴레오가 대체 어떤 연구를 했기에 학장들이 그렇게 깊은 감명을 받았나요?"

"이미 갈릴레오는 의학 공부를 하는 동안 아리스토텔레스의 학설이 부적절하다는 사실을 알고 있었어. 어느 날 그는 피사의 성당에서 예배를 보는 동안 천장에 긴 쇠사슬로 연결되어 있는 샹들리에가 규칙적으로 흔들리는 것을 보고 그만 넋을 잃고 말았지. 샹들리에가 흔들리는 시간을 자신의 맥박으로 측정했더니 샹들리에의 1회 왕복 시간이 매번 같음을 알게 된 거야. 나중에 집에 가서 길이가 다른 여러 개의 실에 질량이 다른 추를 매달아 성당에서와 같은 관찰을 해보았지. 그는 실의 길이에 따라 또는 매달린 추의 무게에 따라 왕복 시간이 달라진다는 것을 알게 되었어. 아리스토텔레스학파의 논리로는 이를 설명할 수 없었지만 갈릴레오조차도 이에 대해 만족할 만한 설명을 하지 못했어. 그렇지만 그는 이를 이용하여 메트로놈(이 기구가 만들어진 후에 수년간 음악가들을 성가시게 했다)의 선구자라 할 수 있는 맥박계를 발명했지."

"흔들리는 샹들리에는 일종의 진자가 아닌가요?" 아내는 불쑥 끼어들면서 말했다. "또 갈릴레오와 아리스토텔레스는 어떤 점이 달랐나요? 갈릴레오가 진자의 규칙성에 대한 자신의 추측에 만족하지 못하고 직접 실험을 했다는 것이 사실이에요?"

"실험이 바로 갈릴레오와 아리스토텔레스의 서로 다른 점이며 이것이 아주 중요한 차이점이지. 그러나 이보다 중요한 차이점은 갈릴레오는 자신이 실험하여 알게 된 관측 결과를 자연의 보편적인 법칙으로 일반화시킬 수 있는 능력이 월등했다는 데 있지. 몇몇 사람이 아직도 계속 주장하는 자유낙하 물체에 관한 그릇된 개념을 당시에 갈릴레오는 어떻게 바로잡았는지를 말해주지."

"올라간 것은 반드시 내려오게 된다는 아리스토텔레스의 결론에서 이끌어낸 주장을 말하는 거죠." 아내는 또다시 달걀 2개를 소스 냄비에 넣으면서 장난기 어리게 물었다.

"그렇지 않아. 아리스토텔레스는 낙하하는 물체의 속력은 물체의 무게(지구가 물체를 끄는 힘, 즉 중력과 같다)에 달려 있다고 가르쳤지. '무거울수록 지면을 향해 더 빨리 떨어진다.' 갈릴레오는 이 가설을 검증하기 위해 항간의 전설처럼 피사의 사탑을 올라가진 않았어. 그는 무게가 다른 두 물체의 낙하 시간을 비교하는 데 많은 어려움이 있다는 것을 알았지. 두 물체를 정확히 동시에 떨어뜨려야만 하며, 물체를 놓는 순간의 시간과 지면에 떨어진 시간을 정확히 측정해야만 하는 어려움, 물체가 낙하하는 공간의 공기 저항을 고려해야 하는 어려움, 지금 우리는 자동차나 배 등이 유선형으로 만들어진 까닭을 잘 알고 있지만 갈릴레오는 자유 낙하하는 물체에 대한 공기의 역할을 잘 알지 못했어. 또한 그에게는 낙하하는 물체의 속력을 정확히 측정할 수 있는 스톱워치 같은 기구도 없었어."

"나는 당신의 책에 이를 분명하게 설명하면 좋겠어요. 당시에 시계도 없이 시간의 개념이 있었다는 것이나 우리가 당연히 받아들이고 있는 다른 많은 것을 지금의 사람들은 이해하기 힘들지 않겠어요?"

"갈릴레오가 이러한 한계들을 어떻게 극복했는지를 묘사함으로써 이를 설명해주지. 우선 첫째로, 그는 아주 곧은 직선상의 홈을 따라 공이 구를 수 있도록 V자형의 홈이 파진 아주 매끄러운 판자 세트를 갖고 있었어. 또한 홈과 구르는 공의 접촉 면적, 즉 마찰을 최소화시켰어. 갈릴레오는 판자의 기울기를 달리해서 통제된 방식으로 굴러 내려오는 공의 속력을 변화시킬 수 있었지. 또 속력을 측정하기 위해 굴러 내려가는 공이 홈을 따라 지나갈 때 종소리가 나도록 적당한 간격으로 종과 같은 아주 작은 기구들을 설치했어. 마지막으로 수조의 통로를 손가락으로 막아 수조에서 다른 용기를 향해 흘러가는 물의 양을 조절했지. 공이 첫 번째 종소리를 낼 때 물이 흘러나오도록 하고 다음 번 종소리가 날 때 물이 흘러가는 통로를 막았어. 이때 용기에 담긴 물의 무게를 정밀하게 측정하여 일련의 종소리 사이의 시간을 계산한 거야. 그는 이러한 계산이 타당한지를 확인하기 위해 같은 실험을 무수히 반복했어. 여기서 중요한 것은 그가 측정한 것을 모두 정확하게 기록했다는 거야."

"저도 자료를 정확하게 기록하는 것이 무엇보다 중요하다는 것을 알고 있어요. 그런데 갈릴레오는 경사면을 따라 굴러 내려오는 공을 관찰하여 무엇을 알아냈다는 거예요?"

"경사면을 따라 공이 굴러 내려오는 데 걸린 시간을 측정하여 그가 발견한 것은 우선 아리스토텔레스의 주장과는 달리 공의 속력이 공의 무게와 전혀 관계가 없다는 것이었어. 사실 그가 발견한 것은 모든 공의 속력이 공의 크기와 무게에 관계없이 일정한 양 만큼씩 증가한다는 것이었어. 공이 굴러 내려가면 갈수록 공은 더 빠르게 굴러갔다. 그런데 이와 같은 속력의 증가를 보통 가속도(물체의 속도가 얼마나 빠르게 변화하는지에 대한 척도. 1초 동안 속도의 변화량)라 불러. 보다 중요한 것은 판자가 수평면과 어떤 각도를 이루더라도 그 각도에서 측정된 모든 공의 가속도는 항상 일정하다는 것이었어! 이를 더 자세히 알아보기 위해 공이 굴러 내려오는 통로의 간격을 달리하여 속력을 측정한 다음 다시 가속도를 측정했지. 그 결과 공의 빠르기와는 관계없이 어느 위치에서나 속력의 증가율은 항상 같았던 거야. 판자의 기울기를 달리할 때만 공의 가속도가 변했어. 판자를 가파르게 기울일수록 공은 더욱 빠르게 내려왔지."

"내가 이를 실제로 실험할 수 없다는 것은 알지만 판자를 완전히 수직이 되게 한다면 가속도는 어떻게 되나요?"

"그거 아주 적절한 질문이군. 판자를 완전히 수직이 되게 들어 올리면, 이때 갈릴레오가 측정한 가속도는 자유 낙하하는 물체의 가속도와 같게 되는 거지! 사실 이것이 갈릴레오와 아리스토텔레스의 차이점이야. 갈릴레오는 자신의 관찰에 대한 논리적 설명 대신에 이상적인 실험을 통해서 그 결과가 어떻게 되었는지를 다시 물었던 거야. 크기가 다른 공들이 실제의 판자에서 구를 필요가 없다면 그것들은 어떻게 움직일까? 이런 방식으로 갈릴레오는 구르는 공을 관찰함으로써 얻은 지식을—공기 저항이 없는 진공의 공간을 상상할 수 있는 한—자유 낙하하는 물체(크기나 모양에 관계없이)에까지 확장시킬 수 있었던 거지."

"갈릴레오는 진공에 관해서도 알고 있었나요?"

"진공에 대한 생각은 고대 그리스까지 거슬러 올라가야 하지만, 그가 진공이 무엇인지, 진공이 세상 어디엔가 실제로 존재하는 것인지를 얼마나 잘 이해하고 있었는지는 나도 잘 몰라. 그는 나뭇잎이나 종잇조각이 돌과는 다른 가속도로 지면에 낙하하는 것은 각각 다른 공기 저항을 받기 때문이라는 것을 분명히 알고 있었어."

"그러면 당신은 자유 낙하하는 물체의 모양이 물체의 낙하 시간에 영향을 미친다는 거예요?" 아내는 또 자기주장을 내세웠다. "조금 전에 자유 낙하하는 물체의 가속도는 물체의 크기나 모양에 관계없이 같다고 이야기한 것으로 알고 있는데요."

"물체에 작용하는 공기 저항만 없다면, 물체의 크기나 모양이나 무게

와도 관계가 없어. 우리가 갈릴레오를 최초의 물리학자라 부르는 이유는 그가 실제 세계에서 관측한 결과를 어떤 물체가 자유 낙하하는 데 아무런 장애가 없는 이상적인 세계로 일반화시킨 최초의 사람이기 때문이야. 실제 세계에서 적용되는 법칙들로 변형시키기 전에 이상적인 세계에서 적용되는 일반적인 법칙들을 이끌어내는 능력이야말로 물리학이 인간이 추구하는 다른 종류의 학문과 구분되는 점이라 할 수 있지."

"갈릴레오가 피사의 사탑에서 실제로 돌맹이들을 던졌는지 의심스럽다는 이유를 잘 이해하지 못하겠어요. 확실히 무거운 돌맹이와 작고 가벼운 돌맹이 모두 거의 같은 공기 저항을 받았을 텐데요."

"틀림없이 맞는 말이야. 본질적으로 둘 다 동시에 도달해야만 하지. 명확한 증거는 없지만 그는 자신의 연구를 남들에게 많이 홍보했기 때문에 그러한 증명을 했다는 주장이 제기되어 왔어. 예를 들어 갈릴레오는 기술적인 내용도 일반 사람들이 읽을 수 있도록 이탈리아어로 책을 출판했어. 이 때문에 학문적인 연구는 라틴어로 출판해야 한다고 주장하는 동료들과의 사이가 멀어지게 되었지."

"그런데 지금 우리의 논제는 운동에 관한 그의 발견과는 멀어지고 있어. 다른 실험에서 갈릴레오는 홈이 파인 기울어진 판자를 따라 공이 굴러 내려와서 마찬가지로 홈이 파인 수평한 판자 위를 구르다가 다시 제3의 판자 위를 굴러 올라가도록 장치했어. 판자 2개가 수평한 판자에 대해 같은 각도로 기울어져 있다면, 공이 첫 번째 판자에서 굴러 내려온 높이만큼 세 번째 판자 위로 굴러 올라가게 되는 거지(그림 2). 세 번째 판자의 기울어진 각도가 첫 번째 판자보다 작다면 공은 같은 높이에 도달하기 위해 더 많은 거리를 굴러가야 할 필요가 있지. 갈릴레오는 공이 끝없이 수평한 판자 위를 굴러가게 된다면 어떻게 될지를 생각했어. 그런데 그는 자신이 관측한 결과와 꼼꼼하게 기록된 내용에서 공이 구르다가 멈추게 되는 유일한 원인은 공과 판자 사이의 마찰이라는 것을 추론한 거야. 갈릴레오는 다음과 같이 일반화시켰지. 마찰과 같은 장애물이 없을 때 외부에서 어떤 힘도 작용하지 않는다면 운동하던 물체는 계속 운동을 하게 되고, 정지해 있는 물체는 계속 정지해 있게 된다. '관성'이라 불리는 이 개념은 아리스토텔레스의 논리와 상반되는 것이었고 이로 인해 갈릴레오는 17세기의 이탈리아에서 계속적인 불행을 맞게 되었지. 아리스토텔레스는 마찰이 없는 판자 위에서 구르는 공을 상상하지 못했지만 갈릴레오는 뛰어난 재능을 발휘하여 실험실의 상황을 공이 영원히 구를 수 있다는 이상적인 상황으로 일반화시켰던 거지."

"당신은 갈릴레오가 아리스토텔레스보다 상상력이 더 풍부하다는 거예요?"

"아니야. 아리스토텔레스는 자신의 결론을 실험적 사실에 근거를 두지

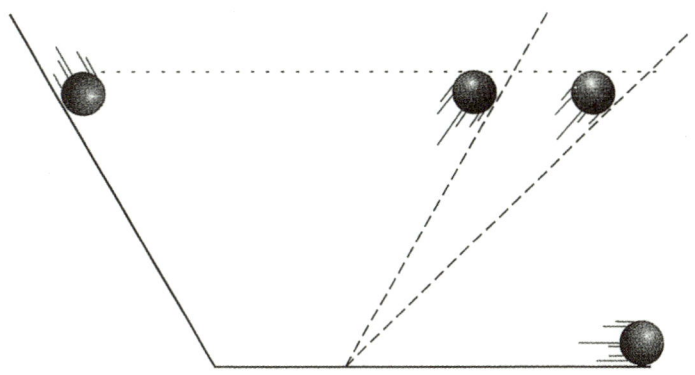

[그림 2] 왼쪽에서 경사면을 따라 굴러 내려오는 공은 오른쪽 경사면을 따라 같은 높이만큼(경사면의 기울기에 관계없이) 굴러 올라가게 될 것이다. 갈릴레오는 공이 끝없이 수평한 판자 위를 굴러가게 된다면 어떻게 될지를 생각했다.

않았기 때문에 나는 오히려 아리스토텔레스의 상상력이 훨씬 풍부했다고 믿고 있지."

"그렇다면 당신은 지금 자연에 관해 진리를 추론하는 것보다 공상에 잠기는 것이 상상력이 풍부하다는 거예요?" 아내는 계속 물고 늘어졌다.

"아마도 갈릴레오보다는 아리스토텔레스가 사색적이라고 말했어야 했는데……. 과학자들, 특히 물리학자들은 현재에 이르기까지 자신들의 상상력을 계속 발휘해왔지. 실험실에서 하는 실험이 여러 제약을 받는 경우도 있지만, 그들은 그리 많은 제한이 없는 이상적인 계_{system}에서는 어떻게 될 것인지를 상상하지. 이러한 상상들을 통해 여러 가지 다양한 개념이 몇 가지 아주 기본적인 개념들로 정리되는 거야. 또 자연의 근본이 되는 법칙들이 단순하다는 사실을 받아들이면서 실제적인 상황을 후에 실험실의 상황으로 조절할 수도 있지. 그곳에 물리학의 참된 아름다움이 있는 거야. 뉴턴은 갈릴레오가 죽던 해의 크리스마스 날 태어나 갈릴레오가 이룩한 물리학을 한층 높은 수준으로 끌어올려 놓았어. 이 이야기는 다음 아침 식사 때의 주제가 될 거야. 당신, 오늘 아침 삶은 달걀을 들어서 내 접시 위에 올려주겠어? 나에게 관성을 지닌 달걀들은 아주 좋은 아침 식사일지도 모르잖아!"

두 번째 아침 식사

베네-블록 달걀

무엇이 공을 굴러가게 하는가?

"오늘 아침에는 달걀 요리가 어때요? 관성 이야기와 함께요?"

"그럼 달걀 요리 좀 부탁해."

"당신, 내게 운동에 대해서 좀 더 이야기해준다고 약속했지요?" 잠시 후 소스를 뿌린 달걀을 포크로 막 먹으려 할 때 아내가 말했다.

"그랬지. 자유 낙하하는 물체의 가속도에 대한 연구뿐 아니라 그 이상의 많은 업적을 남겼기 때문에 오늘날 갈릴레이는 물리학의 아버지라는 명성을 얻게 되었지. 예를 들면, 그는 당시로서는 최신의 망원경을 제작하여 목성 위성을 발견했을 뿐만 아니라 그것으로 많은 중요한 관찰을 하고, 또 대기의 온도*를 측정하기 위해 가장 오래된 온도계를 만들기도 했어. 그렇지만 오늘 아침에는 그의 업적 중 물체의 관성에 대한 발견과 그 발견이 물리학에 미친 영향에 대해서만 이야기하기로 하지."

"왜 모든 물체는 관성을 가지고 있는지, 또 모든 물체는 왜 항상 같은 가속도로 지구로 떨어지는지 갈릴레오는 의문을 품지 않았나요?" 아내는 의아스러워 했다.

"설령 그가 그런 의문을 가졌다고 해도 그 문제에 대한 그의 생각이 기록으로 남아 있지는 않아. 운동의 원인에 대한 규명은 아이작 뉴턴의 몫으로 남겨졌지. 뉴턴이 학사 학위를 마친 직후, 런던에 역병이 퍼져 학위를 받았던 케임브리지 대학이 문을 닫았지. 뉴턴은 역병을 피해 부모님이 있는 고향으로 돌아갔어. 운동의 원인에 대해 규명한 그의 대부분의 업적은 고향에 있는 동안에 이루어졌어. 사실상 뉴턴은 이미 발표된 운동에 관한 여러 주장 중 최소한 두 가지를 받아들이고 있었지. 하나는 갈릴레오의 관성에 대한 생각이고 하나는 데카르트에 의해 제안된 것이었지. 뉴턴이 겨우 만 2세 때 프랑스의 철학자이자 수학자인 르네 데카르트가 펴낸 《철학의 원리 Principia Philosophiae》에는 기발한 제안이 몇 가지 있었는데, 이 논문의 제2부에서 데카르트는 '운동량 quantity of motion'에 대해 언급하고, 이 '운동량'은 보존되는 물리량임을, 즉 우주 전체를 통해 그 양이 항상 일정하게 유지된다고 주장했지."

"지구가 평평하고 우주의 중심이라고 사람들이 믿던 시대에 그런 단언을 했다니 대단하군요. 그런데 데카르트는 그 사실을 어떻게 정당화했죠?"

---

* 차고 더운 정도를 수량적으로 나타낸 것이며 원자들의 평균적인 운동 에너지를 나타내는 척도다. 섭씨온도, 화씨온도, 절대온도가 있다.

"《철학의 원리》에 있는 표현을 그대로 인용하면, '그것은 오직 신만이 할 수 있는 일로…… 전지전능한 신이 운동할 수 있는 물체를 창조하고, 처음 창조한 물체의 운동 상태 또는 정지 상태의 양만큼 전체 우주의 운동의 양이 항상 일정하게 유지되도록 조종하고 있다. 신은 우주의 모든 운동을 창조했을 뿐만 아니라, 운동의 전체 양을 일정하게 유지되도록 창조했다'고 하여 운동의 원인을 신의 창조로 돌렸지. 데카르트가 이런 주장을 한 원인은 '신은 서로 조화되지 않는 피조물을 창조하지 않는다'는 믿음 때문이지."

"갈릴레오의 실험적 접근 방식 대신에 이성에 근거한 주장을 펴는 방식을 사용한 사람은 아리스토텔레스가 아니라 바로 데카르트인 것처럼 들리는군요."

"맞았어. 어쨌든 운동의 전체 양이 일정하게 유지된다는 개념은 물리학에 근본적으로 새로운 사고방식을 제공하고, 물리학의 많은 부분이 이에 따르게 되는 하나의 양식을 제공했지. 첫째, 어떻게 운동량이 보존될 수 있는지를 증명하기 위해서는 동시에 운동하는 둘 이상의 물체를 같이 고려해야 하는데, 그때까지 갈릴레오나 다른 과학자들은 오직 하나의 물체의 운동만 분석했지. 둘째, 우주 전체를 통해 자연의 어떤 물리량이 일정하게 유지된다는 생각은 그때까지 들어본 적이 없는 개념이었지. 물론 오늘날에는 보존법칙은 물리학의 핵심 사항이 되었지. 현재에도 우리는 이러한 보존법칙을 논리적인 근거로 해석하거나 보다 기본적인 개념에서 유추해내지는 못하지. 그래서 우리는 보존법칙을 그 자체로 명백한 진실―진실이 그 안에 내재되어 있는―로 받아들이고, 자연에서 얻는 다양한 관찰 결과를 보존법칙으로 해석해서 사용하고 있지."

"뉴턴에 대해 더 이야기해줘요." 아내가 궁금해했다. "뉴턴은 갈릴레오에게서 물체의 관성이 그 물체의 운동 상태를 조절한다는 것을 배웠다고 했고, 데카르트에게서는 우주의 전체 운동의 양은 일정하게 유지된다는 개념을 받아들였다고 당신이 이야기했죠. 그렇지만 그 운동의 양이 정확히 무엇을 말하는 거죠?"

"우리는 그것을 물체의 운동량momentum이라 부르는데, 갈릴레오가 증명했듯이 물체가 일정하게 가속되어 속도가 증가하면서 자유 낙하할 때, 그 물체의 운동량은 증가하지. 즉, 운동량은 물체의 속도와 관계가 있지."

"그런데 외부의 힘이 작용하지 않으면 운동하던 물체는 그 운동 상태를 그대로 유지한다는 관성의 법칙에 이런 운동량 개념이 어떻게 적용되는 거죠?"

"그에 대한 설명은 뉴턴의 몫으로 남겨졌는데, 이러한 모든 생각을 연결하는 탁월한 능력이 그를 동시대의 다른 과학자와 구별하게 만든 것이지. 지금 우리는 그가 생각했던 과정을 정확히 알 수는 없지만, 그가 갈릴레오의 관성의 법칙을 운동의 기본 법칙으로 받아들이는 데서부터 그의 생각이 시작되었다는 것은 짐작할 수 있어. 최소한 그는 이후의 논문에 항상 관성의 법칙을 가장 먼저 올려놓았으니까. 다음으로, 그는 물체의 일정한 운동 상태를 변화시키기 위해서는 외부의 개입, 즉 힘이 작용하여 물체의 속도를 빠르게 하거나 느리게 해야 한다고 주장했지. 물체의 이러한 속력의 변화를 우리는 가속도라고 부르고 결과적으로 가속도는 물체의 운동량의 변화량과 관계가 있지. 지금은 힘을 운동량의 변화율과 같은 것이라고 말하지. 우리는 또 가속도가 속력의 변화율이라는 것을 알고 있지. 결국 운동량의 한 요인은 물체의 속력이라는 것이 자명해지지. 사실 이런 것들은 데카르트가 이미 이해하고 있던 것이었는데 그는 물체의 운동량은 물체의 무게와 속력을 곱한 것이라고 했어."

"여섯 살짜리 아이는 무게는 얼마 안 되지만 빨리 움직여서 운동량을 크게 할 수 있는 거군요."

"정확해. 처음에는 운동량에 대한 데카르트의 정의가 뉴턴을 혼란스럽게 만들었지. 어떤 물체든 모든 물체는 무게가 있지. 테이블 위에 블록 하나가 정지해 있을 때, 테이블을 갑자기 치우면 블록은 바닥에 떨어지게 되지. 똑같은 블록 2개를 테이블에 올려놓은 경우를 생각해볼까? 테이블을 치우면 블록 2개가 동시에 바닥에 떨어지겠지. 이때 이 블록들의 가속도는 하나일 때와 같을까? 빗면을 굴러 내려가는 공은 크기가 다르더라도 바닥에 똑같이 도착한다는 갈릴레오의 관찰에 의하면 그 대답은 '예'이겠지. 자유 낙하하는 한 쌍의 블록의 가속도는 블록 하나가 떨어질 때의 가속도와 같은 거야. 이것은 블록의 무게가 블록이 떨어지는 동안 블록을 가속시키는 또는 블록의 운동량을 변화시키는 원인이 되는 외부의 힘의 척도가 된다는 것을 의미한다고 할 수 있어. 무게가 2배인 블록 2개가 1개일 때와 같은 가속도를 가지게 되려면 2배의 힘을 받아야 되겠지? 그러므로 블록의 어떤 고유한 성질이 그 물체에 작용하는 힘이나 운동량을 결정하는 요인이 된다는 것을 알 수 있겠지. 물체의 이러한 고유한 성질이 명백하지 않다는 것이 뉴턴을 굉장히 혼란스럽게 한 거야. 뉴턴은 이러한 성질에 대한 적절한 결론에 도달하자 이것을 곧바로 그의 운동 제2법칙에 통합시켰어."

"여섯 살짜리 아이가 블록 실험을 보면서 즐길 수 있겠군요. 내 마음대로 이름을 붙여서 당신이 먹고 있는 달걀을 '베네-블록 Bene-Bricked'이라 부르면 어때요, 베네딕트?"

"좋아! 테이블 위에 놓여 있는 블록 이야기로 돌아가지. 블록이 테이블 꼭대기에서 마룻바닥에 떨어지는 동안 무엇이 블록을 계속 밀어대는 걸까? 블록이 무게라 부르는 아래로 작용하는 힘을 계속 받는다면, 블록이 테이블 위에 정지해 있을 때 이 블록에 관성의 법칙을 적용할 수 있는 유일한 가능성은 테이블이 무게와 크기가 같고 방향이 반대인 힘을 작용하고 있는 경우밖에 없지. 뉴턴은 이러한 상황이 '어떤 물체가 다른 물체에 힘을 작용시키면 그 물체는 반드시 크기가 같고 방향이 반대인 반작용을 받는다'는 사실을 나타낸다는 것을 금방 이해하고 이것을 그의 세 번째이자 마지막 운동법칙으로 올려놓았지."

"잠깐만요! 좀 혼란스러워요. 블록 2개가 하나일 때보다 2배의 무게가 나간다면, 그 무게가 왜 물체의 고유한 성질이 되지 못하죠?"

"뉴턴의 연구 덕택에, 지금 우리는 물체의 무게란 단지 지구가 물체를 잡아당기는 만유인력적인 힘의 양을 의미한다는 것을 알고 있지. 그러나 이것은 얼마간 세월이 흐른 뒤에 발견된 거야. 대학을 졸업한 후 2년 동안에 운동에 대한 그의 연구가 행해졌다는 사실을 생각해봐. 무게를 발생시키는 힘의 원인을 감지하지 못한 채 뉴턴은 물체에 가속도가 생기게 하거나 운동량의 변화를 일으키는 원인이 물체에 작용하는 외부의 힘에 기인한다는 것을 그때 이미 깨달았던 거지."

"아직도 나는 모르겠는데요. 무게가 외부에서 물체에 작용하는 외부의 힘이라면, 무게라고 불리는 힘이 작용되고 있는 물체의 고유한 성질은 무엇이죠?"

"당신의 질문은 다음과 같은 깊은 뜻이 있는 것 같군. 즉, 데카르트가 운동의 원인으로 지적한 신은 과연 누구인가? 물체의 고유한 성질에 대한 뉴턴의 결론은 그가 발표한 3가지 운동 법칙의 서문에 잘 나타나 있어. 그는 물체의 이러한 특성을 질량이라 부르고, 그것에 대해 우회적으로 정의를 내렸지. 뉴턴은 '어떤 물체에서든, 질량이라는 물리량은 그 물체의 밀도와 부피의 곱이다'고 말했지. 다만 현재 우리는 어떤 물질의 밀도를 그 물질의 질량을 부피로 나눈 값, 다시 말하면 질량이란 밀도에 부피를 곱한 것이라고 정의하기 때문에 밀도가 정의되지 않으면 질량을 정의하기가 곤란하다는 거지."

"그 말은 좀 이상하지 않아요? 그 정의는 서로 돌고 도는 것 같아요."

"맞아. 뉴턴도 나중에 물질의 질량을 '그 물질의 고유한 특성으로 외부의 힘이 작용해도 변하지 않는 양'으로 생각하는 것이 좋다고 강조했어. 그는 물질의 밀도가 2배가 되면 질량은 2배가 되고, 부피가 2배가 되면 질량도 2배가 되고, 밀도와 부피가 각각 2배가 되면 질량은 4배가 된다고 했어. 물론 이것은 질량이 실제로 무엇인지를 우리에게 설명해주지는 못하지. 그는 아마 '물질은 질량이 형체화한 것'이라는 생각을 우리에게 심어주려 한 것 같아. 그는 '질량은 물체의 특성으로 운동 상태의 변화에 저항하는 원인이 되는 것'이라는 것을 분명히 인식하고 있었지. 이것을 관성 질량이라 부르는데, 여하간 이것도 질량이 무엇인지를 해명한 것은 아니지."

"그래서 우리는 질량에 대해서는 그대로 믿어야 된다는 건가요?"

"바로 맞았어. 질량은 단지 잘 알려진 사실로 받아들여야 하는 아주 기본적인 물리량으로 봐야겠지. 우리가 물체를 보고, 만지고, 느낄 수 있는 것처럼 질량을 보고, 만지고, 느낄 수는 없어. 어쨌든 물질의 질량은 그것의 불변성 때문에 물리학의 대부분의 다른 개념이나 생각의 기초가 되는 대단히 유용한 개념이라는 것을 명심해야 되지."

약간 어리둥절해하는 아내를 보며 나는 설명을 계속했다.

"질량이라는 개념을 좀 더 명확히 해볼까? 당신이나 나를 포함한 모든 물체의 질량은 어떠한 외부의 힘이 작용할 때도 변하지 않아. 질량은 그 물체 고유한 성질이기 때문이지. 물체가 자유 낙하할 때, 우리가 무게라 부르는 중력이라는 외부의 힘은 물체에 작용하여 일정한 가속도가 생기게 하지. 그러므로 이 힘(무게)은 물체의 질량과 일정한 중력가속도의 곱과 같아. 이것이 바로 뉴턴의 운동 제2법칙을 표현한 것이야. 우리는 이러한 사실을 달 표면에서 껑충거리며 움직이는 우주 비행사를 보면서 이해할 수 있지. 달의 중력은 지구보다 훨씬 작기 때문에 그들의 무게는 지구에서보다 훨씬 작지. 그러나 이러한 중력의 변화에도 물체의 고유한 양인 그들의 질량은 변하지 않아. 거대한 천체의 만유인력을 없애면, 우주 비행사들은 무중력 상태가 되어 외계를 마음대로 날아다닐 수 있게 되겠지. 물론 질량은 그대로 유지한 채로 말이야."

"아, 이제야 질량의 개념을 알 것 같네요." 아내가 고개를 끄덕였다. "하지만, 질량을 물리학의 법칙으로 굳게 믿는 것 외에는 질량이 무엇인지를 알아낼 수 있는 다른 방법이 없다는 것이 얼른 이해가 안돼요."

"나는 시인이라는 사람에게 큰 믿음을 가지고 있지는 않지만, 시인이 '감미로운 인생의 신비'라는 구절을 지어냈다는 것은 믿고 존경하지. 질량이라는 개념도 '감미로운 물리학의 신비' 정도로 받아들였으면 좋겠어. 앞으로 대화를 계속해보면 당신도 차츰 알게 되겠지만, 질량은 물리학의 곳곳에서 다양한 법칙을 규정 지을 때 쓰이는 대단히 중요한 개념이야."

"우리의 질량을 아주 심하게 늘리지 않으려면, 오늘은 달걀을 그만 먹는 게 좋을 것 같네요." 아내가 의미 있게 말했다.

> 세 번째 아침 식사

사과-중력 팬케이크

왜 사과는 나무에서 떨어지는가?

다음 날 아침 아내는 사과 팬케이크 한 조각을 맛있게 먹고 있는 나에게 다음과 같이 말했다. "당신의 이야기를 듣기 전에 먼저 물어볼 게 있어요. 나는 아직도 뉴턴의 제3법칙(작용 반작용의 법칙)을 종잡을 수 없어요. 모든 작용에 대해서 크기가 같고 방향이 반대인 반작용이 존재한다는 사실과 질량을 도대체 어떻게 연관을 지어야 하는지 말이에요."

"뉴턴에 따르면 운동량은 물체의 질량에 속력을 곱한 건데, 먼저 공이 마룻바닥과 같은 단단한 면에 충돌하는 경우를 생각해봐요. 완전 탄성 충돌perfectly elastic collision*을 하면 공은 마룻바닥에 부딪치기 직전과 같은 속력으로 되튀어 나오지. 무엇이 공의 운동량을 반대 방향이 되게 했을까? 마룻바닥에 부딪치기 직전에 공은 질량과 속력의 곱에 해당하는 운동량을 가지고 있었는데, 마룻바닥에 부딪쳤을 때는 우선 마룻바닥에 대해 정지한 상태가 되도록 감속되어야만 하지. 이러한 운동량의 변화로 공은 마룻바닥에 힘을 작용하게 되지. 그러면 제3법칙에 의해 마룻바닥은 같은 크기의 반대 방향의 힘이 공에 작용하는데, 이것이 공을 멈추게 하는 힘이지. 이 모든 것은 작용이 항상 크기가 같은 반대 방향의 반작용을 만든다는 뉴턴의 제3법칙과 일치해."

"균형을 이루는 두 힘으로 공이 멈추는 과정을 설명할 수 있군요! 그러면 데카르트가 보존되어야만 한다고 말한 공의 처음 운동량은 어떻게 되었어요?"

"충돌 과정에서 공의 운동량은 마룻바닥으로 전달되었지. 물론 공의 질량과 비교할 때 마룻바닥의 질량은 거의 무한대라고 할 수 있기 때문에 마룻바닥이 얻게 되는 속력은 감지할 수 없을 정도로 아주 작아. 그러나 마룻바닥의 운동량이 공에 되돌려지면 공은 반대 방향으로 같은 속력을 되찾게 되는 거지. 그리고 마찰이나 다른 손실이 없다면 공은 영원히 튀어 오르내릴 수 있을 거야. 사실 우리가 걸을 수 있는 것도 이런 종류의 교환 과정이 있기 때문이야. 발을 아래로 내딛을 때 단단한 마룻바닥은 같은 크기의 반대 방향의 힘을 발바닥에 작용시켜. 이에 반해 무릎까지 푹푹 빠지는 눈길을 걸어갈 때는 내디딘 발을 들어올리는 데 더 많은 노력이 필요할 거야."

---

* 두 물체가 충돌할 때 충돌 전의 운동 에너지의 합과 충돌 후의 운동 에너지의 합이 보존되는 충돌이다. 반발계수 e가 1인 경우이며, 탄성 충돌이라고도 한다.

[그림 3] 왼쪽으로 방출되는 배기가스의 전체 운동량은 오른쪽으로 향하는 로켓의 전체 운동량과 같아서 연료와 로켓으로 이루어진 계의 운동량이 연료가 타기 전의 운동량과 같게 보존된다.

"우리가 알지 못하더라도 걸을 때마다 뉴턴의 법칙이 우리를 돕고 있는 것이구나!"

"그래 바로 그거야. 외계로 날아가는 로켓도 질량이 제3법칙과 어떤 연관이 있는지를 보여주지. 로켓의 연료를 점화시키면 로켓은 엔진의 후미 쪽으로 작은 입자로 이루어진 배기가스를 방출해(그림 3). 이렇게 배기가스를 방출하는 힘은 로켓에 작용하는 같은 크기의 반대 방향의 힘을 만들어내지. 입자들이 왼쪽으로 방출되면 반작용이 로켓에 오른쪽으로 작용하게 되지. 배기가스 입자의 질량이 로켓의 질량에 비하면 매우 작지만, 여러 개의 입자의 질량에 그것들의 왼쪽 방향 가속도를 곱한 값을 모두 합치면 꽤 큰 힘이 돼. 이 힘과 크기가 같고 방향이 반대인 반작용이 로켓의 오른쪽으로 작용하는 거야."

"나는 로켓의 배기가스가 주변의 공기를 밀어내므로, 로켓을 추진시키는 힘은 압력 때문에 생긴다고 생각했어요."

"그것은 보통 사람들이 알고 있는 것처럼 잘못된 개념이야. 우주 공간에는 밀어낼 공기가 없지만 그곳에서도 로켓은 날아갈 수 있어. 그것은 뉴턴의 제3법칙으로 잘 설명될 수 있지. 뉴턴은 질량을 물질의 고유한 성질을 나타내는 양으로 생각하고, 모든 운동의 양상이 서로 양립할 수 있는 논리적인 체계 안에서 어떤 상관관계를 가지는지를 밝힌 거야."

"뉴턴은 어떻게 물체의 무게를 물체에 작용하는 지구의 만유인력과 연관 지어 생각했을까?"

"일단 물체에 작용하는 힘과 물체의 가속도를 연관 지었으므로 당연히 뉴턴은 물체에 작용하는 다양한 힘에 대해 생각하기 시작했을 거야. 그는 갈릴레오가 세심하게 측정한 값에서 지상으로 자유 낙하하는 물체는 모두 똑같은 가속도로 지구 중심을 향하는 직선을 따라 운동한다는 것을 알았어. 어떻든 중심을 향하는 힘을 구심력이라고 하지. 뉴턴은 물체를 한 중심점 둘레로 회전시켜 구심력*을 인공적으로 만들었는데, 그 방법은 양동이에 물을 담아서 그 물을 흘리지 않게 머리 위로 빨리 회전시키는 것이었지(그림 4). 양동이에 묶인 줄은 양동이에 대해 잡아당기는 구심력이 작용하여 양동이가 관성 때문에 직선 방향으로 날아가게 되는 것을 막는 역할을 해."

"아! 그것에 대해서는 이미 들은 적이 있어요. 그 줄은 양동이에 대해 구심력이 작용하는 반면 양동이는 줄에 대해 크기가 같고 방향이 반대인 원심력이 작용해요. 그래서 양동이 안의 물이 밖으로 쏟아지지 않는 것이지요?"

"그것은 본질적으로 옳은 말이야. 일직선 방향으로 계속 운동하길 '원하는' 관성은 물이 밖으로 쏟아지지 않도록 하지. 양동이의 밑바닥이 물에 대해 구심력이 작용하는 것은 양동이의 원 궤도 때문이야. 당신이 놀이공원에서 다양하게 많은 회전차 중 하나를 타본 적이 있다면, 몸 전체

---

* 물체가 원운동을 하도록 원의 중심 방향으로, 즉 물체의 운동 방향에 수직으로 작용하는 힘이다.

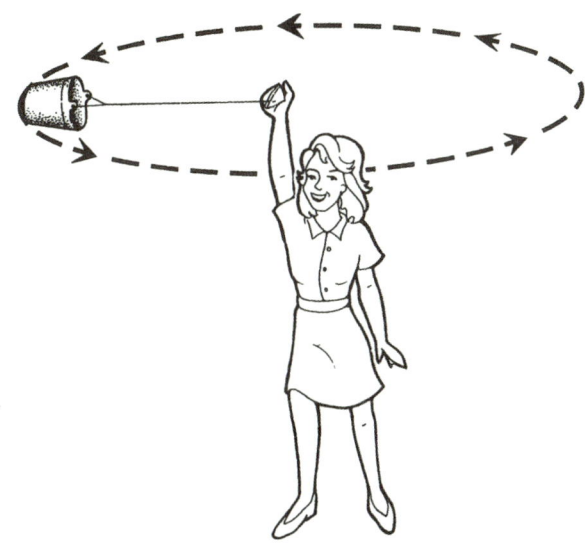

[그림 4] 여자가 머리 위로 양동이를 회전시킬 때, 그녀는 양동이에 묶인 줄을 통해 구심력이 작용한다. 양동이가 묶여 있지 않다면 양동이는 일직선, 즉 화살표가 가리키는 방향으로 계속 날아갈 텐데, 이런 일은 줄이 끊어진다면 분명히 일어날 것이다.

가 어떻게 회전차의 바깥 벽 방향으로 눌리는지 알고 있을 거야. 사실 이런 현상은 일직선 방향으로 계속 운동하려고 하는 당신 몸의 관성 때문에 일어나고 사람들은 흔히 이것을 원심력이라고 부르지. 말이 났으니 말인데 모퉁이를 빠른 속도로 도는 차에 탄 승객이 차의 바깥 방향으로 밀리는 이유도 이것 때문이야. 당신은 3가지 기본적인 운동 법칙이 우리의 일상생활에 얼마나 널리 퍼져 있는지 알았겠지?"

"네, 그래요. 그런데 양동이를 매달은 줄의 길이도 문제가 되나요?"

"그럼. 양동이에 작용하는 힘의 크기는 그 속력이 클수록 증가하고 중심점에서 양동이에 달린 줄 끝까지의 거리가 클수록 반대로 감소하지. 뉴턴은 구심력에 대해 아주 잘 알고 있었어. 그가 그런 중심 방향의 힘이 자유 낙하하는 물체에 작용하는 힘과 어떤 방법으로 관련될 수 있는지에 대해 궁금해했을까? 뉴턴이 무엇을 생각했는지 우리는 알 수 없지만, 그는 물체를 지구로 향해 낙하시키고 지구에서 벗어나지 못하게 하는 구심력에 대해 여러 가지 공식화를 시도했다고 인정했어. 그가 마침내 얻은 결론은 물체의 질량과 지구 질량의 곱에 비례하는 크기의 인력을 지구가 물체에 작용한다는 것이었어. 다른 사람들이 이전에 해놓은 천체 관측을 바탕으로 태양계 내에서 태양 둘레를 도는 행성들의 궤도는―완전하지는 않지만 거의 원에 가까운―행성까지의 거리의 제곱에 반비례하는 태양의 인력에 의해 설명될 수 있다고 결론을 내렸지."

"그것이 그 유명한 뉴턴의 역제곱의 법칙*인가요? 나는 그것을 확실히 이해한다고 확신할 수는 없어도 다른 곳에서 들어본 것 같아요."

"그래. 그렇게 불리지. 이 역제곱의 법칙이 어떻게 적용되는지 보여줄게. 당신이 카메라의 접안렌즈를 통해 어떤 대상을 보면, 접안렌즈의 프레임에 들어오는 영역을 보게 돼. 당신이 사진 찍고 있는 대상에서 멀어진다면 이 영역은 커지고, 그 대상 쪽으로 가까이 이동하면 필름에 남길 수 있는 영역의 크기는 줄어들게 되지. 면적은 길이의 제곱과 같기 때문에, 기하학적으로 당신이 접안렌즈로 볼 수 있는 면적은 직접적으로 당신과 물체 사이의 거리의 제곱과 관계가 있다는 것을 간단히 증명할 수 있어. 다음으로 카메라를 스프레이 페인트 통으로 대신한다고 가정합시다(그림 5). 당신이 스프레이 통을 멀리 할수록 칠할 수 있는 면적은 더 커질 거야. 이 면적에 칠하는 페인트의 양은 변하지 않으므로, 칠을 하는 전

---

* 두 물체 사이에 작용하는 상호작용의 크기가 두 물체 사이의 거리의 제곱에 반비례한다.

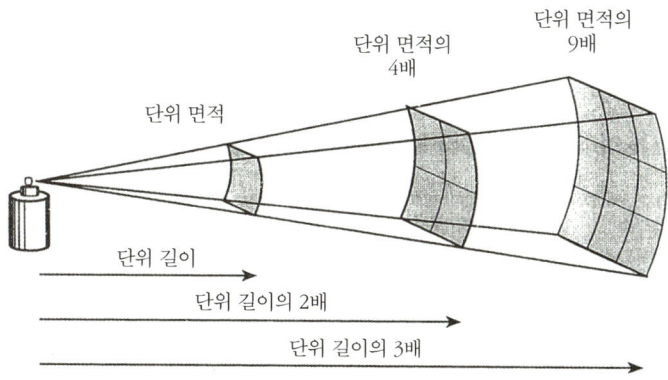

[그림 5] 페인트가 칠해지는 면적은 스프레이 통에서 떨어진 거리의 제곱에 따라 증가한다. 통에서 1만큼 떨어진 거리에 있는 면에 칠해진 페인트의 두께는 2만큼 떨어진 거리에 있는 면에 칠해진 두께의 4배다. 페인트의 두께는 거리의 제곱에 반비례하여 감소한다.

체 면적이 커질수록 페인트의 두께는 줄어들지. 따라서 이 두께는 스프레이 통에서 떨어진 거리의 제곱에 반비례하지. 오늘날 우리는 역제곱의 법칙으로 설명할 수 있는 많은 예를 알고 있지만, 뉴턴이 역제곱의 법칙을 발표한 그때만 해도 이 법칙은 과학계를 완전히 뒤흔들어 놓을 수 있는 것이었지."

"이제 역제곱의 법칙이 무엇을 의미하는지 알겠어요. 정말 훌륭한 설명이에요."

"뉴턴이 매우 고민한 것 중의 하나는 잡아당기는 중력이 두 물체 상호간의 눈에 보이는 접촉이나 그 밖의 상호작용 없이 어떤 방법으로 공간에서 전달될 수 있을까 하는 거였어. 데카르트는 그 전에 주장하기를 두 물체 사이의 상호작용에는 그것을 전달하는 어떤 수단이 필요하다고 했거든. 또 분명히 힘은 밀거나 당기거나 하는 접촉에 의해 전달될 수 있지. 데카르트는 소리가 진공을 통해서가 아니라 공기나 좀 더 단단한 매질(物質)*을 통해 이동할 수 있듯이 햇빛이 지구에 도달할 때조차도 지구와 태양 사이에 있는 눈에 보이지 않는 어떤 매질이 빛을 지구로 보내준다고 했어. 그렇지만 두 물체 사이의 어떤 매질을 통해서라기보다는 떨어져 있는 두 물체 사이의 잡아당기는 힘의 작용 쪽을 지지하는 것으로 보았어. 매질이 없어도 잡아당기는 중력이 존재하고 그래서 물체가 지구를 향해 떨어지는 이유를 설명해준다면, 또한 달이 지구 둘레를 일정하게 원운동 하는 이유도 설명할 수 있지 않을까 하고 생각했어. 지구에서 달까지 거리는 이미 알려져 있어서 달의 궤적을 계산하는 일은 상대적으로 간단했지. 이 길이를 태음월lunar month**의 시간으로 나누면, 달이 운동하는 속력을 알 수 있지. 그리고 뉴턴은 이 속력에서 지구 방향의 달의 구심 가속도를 계산할 수 있었어. 이 가속도는 지구의 중력 때문이었겠지?"

"그 구심 가속도나 구심력은 원운동의 중심까지의 거리에 따라 달라지지 않나요? 그렇다면 뉴턴은 지구 표면에서 달까지 거리 외에도 지구 반지름도 알아야만 했을 텐데."

"당신은 집중을 잘하고 있군." 나는 기뻐서 한마디 했다. "갈릴레오가 측정한 값에서 뉴턴은 지구 표면에 있는 물체의 중력에 의한 가속도를 알고 있었어. 지구 중심에서 이 물체까지의 거리가 점점 더 멀어져서 달의 거리까지 멀어진다면 이 가속도는 얼마가 될까? 뉴턴은 자신의 중력 법칙에 따라 거리의 제곱으로 감소할 것이라고 판단했지. 그가 그 계산을 실제로 했을 때, 그 두 가지 구심 가속도는 서로 다른 값으로 나타났

---

* 두 물체가 충돌할 때 충돌 전의 운동 에너지의 합과 충돌 후의 운동 에너지의 합이 보존되는 충돌이다. 반발계수 e가 1인 경우이며, 탄성 충돌이라고도 한다.
** 보름달이 된 때부터 다음 보름달이 될 때까지의 시간 또는 초승달이 된 때에서 다음 초승달이 될 때까지의 시간이다.

어. 계산을 다시 검토해도 그 모순은 여전했어. 그것 때문에 뉴턴은 그의 이 이론을 제쳐두고 다른 연구에 몰두하게 되었지. 그러나 몇 년이 지난 후에 영국의 천문학자 에드먼드 핼리 Edmund Halley가 새로 수정된 지구 반지름을 이용하여 계산을 다시 해보라고 뉴턴을 설득했어. 그 결과 그 두 가지 가속도의 차이는 1퍼센트 이내라는 것이 판명되었지. 그래서 뉴턴은 그 계산에 힘입어 영국 왕립학회에 가서 '달은 어떻게 지구를 향해 떨어지는가?'를 설명했어. 지구의 중력에 의한 인력이 달을 관성에 따라 가게 될 직선 행로에서 벗어나게 한다는 사실을 설명할 때, 그는 그것을 나무에서 떨어지는 사과에 비유했어. 그래서 아마도 뉴턴이 떨어지는 사과를 관찰하여 중력을 발견했다는 일화가 생긴 것 같아."

"나는 사과가 지구에서 날아가 버리지 않고 아래로 떨어져서 매우 기쁘네요." 아내가 웃으면서 말했다. "내가 맛있는 팬케이크 속의 사과를 즐겁게 먹을 수 있잖아요."

"그렇군. 그렇지만 나는 뉴턴의 발표가 갖는 성과가 훨씬 눈부시다고 생각해. 그는 중력 법칙의 타당성을 증명하는 데 성공했을 뿐 아니라, 이 법칙이 달과 다른 천체들에도 확장 적용될 수 있다는 것을 보여주었어. 다음 100년 동안 또한 그 후에, 천문학자와 수학자가 태양 주위를 운동하는 행성들의 운동을 계산해낸 것은 그의 중력의 법칙 덕택이지. 특별히 프랑스에서―스스로 유럽 문화의 중심이라고 생각하는―이런 난해한 계산들이 20세기에 이루어진 훨씬 놀랄 만한 과학적 발견들보다 큰 인기를 끌고 있어."

"뉴턴은 어떻게 이 모든 계산을 할 수 있었지요? 그는 지구나 달의 질량이 얼마나 되는지 알고 있었나요?"

"아니, 그 질량들을 알지 못했어. 그는 계산할 때 지구 표면에서 구심 가속도 값과 달 궤도 높이에서 계산된 가속도 값을 비교하는 방법을 이용했기 때문에, 지구와 달의 질량을 알 필요가 없었어. 지구 반지름과 달까지의 거리 사이의 비율만 정확히 알면 충분했지. 질량을 결정하기 위해서는 직접 중력을 측정해야 하는데 결국 약 150년 후에 헨리 캐번디시Henry Cavendish가 그것을 측정했어. 뉴턴에 못지않은 유머 감각을 소유한 헨리 캐번디시는 '지구 무게를 어떻게 재는지' 보여준다는 취지로 그 결과를 내놓았어."

"두 물체가 서로 느끼게 되는 잡아당기는 중력을 초래하는 것이 무엇인지 뉴턴은 밝혀낼 수 있었나요?"

"아니, 못했어. 물체 사이의 거리가 멀어질 때 이 힘의 크기가 작아지는 이유도 전혀 알지 못했지. 게다가 현대의 과학자들도 당신의 질문에 정확한 답변을 할 수가 없어. 물론 우리는 우주 공간에서 일어나는 일을 예전보다 정확히 통찰하고 있지만, 잡아당기는 중력을 초래하는 것이 무엇인지는 아직까지도 의문점으로 남아 있지. 그것을 이렇게 정리해봅시다. 모든 물체가 볼 수도 없고 만질 수도 없는 질량을 가지고 있다는 것을 당신이 인정한다면, 그 물체는 역시 질량을 갖고 있는 다른 물체에 대해 인력을 작용할 뿐만 아니라 뉴턴의 여러 가지 법칙을 만족시키면서 운동해야 하겠지. 질량이라는 개념을 인정함으로써, 우리는 지상에 있는 모든 물체가 어떻게 운동하는지 정확히 설명할 수 있고 게다가 전 우주에서 일어나는 물체들의 운동도 정확히 예견해볼 수 있어. 그러므로 어떤 다른 이들이 자신의 종교나 별점을 조금의 의심도 없이 확실히 믿고 있다는 사실이 놀라운 일이 아닌 것처럼 물리학자들이 질량이 실제로 존재한다고 받아들인다는 사실도 전혀 놀라운 일이 아니지."

"점성학은 증명 가능한 사실들에 기초를 두지 않는다고 당신이 말하지 않았나요?" 아내가 놀라는 척하며 물었다.

"아니, 그렇지 않아." 나는 조금 심각한 어조로 대답했다. "점성학은 전반적으로 미래를 알 수 있다는 오래된 열망에서 비롯된 완전한 허구야. 인간의 다양한 종교도 그런 일을 나름으로 할 수 있다고 확신한 사람들에 의해 만들어졌잖아. 그들은 신의 존재를 입증하는 증거를 제시하지 않으면서도 그 존재를 인정할 것을 요구하지. 물리학자들은 자연을 직접 관찰함으로써 물리법칙들의 정당성을 증명하기 때문에 그 법칙들은 절대적 진리에 바탕을 두고 생각하고 싶어 하는 경향이 있어. 그러나 증명할 수 없기 때문에 옳다고 인정해야만 하는 확정적 가설들에 물리학이 바탕을 두고 있는 것도 사실이야."

"당신은 대부분의 열렬한 유신론자들이 신의 존재를 증명하지 못하듯이 무신론자들도 신의 부재를 증명하지 못한다는 사실을 암시하려 하는 것은 아닌가요?

"물론 그래. 유신론자들과 무신론자들은 끊임없이 언쟁하지만 그들은 각자가 가지고 있는 견해의 타당성을 증명할 방법이 없어. 이것이 여러 종교의 추종자들의 싸움이 끝나지 않는 이유야. 뉴턴의 운동 법칙은 물리학자가 아니라도 누구나 그 타당성을 인정하고 있지."

"사과 팬케이크 맛이 괜찮았어요?"

"아주 훌륭해, 내 접시가 빈 것을 보면 물어볼 필요도 없을 것 같군."

네 번째 아침 식사

콘플레이크와 에너지

운동은 에너지가 필요하다

"당신을 위해 뉴턴의 운동 제3법칙에 대한 좋은 예를 생각해봤어요." 아내는 콘플레이크에 우유를 넣으며 말했다. "A가 B의 입술에 키스하는 것은 결국 A가 B의 키스를 받는 것과 마찬가지죠."

"아주 좋은 이야기야. 하지만 당신은 잠시라도 어떤 사람에게 뽀뽀를 하려면 에너지가 필요하다고 생각한 적이 있었어? 그렇지 않다면 아주 다행스런 일이군. 데카르트나 뉴턴조차도 그런 생각을 하지 않았으니까. 사실 에너지라는 용어는 1801년 영국의 왕립 과학 연구소에서 토머스 영 Thomas Young 이라는 사람이 강의를 하면서 처음 사용한 거야."

"뉴턴은 여자와의 관계를 피했다는데, 그것이 사실인가요? 그래서 그는 에너지를 아낄 수 있었나요?" 아내는 눈을 번뜩이며 물었다.

"나는 잘 모르지만, 그것에 대해 다른 측면에서 이야기하지. 우리는 일상 대화에서도 자주 에너지에 대해 언급하는데, 당신은 에너지가 뭔지 알고 있어?"

"시인들은 에너지란 세상을 이리저리 떠다니는 것이라고 주장하던데." 아내는 장난스럽게 말했다. "하지만 실은 나도 에너지가 무엇인지 잘 몰라요."

"맞는 이야기야. 실제로 에너지란 단지 수학적으로 구성된 개념이기 때문에 정의하기가 매우 어려워. 우리는 에너지를 대수학적인 공식으로 나타내 자연 현상을 설명하는데, 여러 가지 다른 측면에서 이를 사용한다고 말할 수 있지. 질량의 개념처럼 볼 수도 만질 수도 없지만 에너지도 질량과 같이 계산할 수 있으므로 이를 매우 적절하게 사용할 수가 있는 거야. 사실 물리학은 물질과 에너지를 연구하는 학문으로 묘사되어 왔어. 앞으로 남은 이야기의 많은 부분에서 에너지가 아주 중요한 역할을 하게 될 거야."

"좀 더 자세히 이야기해주세요. 에너지에 관한 연구는 어디에서 시작되었어요?"

"나는 토머스 영이라는 사람이 에너지라는 용어를 처음 사용한 것으로 알고 있지만, 그는 시대를 거듭해 여러 사람이 발전시켜온 현재와 같은 개념은 아니야. 에너지는 일을 할 수 있는 능력으로 정의하는 것이 통례로 되어 있어. 예를 들어 전기는 모터를 작동시킬 수 있기 때문에 에너지의 한 형태이며, 열(온도가 높은 물체에서 낮은 물체로 흐르는 에너지)은 물을 끓게 하므로 에너지의 한 형태로 볼 수 있지. 열은 전기를 생산할 수 있는 발전기(자기장에서 회전할 수 있는 원형 코일로 구성된 현재의 전기 발전기의 전신)를 작동시키는 데 필요한 증기를 만들 수 있어. 이와 같은 현상은 에너지가 한 형태에서 다른 형태로 바뀔 수 있다는 것을 말해주는 것이야. 또한 19세기 중반에 총 에너지는 보존된다는 것이 증명되었어. 이는 자연 현상에서 두 번째 보존법칙인데, 첫 번째 보존법칙인 운동량 보존법칙과 같이 증명을 할 수도 없으며 이보다 기본적인 사실에서 유도할 수도 없어. 보존법칙*은 자연 현상을 설명하는 데 매우 적절하게 사용되기 때문에 그냥 받아들여야만 한다고 생각해."

"어머니는 '일이란 눈으로 보여주는 사랑의 행동'이라고 말하기를 좋아해요. 그런데 사랑과 에너지는 어떤 연관성이 있나요?"

"물론 사랑하는 '행위'는 에너지가 필요한 역학적인 일의 한 형태지. 그러나 물리학자들은 일상 대화에서 사용하는 것보다 정밀한 정의를 할 필요가 있다고 생각하지. 그들은 일이란 물체에 작용한 힘과 힘의 방향으로 이동한 거리의 곱으로 정의하지. 여기서는 더 자세히 다룰 필요는 없을 것 같아. 그들이 그렇게 정의하는 것은 우리가 물리적으로 한 일을 계산하고자 할 때 힘과 거리를 측정하는 것이 상대적으로 더 쉽기 때문이지. 에너지를 일과 같다고 하면 일을 계산하여 간단하게 에너지를 측정할 수 있게 되는 거지. 전기 에너지나 태양에서 전달되는 열이나 빛과 같은 형태의 에너지 또는 이마에 땀방울이 방울방울 맺힐 때 소비되는 에너지를 측정하는 경우에도 마찬가지로 적용되지. 앞에서와 같이 에너지를 정의함으로써 이처럼 에너지를 쉽고도 유용하게 활용할 수 있는 거

---

* 총 질량이나 에너지 등과 같이 보존되는 양은 우주를 통해 항상 일정하다는 가설에 근거한 기본적인 자연의 법칙이다.

야. 아까 당신이 이야기한 장모님의 말에 부연해서 설명하면 '일이란 눈으로 보여주는 에너지'라고 말할 수 있지."

"당신도 알겠지만 에너지는 두 종류로 구분할 수 있어. 즉, 물체가 나중에 일을 하기 위해 저장할 수 있는 위치 에너지(일을 할 수 있도록 물체에 저장된 에너지)와 실제로 일을 하는 과정에서 소비되는 운동 에너지(운동하는 물체가 갖고 있는 에너지)로 구분하지. 예를 들어 자동차 배터리는 전기적인 위치 에너지를 저장했다가 자동차의 헤드라이트나 에어컨을 작동시킬 수 있는 운동 에너지로 방출할 수 있지. 또 산 가까이에 있는 인공 호수에 있는 댐은 물을 저장했다가 방출하면서 발전소의 터빈을 돌릴 수 있지. 저장된 물의 위치 에너지는 터빈의 높이와 물의 무게를 곱한 값과 같아. 또 운동 에너지는 떨어지는 물의 질량과 속력의 제곱을 곱한 다음 2로 나눈 값과 같아. 중요한 것은 대수적인 관계가 아니라 두 종류의 에너지에 질량이 포함되어 있다는 거야. 나는 우리가 질량을 자연이 준 것으로 받아들이고 있으므로 이를 강조하는 거야. 두 가지 물리 개념이 우리 주변의 자연 현상을 이해하는 데 매우 설득력 있기 때문에 우리는 이것을 신뢰성 있게 받아들이는 거지."

"아인슈타인의 그 유명한 $E=mc^2$이 에너지와 질량의 관계를 나타내는 식이죠?"

"1905년 아인슈타인은 우주 공간에서 물체와 빛의 운동을 다루는 상대성이론이라는 첫 논문을 발표했는데, 그 논문 중에서 가장 중요한 결론은 바로 당신이 방금 말한 식이야. 실제로 그 식이 의미하는 것은 질량과 에너지가 서로 같다는 것이지. 그들의 크기는 빛의 속력의 제곱인 c^2과 관계가 있어."

"어쨌든 그것이 원자폭탄의 개발과 관계가 있죠?"

"물질이 무엇이든지 간에 질량과 에너지는 표현만 다르지, 결국 같은 것을 나타내는 다른 것이라는 생각은 정말 놀랄 만한 것이었지. 이에 대한 생각을 논리적으로 결론 내리면, 원자는 아주 작지만 유한한 질량을 갖고 있으므로 축전지와 같은 에너지원으로 생각할 수도 있어. 그러나 원자의 질량은 운동 에너지로 전환될 수 없으므로 축전지와는 다른 거야. 우라늄 원자의 질량이 맨 처음 에너지로 직접 전환된 것은 시카고 대학의 미식 축구장 관람석 아래였는데, 처음에는 열을 발생시키는 데 사용되었지. 이러한 연구를 하는 데 수년 동안 수억 달러의 비용을 들였어. 비극적이기는 하지만, 질량이 에너지로 전환되는 현상은 일본의 두 도시(히로시마廣島, 나가사키長崎)를 완전히 황폐시키는 데 적용되었지. 이로 인해 연합군은 무조건 항복을 받아 제2차 세계대전에서 승리를 하게 되었어."

"하지만 수많은 과학적 발견이 그러했듯이 원자의 에너지도 인간에게 유용하도록 사용할 수 있지요. 주제를 다시 바꾸어, 에너지와 열은 어떤 연관성이 있는지 더 자세히 말해주세요."

"우선 열이 무엇인지 말하지. 존 블랙John Black이라는 스코틀랜드 사람은 열을 물체 내부를 흐를 수 있는 액체로 묘사했으며, 이 액체가 물질 내부로 들어가면 그 물질은 데워지고, 액체가 물질에서 외부로 빠져나가면 그 물체는 차가워진다는 것이었지. 그는 이 액체를 라틴어로 열이라는 칼로calor라고 불렀어. 과학자인 존 블랙은 열의 기본 단위는 물 1파운드의 온도를 1°F 올리는 데 필요한 열량이라 정의했지. 프랑스의 화학자인 앙투안 라부아지에Antoine Laurent Lavoisier는 이러한 개념을 받아들여 이 액체를 새롭게 열소caloric라고 불렀지. 거의 한 세기가 지나서야 열은 액체의 한 형태가 아니라 일의 한 형태라는 것이 알려졌어. 이러한 사실은 한 직업 군인이 대포의 포신을 뚫는 것을 감독하다가 우연히도 포신이 가열되

[그림 6] 드릴로 뚫은 나무 구멍은 빠르게 회전하는 드릴과의 마찰 때문에 뜨거워진다. 이는 드릴의 역학적 에너지가 어떻게 열에너지로 전환되는지를 보여준다.

는 것을 보고 호기심을 가진 데서 비롯되었지."

"흥미 있는 이야기처럼 들리는데요." 아내가 가로채어 말했다. "더 자세히 이야기해주겠어요?"

"독립 전쟁 당시 수년간 영국 정부를 위해 스파이 활동을 했던 미국인 벤저민 톰프슨 Benjamin Thompson 은 유럽의 바바리아 정부의 관리로 발탁되었지. 바바리아 정부는 그의 충성심을 높이 사서 귀족의 신분을 부여했는데 그는 1790년 자신이 태어난 곳의 마을 이름을 딴 럼퍼드 Rumford 경이 되었어. 8년 후 그는 대포 포신의 구멍을 뚫는 것을 감독하다가, 구멍 뚫는 도구가 점차 무뎌졌을 때 특히 포신 내부가 아주 뜨거워지는 것을 목격했지. 무뎌진 도구가 어떻게 포신 내부로 칼로 calor 라는 액체를 공급할 수 있었을까? 당시에는 열소 이론이 지배적이었기 때문에 이때 발생한 열에 대해 설명할 방법이 없었어. 놀랍게도 럼퍼드 경은 이 현상에 대해 구멍 뚫는 도구와 포신의 마찰 때문에 열이 발생한다고 가정했던 것이지

(그림 6). 이는 추운 날 우리가 양손을 비벼서 손을 따뜻하게 하는 것과 같은 거야."

"럼퍼드 경은 실제로 어떤 실험을 했나요, 아니면 열을 묘사하는 새로운 방법을 창안한 것에 대해 단지 만족만 했나요?"

"실제로 그는 실험을 통해서 에너지와 역학적인 일이 서로 같은 것이라는 것을 보여주려고 했지만 그가 계산한 자료에는 동의할 수 없는 여러 가지 오류가 있었어. 44년 후 독일의 내과 의사인 율리우스 마이어 Julius Robert von Mayer가 이 자료들을 수정했지만, 그가 물리학자가 아니라는 이유로 그 당시의 과학 위원들이 이를 무시해 버렸어. 이 일은 후에 맥주 양조장 집의 아들로 태어난 독학생인 제임스 줄 James Prescott Joule에게 맡겨졌지. 줄은 열과 열을 발생시키는 역학적 일이 같다는 것을 보여주기 위해 아주 정밀한 실험을 수천 번 반복했어. 그렇지만 영국의 물리학자인 윌리엄 톰슨 William Thomson(후에 켈빈 Kelvin 경이 됨)이 줄의 실험 결과를 지지할 때까지 영국 왕립학회에서 이를 인정받는 데 많은 어려움을 겪었어. 어쨌든 1850년쯤에 그의 업적은 완전히 인정받았고, 그는 왕립학회의 회원으로 선출되었지. 사실 그는 16년 후 명예로운 코플리 Copley 메달 (1731년 제정된 영국 왕립학회가 주는 최고 권위의 과학상으로 찰스 다윈, 알베르트 아인슈타인, 루이 파스퇴르와 같은 위대한 과학자들이 받았다)을 받았어."

"그런데 역학적 에너지가 열로 전환되는 현상은 모든 역학적 운동에서 볼 수가 있어. 마찰이 존재할 때는 자명한 사실이지만 눈에 보이지 않는 작은 전자(가장 작은 단위의 음전하를 운반하는 입자)가 도선 내부를 운동할 때도 이러한 현상은 일어나지. 더구나 낙하하는 돌멩이가 지면과 충돌할 때도 돌멩이의 운동 에너지가 열로 전환되지. 당신이 이를 믿을 수 없다면 망치로 못을 몇 번 때린 후 못의 윗부분을 만져봐."

다섯 번째 아침 식사

초코 핫케이크와 칼로리

그것은 얼마나 뜨거울까?

"열이 유체처럼 흐르는 것이라는 열소 caloric 이론은 믿을 수 없는 것이라고 당신이 말했죠." 먹음직스럽게 보이는 케이크에 시럽을 부으면서 아내가 말했다. "그렇지만 실제로 열의 양을 나타낼 때 칼로리(물 1그램의 온도를 1도 올리는 데 필요한 열에너지의 양)를 쓰잖아요?"

"그래, 열이나 열적 에너지의 단위로 칼로리를 쓰고는 있지. 하지만 그것은 열이란 말을 라틴어로 옮긴 것뿐이고, 열이 유체와 같은 것이라는 열소 이론과는 아무런 관계가 없어. 어떤 물질이 열을 흡수한다는 것은 그 물질을 구성하는 원자들의 운동 에너지를 증가시킨다는 것을 의미하지. 앞으로 대화를 계속해보면 당신도 차차 알게 될 거야. 어쨌든, 물체를 마찰시키면 역학적 에너지가 열로 전환되는 것과 같이 뜨거운 물체에서 찬 물체로 열이 이동하는 것은 에너지가 이동하는 하나의 방법이라고 할 수 있지."

"예, 이제 알겠어요. 병 속의 시럽을 데우면 분자들이 전기 버너에서 운동 에너지를 얻어 시럽이 뜨거워지는 거군요. 그래서 물체의 온도를 재는 것은 곧 물체가 얻은 열의 양을 재는 것과 같다는 거지요?"

"그래. 전통적으로 칼로리는 열에너지를 측정하는 단위로 사용했지. 어떤 물체에 열을 가하면 온도가 높아지고 열을 빼앗으면 온도가 낮아지는 효과가 생기지. 온도라는 말과 열이라는 말을 서로 혼동하지 않는 것이 중요해."

"내가 제대로 알아들었는지 한번 들어보세요. 내가 병 속의 시럽에 열을 가하는 것은 시럽이 가지고 있는 칼로리의 수, 즉 에너지를 증가시키는 것이고, 그래서 시럽의 온도가 올라가는 것이죠. 또, 병 속에 얼음 조각을 넣을 때도 있는데 그것은 시럽의 온도를 떨어뜨리기 위해 차가움을 더하는 것이죠. 그때는 내가 마이너스의 칼로리를 물체에 더해주는 건가요?"

"아냐. 마이너스의 칼로리라는 말은 없어. 간단히 이야기하면, 열은 열적 에너지를 말하는 것인데 물체의 차가움은 열이 없는 것을 말하는 거야. 헬륨이나 그 밖의 다른 기체의 원자로 가득 찬 고무풍선을 진공 상태로 만들 수도 있는데, 진공으로 만든다는 것은 어떤 종류의 기체 원자도 기구 속에 없는 상태를 말해. 진공 상태를 만들기 위해 마이너스의 기체 원자를 넣어주거나 물체를 식히기 위해 마이너스의 칼로리를 넣어줄 필요는 없는 거지. 물체를 식히기 위해서는 간단히 그 물체가 가진 열에너지를 없애주기만 하면 돼. 그 결과로 물체의 온도는 떨어지는 거야."

"물체에 차가움을 더해줄 수는 없고, 단지 물체에서 열을 없애주는 거군요. 온도는 어때요? 열을 재는 척도로 화씨온도와 섭씨온도의 2가지 방법이 있는 걸로 아는데요. 왜 섭씨온도는 0도부터 시작하는데 화씨온도는 32도부터 시작하지요?"

"사실인지는 모르겠지만, 전해오는 말에 의하면 독일의 기구 제작자 다니엘 가브리엘 파렌하이트Daniel Gabriel Fahrenheit(1686~1736)가 자신이 살던 자유 도시 단치히Danzig의 가장 추운 날의 온도를 자기가 만든 온도계의 0도로 삼았다고 해. 그는 또 감기를 앓던 아내의 체온을 다른 기준인 100도로 정해서 그 사이를 100등분한 온도를 만들었지. 서로 다른 두 기준의 온도를 정하고 그 사이를 등분하여 온도를 나타낸다는 생각은 그가 처음으로 시도한 것이지. 물과 얼음이 섞여 있는 상태와 물이 끓는 온도를 온도의 기준점으로 만든 것도 그가 처음이야. 파렌하이트가 만든 온도계에서 이 두 점은 180등분되어 있지. 그러므로 이 눈금scale*을 사용하는 사람들은 겉으로 보기에는 제멋대로 붙여진 것 같은 숫자를 사용하는 것이야. 스웨덴의 천문학자 안데르스 셀시우스Anders Celsius(1701~1744)는 물의 어는점을 0도, 끓는점을 100도로 정해서 사용하면 우리의 생활에 더 유용할 것이라고 제안했

다니엘 가브리엘 파렌하이트 파렌하이트는 최초로 표준 온도계를 만들었으며, 열학과 기상학 분야에서 많은 업적을 남겼다. 화씨온도를 나타내는 기호 F는 그의 이름의 첫 글자를 딴 것이다.

안데르스 셀시우스 셀시우스는 16년 동안 오로라를 관측했고 라플란드 지방의 자오선 측정을 제안했다. 물리학에서는 100분 눈금의 한란계寒暖計를 창시하여 섭씨온도계의 기원이 된 것으로 잘 알려져 있다.

---

* 섭씨 눈금 : 물의 어는점(0℃)과 끓는점(100℃)을 100등분한 눈금.
  화씨 눈금 : 물의 어는점을 32°F, 물의 끓는점을 212°F로 하여 180등분한 눈금.

지. 그래서 섭씨온도가 생겨난 거야. 모든 과학자와 미국인을 제외한 대부분의 사람은 이 섭씨온도를 채택해 사용하고 있어. 아마 조만간 모든 사람이 같은 온도를 사용하게 될 거야."

"알았어요. 얼음에 화씨 32도까지 열을 가하면 녹아서 물이 되고, 계속 더 많은 칼로리를 가해서 화씨 212도가 되면 끓어서 수증기가 되는 거죠. 맞아요?"

"그렇다고 할 수도 있지. 그렇지만, 얼음의 온도를 섭씨 0도 또는 화씨 32도까지 올려준다고 해서 얼음이 저절로 녹는 것은 아니고 녹을 준비만 된 거야. 실제로는 얼음이 녹아 액체가 되려면 견고하게 결합되어 있던 물 분자들의 결합을 느슨하게 할 수 있을 정도의 충분한 운동 에너지를 얻어야 돼. 이때 가해 주어야 하는 열을 융해열이라 하는데, 이 에너지는 얼음의 온도는 변화시키지 않으면서 얼음에 흡수되는 열이지. 다시 말해서 융해점인 화씨 32도에서 얼음은 전부 물이 될 때까지 온도가 변하지 않는다는 거지. 전부 녹아 물이 된 다음 열을 계속 가해 주면 온도가 올라가게 되고 물이 끓는점에서도 같은 현상이 일어나게 되지. 화씨 212도에서 물 분자들이 결합을 끊고 제멋대로 흩어져 기체 상태가 되려면 충분한 에너지, 즉 기화열만큼의 열에너지를 가해 주어야 하는데 이때에도 온도는 변하지 않아. 얼음이 녹거나 물이 끓는 경우와 같이 온도는 변하지 않는 상태에서 가해주는 에너지는 분자들의 결합을 느슨하게 하거나 끊어 주는 역할을 하면서 물질의 상태를 변화시키는 것이지."

"아! 그래서 물질의 세 가지 상태 즉, 기체, 액체, 고체가 있는 거군요!"

"맞았어! 그렇지만 물질의 세 가지 상태에 대해서는 다음에 말해줄게."

"전에 어떤 신문에서 초전도에 관한 기사를 읽은 적이 있는데, 절대온도*라는 말이 있었던 것 같아요. 그 온도는 과학자들이 사용하는 섭씨온도를 말하는 건가요?"

"아니야. 절대온도는 훨씬 나중에 생긴 거야. 절대온도는 온도, 압력, 부피가 변할 때 기체가 어떤 영향을 받는지를 알아내기 위한 연구에서 비롯되었어. 물리학자나 화학자가 기체를 연구하면서 섭씨 영하 273도에서는 분자 운동이 사라진다는 것을 밝혀냈지. 믿을 수 없을 만큼 차가운 이 온도에서는 분자들의 운동 에너지가 0이 되고 모든 실제적인 운동을 그친다는 거지. 물리학자들은 이 온도보다 낮은 온도는 없기 때문에 이 온도를 절대적인 0도로 정하면 편리하다는 것을 알게 되었지. 섭씨온도와 같은 눈금 간격을 사용하면 얼음의 녹는점은 절대온도로 273도, 물의 끓는점은 373도가 되겠지. 이 온도를 기체에 관한 연구로 공이 큰 켈빈 경을 기념해 켈빈온도라고 부르지."

열을 일로 바꾸기

"수증기에 대해 항상 이상하게 생각하는 일이 있어요. 물이 끓으면 어떻게 해서 주전자 뚜껑이 딸그락거리는 거죠?"

"물이 끓으면 수증기로 변하고 수증기가 더 가열되면 충분한 운동 에너지를 얻은 분자들이 주전자 뚜껑에 점점 더 큰 압력을 가하게 되고, 압력이 충분해지면 주전자 뚜껑을 들어 올리게 되는 거야. 이렇게 되면 압

---

* 절대온도(켈빈온도)는 섭씨온도와 눈금 간격이 같고 가장 낮은 온도인 절대영도는 -273도다.

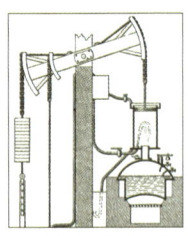

토머스 뉴커먼의 증기 기관 뉴커먼은 토머스 세이버리Thomas Savery 와 드니 파팽Denis Papin 의 기관을 개량하여 1712년 처음으로 실용화한 기관을 만들었다. 이것은 대기압만으로 물을 빨아올리고 증기는 진공을 만들기 위해서만 이용되었으므로 대기압식 기관이라고도 부른다.

축된 수증기의 일부는 밖으로 빠져나가고 주전자 내에 남아 있는 수증기는 팽창해서 온도가 떨어지고 압력도 약해져서 주전자 뚜껑이 닫히지. 수증기가 계속 가열되면 또다시 압력이 커지고 위와 같은 과정이 되풀이 되는 거야. 우리가 알고 있는 것처럼 제임스 와트James Watt는 이러한 사실에 주목해서 증기기관을 발명하게 되었지. 실제로 증기기관을 처음으로 발명한 사람은 영국의 광산업자 토머스 뉴커먼Thomas Newcomen(1663~1729)인데, 그는 18세기 초 증기기관을 콘월Cornwall에 있는 주석 광산에서 물을 퍼내는 펌프로 사용했어. 그의 증기 펌프는 잘 작동되지 않았는데, 그 이유를 찾아내지 못했기 때문에 더는 증기기관을 발전시키지 못했지. 제임스 와트는 같은 시대에 스코틀랜드의 한 작은 대학에서 기구 제작자로 일하고 있었는데, 어떤 사람이 토머스 뉴커먼의 펌프를 수리해 달라고 요청했고, 그는 펌프의 효율(입력과 출력의 비이며 보통 퍼센트로 나타낸다)을 높이기 위해서 기꺼이 그 요청을 받아들였어."

"기본적인 증기기관은 아주 간단한 기구야. 주전자의 물을 끓일 때, 물이 끓기 시작하면 수증기가 발생해서 주전자 주둥이를 통해서 빠져나오게 되는데, 이때 주둥이 근처에 바람개비를 놓으면 수증기가 바람개비를 돌리게 되지(그림 7). 회전하는 바람개비에 도구를 부착하면 일을 할 수 있겠지. 그렇지만 수증기가 빠져나오는 곳에 손을 대면 안돼. 주전자 주둥이 근처의 수증기는 매우 뜨거워서 심하게 화상을 입을 수도 있어."

"그것은 효율적인 도구로 보이지는 않는군요." 아내가 자신의 생각을 말했다.

[그림 7] 간단한 주전자 증기기관

"주전자에서 수증기가 계속 빠져나오면 물의 수위가 떨어질 테니 계속 물을 보충해 줘야겠네요?"

"맞았어. 그것을 해결하려면 수증기가 통과하는 경로를 만들어서 바람개비를 통과한 수증기를 집적기에 모으고, 거기서 식혀 액화한 다음 보일러에 다시 순환하도록 만들면 되겠지. 여러 번의 시행착오를 거쳐 와트는 수증기가 만들어지는 방을 절연시켜 에너지의 손실을 가능한 한 최소화하면 증기펌프가 더 잘 작동한다는 것을 발견했지. 팽창하는 수증기가 펌프의 피스톤을 움직이도록 만들고, 수증기가 팽창하는 방의 열을 증가시키면 더 많은 역학적 에너지가 피스톤 막대에 전달되는 거야."

"참 현명한 사람이었군요. 그렇죠?" 아내가 익살을 섞어 가며 말했다.

"제임스 와트의 가장 큰 발견은 팽창한 수증기를 따로 떨어진 곳으로 보냄으로써 펌프의 효율을 높일 수 있다는 것을 깨닫고 난 후에야 이루어졌지. 그곳에서 팽창한 수증기는 주변에 열을 방출하여 다시 액화되지. 제임스 와트의 증기기관은 액화된 물이 절연이 잘된 팽창 실린더에 다시 돌아오게 하여 거기서 다시 열을 가해 수증기로 만드는 거야. 이 수증기는 펌프 등의 기계에 연결된 터빈을 돌려 일을 하는 것이지. 제임스 와트는 토머스 뉴커먼이 이해한 펌프의 개념을 이와 같이 다양하게 확장시킴으로써 영국이 산업혁명의 돛을 올리는 데에 크게 기여했지."

"제임스 와트의 증기기관은 얼마나 효율적이었죠?"

"물리학에서는 열기관의 효율을 나타낼 때 에너지가 얼마나 일로 변환(한 원소의 양성자 수를 변화시켜 다른 원소로 변형시키는 것)되는지를 퍼센트로 나타내는데, 그것은 어떤 열기관이 한 유용한 일의 양을 그 일을 하기 위해 사용된 총 에너지의 양으로 나누어서 구할 수 있어. 이때 물을 가열하기 위해 사용한 에너지뿐 아니라 팽창시키는 방에 물을 넣을 때 소모되는 에너지, 주변 환경에 빼앗기는 열에너지 등 모든 에너지 손실도 총 에너지에 포함시켜야 돼. 유용한 일과 투입된 총 에너지의 비율은 반도 안 되기 때문에 증기기관의 효율은 최대한 50퍼센트를 넘지 못해. 제임스 와트는 과학자라기보다는 기구 제작자이며 사업가였기 때문에 그런 이론적인 분석을 더는 시도하지 않았어. 대신 그는 많은 시행착오를 통해 그의 증기기관을 개선시키고 그가 만든 모든 것에 대해 특허를 얻음으로써 이름을 널리 알리게 된 거야."

"그의 역할이 영국에서 산업혁명의 닻을 올리게 하는 데 충분치 못했단 말인가요? 그가 한 일에 대해 더 이론화할 필요가 있었단 말인가요? 그렇다면 증기기관이 실제로 어떻게 작동하는지에 대해 이론적으로 규명한 사람은 누구죠?"

"실제로 증기기관을 이론적으로 분석한 사람은 프랑스 사람인 니콜라 레오나르 사디 카르노 Nicolas Léonard Sadi Carnot(1796~1832)로, 그는 엔지니어였지만 물리학자처럼 이론적으로 분석했지. 19세기 초반 무렵 프랑스 육

군의 사무원으로 일했던 카르노는 제임스 와트의 증기 기관이 가진 실질적인 한계를 충분히 인식하고 있었어. 그는 수증기가 조금도 새지 않고, 열기관의 동작을 방해하는 마찰도 없는 이상적인 기관은 얼마나 더 잘 작동될 수 있을지에 대해 생각해보았지. 이상적인 기관은 에너지의 손실이 없으므로 기관이 한 유용한 일의 양은 사용한 총 에너지의 양이나, 엔진을 돌리기 위해 투입한 총 일의 양과 같겠지. 다시 말하면 투입한 일의 양과 결과적으로 나온 일의 양이 같은, 즉 가역적인 과정이 가능한 기관을 말하는 거야."

니콜라 레오나르 사디 카르노 카르노는 동력은 열이 고온에서 저온으로 이동할 때 발생한다는 것을 발견했다.

"내게 이상적인 기관이란 마치 영구히 작동하는 기관처럼 들리는군요."

"맞아. 그렇지만 카르노가 연구한 기관은 이상적인 기관이지, 실제의 기관은 아니란 사실을 잊지 말아야 해. 영구히 작동하는 영구 기관이 가능하지 않다는 것을 알아낸 것도 이상적인 기관을 분석해서 얻어진 거야."

"열에너지의 흐름에 대한 연구는 대단히 중요해서 열역학*이라고 부르는 물리학의 한 분야가 되었는데, 대부분의 물리 법칙이 그렇지만 열역학 법칙도 아주 간단해. 그것이 까다롭게 보이는 것은 물리적 과정에서 일어나는 가능한 한 모든 에너지의 흐름을 원만하게 설명하려고 하기 때문이야. 기본적으로 물리 법칙은 수표장checkbook의 매달 통계나 사업의 분기별 손익계산서에서 대차대조표가 균형을 이루는 것과 같이 자연계가 균형을 이룬다는 거야. 과학자들은 열역학적 계를 분석할 때 에너지

---

* 열에너지 전달에 대한 과학은 2가지 법칙으로 요약된다. 제1법칙은 계의 총 에너지는 항상 보존되는 것이고, 제2법칙은 열은 반드시 고온의 물체에서 저온의 물체로만 흐른다는 것이다.

의 출입을 다루어야 하는데, 열역학적 에너지의 흐름이나 손실을 계산할 때에는 19세기 말에 특별히 고안된 통계학을 사용하지. 통계학은 물질을 이루는 분자 각각의 움직임을 일일이 기록하는 것이 아니고, 계 전체의 물리량을 기술하는 방법을 사용해. 공학이나 화학, 물리학의 열역학 분야에서는 도입 단계에서 항상 이 통계학을 소개하고 있어."

"그런 분야에서는 통계학이 매우 중요하군요. 그런데 카르노의 계산은 실질적인 것을 대상으로 한 건가요, 단지 짐작으로 한 건가요?"

"이상적인 기관, 즉 완전한 가역기관에 대해 카르노가 한 계산을 살펴보기로 하지. 그가 공들여서 조심스럽게 계산한 것을 아주 간단히 소개한 책에는 이렇게 나와 있어. 그는 먼저 열기관의 한 순환 과정에서 보일러에 있는 뜨거운 수증기의 에너지를 생각했어. 수증기가 증기터빈을 지날 때 자신이 가진 운동 에너지를 잃고 대신 터빈을 돌리는 일을 하게 되고 그 다음에는 일을 하여 에너지를 잃고 팽창한 식은 증기가 응축 장치인 응축기로 가서 응축되고, 순환 펌프에 의해 순환 과정이 다시 시작되는 보일러로 돌아가게 되지(그림 8). 물질의 온도는 에너지 상태를 나타내므로, 터빈으로 들어가기 전과 후의 수증기 온도는 상대적으로 수증기가 일을 하기 전과 후의 계의 에너지 상태를 나타낸다고 할 수 있지. 따라서 수증기 온도를 절대온도로 표시할 때, 터빈을 돌려 일을 하기 전과 후의 온도차를 일하기 전의 온도로 나누면 바로 그 열기관의 효율이 되지. 이때 온도가 떨어지면서 방출한 열의 양이 터빈에 한 일의 양이 되겠지."

"그 말이 내게는 일을 하고 난 후의 수증기 온도를 절대영도까지 떨어뜨려서 분자의 온도차가 분모의 온도와 같게 만들면 100퍼센트 효율의 열기관을 얻을 수 있다는 말처럼 들리는군요. 맞아요?"

"당신의 분석은 완벽해. 그렇지만 어떤 물질의 절대온도를 0도까지 떨

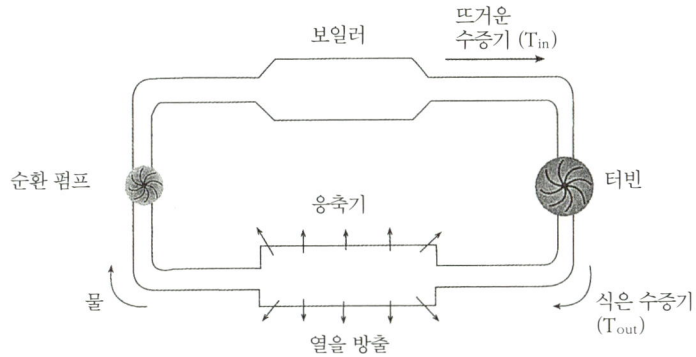

[그림 8] 간단한 증기기관. 보일러에서 물이 끓어 수증기가 되면, 이 수증기는 터빈에서 팽창하여 바퀴를 돌려 일을 하고 식어서 응축기로 들어간다. 응축기에서 액화된 물은 펌프에 의해 보일러로 들어가고 순환이 되풀이된다.

어뜨리는 것은 실제로 불가능하다는 것을 알아야 해. 더군다나 수증기는 절대온도 373도에서 이미 물로 변해 버리잖아."

"기껏 머리를 짜서 생각해냈더니 찬물을 끼얹는군요." 아내가 장난스럽게 말했다.

"카르노의 효율 계산을 생각해볼 때 열기관에 출입하는 수증기의 온도가 열기관에 입력되는 에너지와 출력되는 에너지를 나타내기 때문에, 입력되는 온도는 항상 출력되는 온도보다 높아야 되겠지. 그래서 열기관의 효율은 항상 양(+)의 값만 갖게 되고, 열기관의 효율에서 음(-)의 값은 의미가 없는 거야. 또 효율을 높이는 최선의 방법은 입력되는 수증기의 온도를 높이고 그 온도를 응축기에서 가능한 한 낮춰주는 것이겠지. 이러한 모든 것을 제임스 와트는 시행착오를 통해 이론적으로 계산한 카르노보다 먼저 알아냈던 거야. 그의 수많은 특허권이 증명해주듯이 말이야. 이와 같은 사실은 공학 기술의 발달이 현상을 정확히 분석하는 이론과학보다 앞설 수도 있다는 것을 의미하기도 하지만, 그렇다고 열기관에 관한 카르노의 업적이 저평가되는 것은 아니야. 어쨌든, 카르노는 물리학자가 아니고 엔지니어였기 때문에 그가 발견한 것을 정확하게 물리적으로 인식한 것은 켈빈 경의 일련의 강의에 의해서이고, 그 강의는 카르노가 한 일의 중요성을 사람들에게 널리 알렸지. 그렇지만 그 강의는 카르노가 36세의 나이로 죽은 지 17년 후에 있었어."

"물리학자들은 참 자만심이 대단하군요." 아내는 나를 놀려대며 좋아했다. "카르노의 분석은 이상적인 열기관이라도 우리가 입력해준 에너지를 전부 출력시킬 수는 없다는 것을 의미하는 것 외에 어떤 의미가 있죠?"

"이상적인 열기관에 대한 카르노의 분석은 열적 에너지가 역학적 일로 변환될 때 어떤 일이 일어나는지를 보여주지. 아주 이상적인 카르노 기관이라도 효율이 100퍼센트보다는 작기 때문에, 실제 모든 기관의 효율은 이보다 작아. 왜 이것을 물리학의 다른 기본적인 법칙을 이용하여 설명할 수 없는 걸까? 이것은 바로 열역학 법칙이 우리가 기술하고 사용하는 다른 보존법칙, 예를 들면 질량이나 다른 물리량이 보존되는 법칙처럼 매우 중요하지만 수학적 방정식으로 표현하는 것 이상의 설명을 할 수 없는 기본적인 자연의 현상이기 때문이지. 켈빈 경의 중요한 업적은 카르노의 수행 결과를 해석하는 과정에서 생겨난 거야."

"남은 케이크가 다 식었네요. 다시 데우지 않을 거라면 나는 하던 일을 마저 할게요. 이번 주말쯤에는 프랑스 빵으로 만든 프렌치토스트를 만들어줄게요. 카르노를 기념하는 뜻에서……."

> 여섯 번째 아침 식사

프렌치토스트

제1법칙 : 당신은 이익을 얻을 수 없어

"여기 제가 약속한 프렌치토스트를 만들었어요."

"내가 좋아하는 거군!" 나는 소리쳤다.

"그렇다니 저도 기쁘네요. 그런데 당신, 카르노와 켈빈 경에 대해 더 이야기해주겠다고 약속했지요?"

"우리가 이미 알아본 바와 같이, 카르노 사이클은 영구적으로 작동하는 기계를 만드는 것이 불가능하다는 것을 보여주고 있어. 어떤 종류의 에너지도 손실되지 않는 이상적인 열기관에서조차 투입된 에너지가 모두 똑같은 양의 출력 에너지(똑같은 양의 일)로 바뀔 수 없다는 것이지. 왜 이와 같은 일이 일어나는지를 이해하려고 노력하는 과정에서 켈빈 경과 같은 이들은 오늘날 열역학 제2법칙으로 알려진 규칙을 발견한 거야. 그런데 물리학에서 참 이상한 일은 그 뒤 여러 해가 지날 때까지 소위 열역학 제1법칙이라는 것이 물리학자들에 의해 보편적인 법칙으로 받아들여지지 못했다는 것이지. 지금은 제1법칙이 먼저 발견되었어야 할 것처럼 생각되므로 열을 주제로 다루는 모든 교과서에서 열역학 제1법칙이 먼저 나온 다음에 제2법칙이 나오는 순으로 되어 있어. 제1법칙에 대한 지식이 있으면 제2법칙을 이해하기가 쉽고, 그것을 나타내는 수식을 잘 유도할 수 있다는 것도 사실이지만……. 물론 카르노는 그런 지식을 이용하지는 못했지.”

“자, 이제 됐어요. 그러면 제1법칙은 무슨 내용이지요?” 아내가 채근했다.

“그것은 말이야, 어떤 계의 총 에너지는 그 계를 구성하는 모든 성분(종류)의 에너지와 그 계가 외부에 일을 하거나 외부에서 받은 일의 합과 같다는 것을 말하는 것이지. 이것이 받아들여지기까지 그토록 오랜 시간이 필요했던 이유는 열역학 제1법칙이 너무도 포괄적인 내용을 포함했기 때문이야.”

“그럼 별거 아니잖아요? 그저 전체는 모든 부분의 총합과 같다는 것을 말하고 있을 뿐이잖아요?”

“확실히 그래. 그렇지만 이 개념을 전 우주를 포함하는 게까지 확장시켜 보구려. 우주의 전체 에너지가 그 안의 모든 종류의 에너지의 총합과 같다면, 도대체 그 총합은 변할 수 있는 것일까? 그 대답은 그럴 수 없다는 것이지. 단지 전기 에너지가 열에너지로 변한다거나 열에너지가 역학적 에너지로 변하는 등의 일은 일어날 수 있어도 전체 에너지는 항상 일정한 값을 유지하는 거야. 다른 말로 하면 우주의 총 에너지는 보존되어야만 한다는 것이지."

"그래요. 그럼 에너지 변환 과정에서 잃어버리는 에너지는 무엇이지요? 카르노가 이상적인 기관이라도 효율은 100퍼센트가 될 수 없다고 말하지 않았나요?" 아내가 놀라워하면서 말했다.

"어떤 종류의 에너지가 손실되지만 그것은 어딘가로 이동하는 것이지 사라져 버리는 것은 아니야. 예를 들면 제임스 와트의 증기기관에서 마찰에 의해 손실된 에너지는 열로 바뀌는 거야. 이런 열과 보일러 속에서나 증기를 냉각시켜 다시 물로 만드는 응축기 속에서 일어나는 열 손실은 모두 어떤 방식으로든 주변 환경에 흡수되어야만 하는 거야. 그래서 증기기관들이 계속해서 열을 방출하고 있어도 우주의 총 에너지는 변하지 않게 되지. 이 법칙이 사물이 실제로 존재하는 방식이며, 또 그래야만 한다는 것을 당신이 선뜻 받아들이기는 어려울 거야. 마찬가지로 과학자들이 이 보존법칙이 자연이 굴러가는 방식을 정확하고도 그럴 듯하게 설명하는 법칙이라는 것을 받아들이는 데도 매우 오랜 세월이 걸렸지. 정말로 중요한 것은 에너지 보존의 법칙이 아주 보편적이고, 거의 모든 종류의 계에 대해서 성립한다는 것이 분명하다는 것이지. 예를 들어 계가 운동하고 있다고 생각합시다. 그러면 균형을 유지하기 위해서 에너지 속에 운동 에너지를 포함시켜야만 할 거야. 마찬가지로 계의 에너지에 다른 변화가 일어난다면 열역학 제1법칙의 타당성을 부정하지 않고 모든 변화를 포함시켜 설명하는 것도 가능하지. 이 모든 것이 가능하다는 것이 판명되었어. 아인슈타인이 전 우주를 통해 질량과 에너지의 합이 보존되어야만 하므로 질량과 에너지가 동등하다고 밝힌 이후에도 에너지 보존의 법칙은 여전히 성립했지. 핵발전 과정을 분석할 때 질량-에너지 등가 관계, $E=mc^2$를 사용하면 충분하지. 사실 모든 계에 예외 없이 이

기본적인 법칙은 항상 적용시킬 수 있는 거야."

"특히 이 문제에 대해서 당신은 특별한 변화들만 소개했어요. 그렇다면 제1법칙은 당신이 말하는 소위 물리학의 기본 법칙에 비해서 어느 정도는 주먹구구식이라고밖에 볼 수 없지 않아요?"

"천만에. 제1법칙이 모든 경우에 아주 잘 성립하는 까닭은 그것이 성립하는 데 수학만이 필요한 순수한 수학적 구조로 이루어져 있기 때문이야. 생각하고 있는 계가 그 무엇이든 상관없지. 열기관일 수도 있고 불이 붙으면 저장된 화학 에너지가 열로 바뀔 수 있는 한 덩어리의 석탄이나 그 밖의 어떤 것 등 말이야. 에너지 보존법칙은 물리학의 기본 법칙이지. 우리가 경험한 모든 것에서, 지상이나 우주의 모든 계에서도 이 법칙에 위배되는 한 가지 예도 찾을 수 없었기 때문이야. 더욱이 이 법칙을 이용하면 다른 사건이 일어나는 방식을 정확히 예측할 수 있으므로 우리는 이것을 절대적인 것으로 믿는 거야."

"열역학 제1법칙은 처음에 집어넣은 에너지보다 많은 에너지를 뽑아낼 수 없다는 것을 말하는 것처럼 보이는데, 그렇다면 당신은 아무것도 얻을 수 없다는 것이네!"

"그렇지, 제1법칙을 이용하면 많은 것을 설명할 수 있지만, 그렇다고 그것만으로 전부를 설명할 수 있는 것은 아니야."

제2법칙 : 당신은 본전도 할 수 없어

"열역학 제1법칙이 어떻게 에너지가 한 형태에서 다른 형태로 변할 수 있는지를 설명하는 데 유용하게 쓰일 수는 있지만, 그런 변화가 일어나는 이유는 전혀 설명하지 못하지. 예를 들면 앞에서 논의했던 열이 이동하는 경우를 생각해봐. 우리가 알고 있듯이 열은 더 따뜻한 물체에서 차가운 물체 쪽으로 흐르며, 그 반대 방향으로는 흐르지 않아. 열이 어느 방향으로 이동하든지 총 에너지가 일정하게 유지되기만 하면 제1법칙은 성립하는 거야. 비슷한 경우로 마찰에 의해 역학적인 일은 열로 변환될 수 있지만, 그 역逆과정을 거쳐 열이 직접 역학적인 일로 변하는 현상은 일어나지 않아. 다시 말해 열역학 제1법칙에 위배되지는 않지만 우리 경험에 비추어볼 때 열과 일이 서로 가역적으로 변하는 경우는 없다는 것이지.”

"그것이 카르노 사이클의 진정한 의미가 아니에요? 일은 관여하지 않고 열만 이동하는 경우에 어떻게 열이 따뜻한 쪽에서 차가운 쪽으로만 흐르며, 그 반대 방향으로는 흐르지 않는다는 것을 확신할 수 있죠?”

"그래 맞아! 카르노는 실제로 가역기관은 존재하지 않는다는 것을 보인 최초의 인물이었어. 두 번째 질문에 대해서 말하자면, 자연을 관찰한 바에 따르면 열은 항상 한 방향으로만 이동한다는 것을 알 수 있지. 차가운 음료수를 마시는 경우를 생각해보구려. 음료수에 얼음 조각을 넣으면 열이 음료수에서 더 차가운 얼음 조각으로 이동할 것이므로 이 과정에서 얼음 조각이 녹게 되지. 열이 그 반대 방향으로 이동한다고 하면 얼음 조각은 더 차가워지는 반면에 음료수는 더 따뜻해지게 될 거야. 당신이 보기에 이런 현상은 일어날 것 같아?”

"아니오, 그런 현상은 일어날 것 같지 않아요. 그래도 어떻게 우리는 얼음 조각이 음료수에 의해 더 차가워질 수 없다고 절대적으로 확신할 수 있는 것이지요?”

"그럼, 당신이 영하 10도 정도인 얼음 조각을 영하 92도에서 끓는 액체 질소 속에 넣으면 더 따뜻한 얼음 조각에서 액체 쪽으로 열이 이동하게 될 거야. 이 사실에서도 우리는 열이 특정한 방향 이외의 방향으로 이동하지 않는다는 것을 알 수 있지. 제1법칙이 먼저 발견되었더라면 열역학 제2법칙은 제1법칙으로 설명할 수 없는 경우에 적용하기 위해서 고안된 것이라고 말할 수도 있을 거야. 그러나 과학적 진보는 대개 이런 순서를 따르지는 않아. 이미 말했듯이 제2법칙은 열에너지가 역학적인 일로 변환되면 열을 공급하는 열원의 온도도 내려가게 되는 이유를 설명하기 위해서 고안된 것이지. 그렇게 되는 이유를 간단히 알려줄게. 먼저 제2법칙에 의해 예견되는 아주 극적인 결론을 요약해보겠어. 유용한 일을 하는 과정에서 열이 손실된다는 생각을 당신이 받아들인다면, 점점 그것도 아주 천천히 돌이킬 수 없게 전 우주는 틀림없이 점점 차가워지고 있는 거야! 이것을 이용하여 논리적 결론을 내리면 아주 먼 미래에는 더는 일로 바뀔 수 있는 열이 남지 않는 날이 오고 말 거야!"

"사람들이 경제학을 음침한 과학이라고 말하는데, 내 생각에는 열역학을 그렇게 불러야 할 것 같아요. 그런데 나는 어떤 사람들이 경제학을 일종의 과학으로 생각하는 이유를 알고 싶어요."

"당신이 예측을 어떻게 생각하는지는 몰라도, 열역학에 의한 예측은 늘 정확하고 믿을 만하지. 그것은 전적으로 수학의 구조에 기초를 두고 있지만, 열역학은 에너지 전환이 일어날 때마다 무슨 일이 일어나는지를 틀림없이 묘사하기 때문이지. 누가 경제학에서 그와 같은 요구를 할 수 있지?"

"나는 우리가 서로 욕하고 있는 것 같아요. 이제 그만 제2법칙으로 돌아가요." 아내가 조용히 지적했다.

"대부분 물리의 기본 법칙처럼 제2법칙의 표현식은 아주 간단해. 그것은 어떤 계에서 일을 하는 데 사용되는 에너지는 계의 초기, 내부 에너지에서 엔트로피(에너지의 소비와 동반되는 무질서도)의 변화량과 계의 절대온도를 곱한 값을 뺀 것과 같아야만 한다는 것이지. 엔트로피의 변화량과 온도를 곱한 값이 내부 에너지보다 작기만 하면, 이들의 차이가 양의 값이 되므로 계는 일을 할 수 있는 에너지를 갖고 있는 것이야. 절대온도 눈금으로 표시된 온도는 항상 양(+)의 값을 가지는데, 이것은 온도가 항상 절대영도보다 높다는 것을 뜻하지. 엔트로피의 변화 또한 양(+)의 값을 가지면 외부에 일을 할 수 있는 에너지는 계의 내부 에너지보다 작고 제1법칙도 성립하는 거야."

"엔트로피는 왜 음(-)의 값을 갖지 못하는 거예요?"

"엔트로피 변화량이 음이면 양의 값을 가지는 내부 에너지에서 음의 값을 빼야 할 거야. 그렇게 하면 빼기를 2번 하는 경우이므로 더하는 것과 같아. 결국 내부 에너지에 엔트로피와 절대온도를 곱한 것을 더하게 되는 것을 뜻하지. 이것은 계의 초기 에너지보다 많은 일을 외부에 할 수 있음을 뜻하는 것으로 열역학 제1법칙에 위배되는 내용이지. 이런 현상이 일어날 수 없으므로 엔트로피의 변화량은 항상 양의 값을 가져야만 되는 거야."

"이제 알 것 같아요. 그게 무엇이든 간에 엔트로피의 변화는 항상 양이어야 한다는 것이죠, 그렇죠? 이것이 열이 한 방향으로만 흐르게 되는 이유인가요? 그렇지만 카르노는 어떻게 이것을 알 수 있었을까요? 당신이 말했듯이 그는 에너지 보존의 법칙에 대해서 모르고 있었잖아요."

"물론 그래. 그는 몰랐을 거야. 카르노도 이상적인 열기관에 대한 해석이 모든 계에서 열이 흘러가는 방향성을 설명하게 될 것이라고 믿지는 않았을 거야. 이와 같이 엔트로피라는 개념이 완성되고 확장된 것은 나중에 다른 사람들에 의해서 이루어진 일이지. 엔트로피가 정확히 무엇인지에 대해서는 나도 당신에게 그것을 정의하는 수학적 표현식을 알려줄 수 있을 뿐이야. 그러나 그것을 말로 표현한다면 내게 떠오르는 생각은 일종의 무질서가 아닌가 싶어. 엔트로피를 어떤 계에 존재하는 무질서의 정도로 생각하는 것이 유용하다는 사실이 판명되었지. 따라서 제2법칙에서 엔트로피의 변화는 외부에 일을 한 결과 일어나는 무질서도 변화의 척도가 되고 있어. 엔트로피의 변화가 항상 양의 값이어야 하므로 우주의 무질서도는 틀림없이 항상 증가하고 있어."

"이런 열역학의 법칙은 내가 별로 좋아할 것 같지 않아요." 아내가 조롱하듯 말하고는 익살맞게 다음과 같은 말을 덧붙였다. "내가 차라리 여성 하원 의원에게 편지를 써서 열역학의 법칙들을 폐지하라고 부탁하겠어요. 그러나 그전에 먼저 당신이 내게 엔트로피 변화에 대해 몇 가지 예를 들어주겠어요?"

"얼음 조각을 생각해보기로 합시다. 얼음 속의 물 분자들은 목욕탕의 타일처럼 매우 질서정연하게 배열되어 있어. 얼음을 가열했을 때 이리저리 진동하던 분자들의 운동 에너지가 점차로 증가하여 녹는점에 이르면 느슨하게 깨지기 시작하지. 그래서 고체인 얼음은 액체인 물이 되고 말지. 앞에서 언급했듯이 얼음이 열에너지를 흡수하여 분자들의 질서 있는 배열이 깨지는 동안 얼음과 물이 공존하는 상태가 되며 이때 온도는 일정하게 유지되는 거야. 분명히 분자들을 가열함으로써 물 분자들 사이의 무질서도를 증가시키고 있는 거지."

"나도 그렇게 생각해요. 그러나 우리가 물을 얼려 얼음으로 만들면 물 분자들이 다시 질서 있게 되지 않나요?"

"가령 냉장고 속에 물을 넣으면 물 분자들이 재정렬하도록 만들 수 있어. 그러나 냉장고가 작동하는 과정에서 더 많은 에너지가 소비되고 더 많은 열이 발생하므로 자연은 더 무질서해지는 거야."

"이제 내가 이런 법칙들을 좋아하지 않는 이유를 알겠어요. 제1법칙은 우리가 공짜로 얻을 수 있는 것이 없다는 것이고, 제2법칙은 우리는 항상 최초에 가졌던 것보다도 적은 양만 남겨놓고 종국을 맞게 될 것임을 알려주고 있는 셈이죠. 세상에 이런 법칙들을 어디에 써먹겠어요?"

"당신이 다음 예를 그런 경우로 생각할지는 모르지만, 재미있는 결론은 우주에서 엔트로피는 계속 증가하므로, 엔트로피가 경과 시간 측정의 도구가 된다는 거지. 유리 화병이 단단한 마룻바닥에 떨어져 수많은 유리 파편이 되어 흩어진다고 생각해보구려. 유리 화병으로서는 무질서도, 즉 엔트로피가 증가한 것이지. 그런데 유리 화병이 깨지는 과정을 캠코더로 촬영했다고 생각하고 그런 다음 녹화 테이프를 거꾸로 돌리면 유리 파편이 다시 모여서 유리 화병이 되는 것처럼 보일 거야. 이것은 시간의 경과에 따른 엔트로피의 증가를 시각적으로 영상 매체에 기록할 수 있는 모든 과정에 똑같이 적용될 수 있지. 이런 방식으로 엔트로피의 변화는 시간의 진행 방향을 아는 척도 구실을 하지. 그래서 엔트로피는 '시간의 화살'이라고도 부르지."

"도대체 그게 무슨 소리인지 확실히 이해하기가 힘드네요. 나는 달력과 시계만 있으면 경과한 시간을 얼마든지 알 수 있는데……. 이것에 대해 더 할 이야기가 있어요? 아니면 좀 덜 답답한 물리의 다른 양상을 생각해보기로 할까요?"

"물론 아직도 많이 남았어. 열역학 법칙은 공학자들이 환경문제를 평가하거나 완화시키는 방법을 찾을 때 사용되고, 또 값비싼 에너지를 보존하고 소비하는 다양한 과정을 최적화시키기 위해서도 사용되지. 당신

발터 헤르만 네른스트
네른스트는 전리용압, 용해도 곱하기 개념을 이용하여 네른스트—톰슨 식을 유도했다. 네른스트 열정리(열역학 제3법칙)를 발견하고, 네른스트—린데맨 비열식比熱式을 제창했으며, 1920년 화학 연구의 업적을 인정받아 노벨화학상을 수상했다.

에게 흥미로운 내용이 하나 더 있어. 금세기 초엽 발터 헤르만 네른스트Walther Hermann Nernst(1864~1941)라는 독일의 물리학자는 절대영도까지 온도를 낮춤으로써 어떤 화학 작용을 최적화할 수 있다는 가설을 제시했지. 절대영도로 만들 수는 없을지라도 이런 분석이 몇 군데 산업 과정에 거의 그대로 적용됨을 알게 되어, 네른스트는 노벨화학상을 타게 되었어. 사실 어떤 사람들은 이것을 열역학 제3법칙이라고도 하지. 그 후 영국의 물리학자인 데이비드 랭퍼드David Langford는 처음의 두 법칙이 이익을 얻을 수도 없거니와 심지어 본전도 할 수 없다는 것을 뜻하는 반면에 제3법칙은 자신이 연구할 만한 충분한 가치가 있다는 것을 알게 되었지."

"마지막으로 할 말이 있어요. 열역학 법칙이 예측하는 내용이 모두 비관적인 것처럼 보일지라도 당신이 말하는 것을 이해할 수는 있겠어요. 그런데 열역학을 이용하는 과학자나 공학자조차도 열역학을 어려운 과목으로 여기는 이유는 무엇인가요?"

"그 이유는 수학적 표현이 아주 복잡할 수 있다는 거야. 이런 복잡한 표현식을 당신에게 보여줄 수가 없으니, 비유를 들어 설명할게. 알다시피 크든 작든, 매출 총액에서 재화를 생산하는 데 소요된 비용의 총합을 빼 보면 사업의 수익성을 평가할 수 있지. 마찬가지로 열역학에서도 시작할 때 가졌던 재화의 총량에서 판매원에게 지불한 수수료를 포함한 모든 비용을 더할 때 주의를 기울여야 해. 앞의 총액의 차이는 연간 수익이 되고, 투자에 대한 수익의 비율은 해당연도 수익률을 나타내는 거지. 이 수익률은 모든 회사의 영업 실적을 평가하는 중요한 수단이 되므로 어떤 회사의 주식을 살지 말지를 결정할 때에는 수익률을 면밀히 검토해봐야 하는 거야. 결산서를 분석해도 그 숫자들을 만들기 위한 작업을 알 수는 없지. 그 회사의 복잡성에 대해서는 아무것도 알 수가 없는 거야. 당신은 내가 당신에게 아침 식사 때마다 토론하는 물리학의 '결산서'를 보여주었다고 말할 수도 있을 거야. 당신이 허락하기만 한다면 나는 앞으로도 계속 그렇게 할 거야."

"마지막으로 한 가지 중요한 사실을 말해 줄게. 모험사업의 수익성을 구하는 것이 카르노 열기관의 효율을 결정하는 것과 비슷하다고 할지라도, 그들 사이에는 근본적인 차이점이 있어. 경제학에는 법칙이 없지. 즉, 믿을 만하게 결과(모험사업의 수익률)를 예측하지 못하는 거야. 그렇기 때문에 어떤 사업은 번창하는데 어떤 사업은 망하는 거지. 반면에 열역학에서는 결과가 항상 정확하고도 완전히 믿을 만하게 예측될 수 있는 거야."

아내의 정확한 대답이 생각나지 않지만, 이렇게 중얼거렸던 것 같다.

"바로 그게 물리학자들이 때때로 건방지다고 말하는 이유지요."

나는 차라리 아내가 물리학자들은 매우 자신만만하다고 말하길 바랐다. 그런데 왜 아내는 그렇게 말하지 않았을까?

일곱 번째 아침 식사

콜드컷

연을 날리자!

"빵을 구우려고 하는데 갑자기 전기가 나갔어요." 다음 날 아침, 아내가 큰소리로 말했다.

"그럼 커피는 어떻게 됐지?"

"커피는 준비됐어요. 전기가 나가기 바로 직전에 끝냈어요. 그런데 전기가 없으니까 이렇게 불편하군요." 아내는 눈살을 찌푸리며 말했다. "오늘 아침에는 할 수 없이 콜드컷cold cut(차가운 고기와 치즈로 만든 요리)을 먹어야 할 것 같아요."

"우리가 네덜란드에 있다고 생각합시다. 암스테르담에 있었을 때 그들이 우리에게 아침 식사로 콜드컷을 어떻게 제공했는지 기억하고 있어?"

"네, 기억해요. 당신은 나에게 전기에 관해 이야기하고 있었는데, 지금의 정전이 아주 알맞은 기회를 제공한 것 같아요."

나는 매우 기뻤다.

"단지 100년 전만 해도 전기에 대해 아는 사람이 그리 많지 않았다는 것을 당신은 알고 있어? 200년 전에는 전류(도선을 통과하는 전자의 흐름을 말하며, 단위는 암페어A를 사용한다)를 아는 사람이 아무도 없었어. 오늘날에도 미국의 오지나 세계 곳곳에는 전기의 존재를 단지 전등의 불빛 정도로만 알고 있는 사람이 많아. 처음에 전기의 존재를 어떻게 알게 되었는지 말해 줄게. 뉴턴이 태어나기 약 42년 전, 여왕 엘리자베스 1세 때 영국의 한 의사가 세계 도처에서 발견되는 두 종류의 특이한 광물을 비교하여 책으로 출간했지. 자철광(천연자석 lodestone)과 호박 amber 이라 불리는 이 광물은 200년 이상 많은 사람의 호기심을 불러일으켰는데, 윌리엄 길버트 William Gilbert (1544~1603)는 최초로 두 광물이 가지는 특성의 차이점을 상세히 기록했어. 또한 그는 자철광이 쇳가루나 다른 자철광을 끌어당길 수 있다는 것을 최초로 증명한 사람이기도 하지. 천연자석들을 액체 위에 띄워 놓았을 때 이들은 항상 한 끝은 남쪽을, 한 끝은 북쪽을 향하도록 정렬했어. 17세기 이후 중국이나 아랍을 항해하는 사람들은 이러한 사실을 이미 알고 있었지만, 길버트는 북쪽을 가리키는 천연자석의 한 끝이 남쪽을 가리키는 이웃한 천연자석의 한 끝을 향해 끌려간다는 사실을 처음으로 증명해주었지. 그는 이러한 현상을 가리켜 자기적 결합—의사가 선택하기에 적당한 용어—이라 불렀어."

│ 윌리엄 길버트 길버트는 나침반 바늘이 남과 북을 가리키는 이유를 밝혀냈다.

"나는 결합이라는 용어를 좋아해요." 아내는 깔깔대며 웃었다. "하지만 그것이 전기와 무슨 관계가 있나요?"

"나중에 알게 되겠지만, 자기는 전기와 서로 깊숙이 얽혀져 있어. 그러나 길버트가 책에서 자철광과 호박의 성질을 묘사한 것은 정말 우연이었어. 길버트는 세게 문질러진 호박은 짚과 같은 물질을 끌어당길 수 있었지만, 자철광에서는 이와 유사한 점을 발견하지 못했다고 기록했지. 사실 그는 그러한 관계를 증명하지도 않고 단지 신비스러운 효능으로만 생각하는 동료 의사들을 비난했어. 17세기 중반에 마른 헝겊으로 호박을 문지르면 호박은 작은 조각의 여러 물질을 끌어당기는 성질이 있다는 것이 입증되었지. 그리스어로 호박은 일렉트론electron인데, 이와 같은 현상은 전기적 인력(양전하와 음전하 사이의 전기력)으로 알려지게 되었어. 왕립학회의 한 회원은 전기적인 성질이 금속과 같은 물질을 통해서만 전달될 수 있고 다른 물질에서는 그렇지 않다고 했어. 그러나 프랑스 학술원의 샤를 프랑수아 드 시스테르네 뒤페Charles François de Cisternay Du Fay는 두 종류의 전기적인 '유체'가 가능하다고 주장했지. 유리나 보석이나 자기 제품을 문질러서 만들었는데, 그는 이를 유리 전기라 불렀지. 또 호박이라 불리는 화석으로 된 수지樹脂를 포함하여 어떤 수지를 문질러서 만들었는데, 그는 이를 수지 전기라 명명했어. 또한 1734년 뒤페는 같은 종류의 전기를 가진 물체들은 서로 밀고, 다른 종류의 전기를 가진 물체들은 서로 끌어당긴다는 사실을 지적했지."

"당신이 이야기하는 동안 2년 전 발트 해를 여행하는 도중에 당신이 나에게 사준 호박 목걸이를 문질러 보고 호박은 확실히 작은 종잇조각을 끌어당긴다는 것을 알았어요. 그런데 호박에 닿은 종잇조각을 호박이 다시 밀어내더군요. 왜 그럴까요?" 아내는 자기가 관찰한 것을 말했다.

"그것은 전기를 띤 호박이 접촉한 종잇조각에 같은 종류의 전기를 띠게 하기 때문이지. 뒤페가 지적했듯이 같은 종류의 전하끼리는 서로 미는데, 종잇조각은 같은 종류의 전기를 띤 호박을 밀게 되는 거지."

"너무 재미있어요!" 아내는 소리쳤다. "내가 호박으로 된 목걸이를 문지를 때에 전기가 만들어지고 있는 건가요?"

"그렇지. 당신이 만들고 있는 것은 소위 정전기라고 하는 것인데, 이에 대한 학문적인 연구는 18세기 내내 아주 보편적으로 이루어졌어. 이것은 연구하는 사람들의 과학적 호기심과 손님을 대접하거나 정말로 놀라게 해주려는 생각 때문이었어. 독일의 어느 한 교수는 감춰진 정전기 발생기 위에 여학생을 세워 놓고 그녀에게 뽀뽀를 시도할 남학생을 모았는데 한 용감한 남학생이 뽀뽀를 하려다 큰 충격 때문에 놀라고 말았지. 그 여학생이 자신의 신비스러운 능력에 대해 어떤 생각을 했는지 남겨진 기록은 없어."

"정전기는 건조한 겨울날 양탄자 위를 걸어갈 때 일어나는 현상과 관계가 있나요? 내가 금속 손잡이를 잡으려고 할 때 깜짝 놀랄 만한 충격을 받은 적도 있어요."

"당신이 양탄자 위를 걸어갈 때 신발이 양탄자를 문지르기 때문에 전기를 띠게 되는 거요. 전하라는 용어는 전기를 띠게 되는 물체에 전기의 양을 더하거나 뺄 수 있다는 조건을 묘사하기 위해 사용되었어. 이러한 생각은 우연히 미국의 발명가, 인쇄업자, 자연철학자, 애국자, 정치가인 벤저민 프랭클린Benjamin Franklin에게서 비롯되었어. 그는 뒤페와는 달리 물체를 대전시키는 과정에서 자신이 '전기 불꽃'이라고 부르는 어떤 것을 물체에 더하거나 뺄 수 있다고 생각했지. 이것은 전기에 관한 단일 유체 이론인데, 프랭클린은 유체가 이동하면서 물체는 음이나 양으로 대전된다고 했지. 프랭클린은 자신의 이론의 타당성을 검증하기 위해 1752년 필라델피아에서 비 오는 날 실제로 연을 날려 폭풍우에서 '전기 불꽃'을 끌어냈어. 그는 젖은 연줄을 잡으면 안 된다고 알고 있었기 때문에 지면에 큰 열쇠를 놓아 전기가 연줄을 타고 내려오다가 그곳으로 흘러가도록 했던 거야. 그래서 기적으로 살 수 있었지. 그는 매우 실용적이었을 뿐만 아니라 빈틈없는 사람이었기 때문에 자신이 발견한 것을 즉시 피뢰침을 만드는 데 사용했지."

"그렇다면 번개가 뭐지요, 정전기 방전인가요?" 아내는 더 알고 싶어 했다. "번개가 처음에 어떻게 폭풍우 속에 들어갈 수 있었나요?"

"폭풍우란 물방울과 눈 조각과 얼음 조각의 집합체야. 구름이 대기 중에서 운동할 때 구름 속에서 이러한 입자들이 대기와 마찰하기 때문에 구름의 윗부분은 양전기를 띠고 구름의 아랫 부분은 음전기를 띠게 되는 거지. 우리가 알고 있듯이 잉여 전자를 가진 음전하는 구름의 아래쪽으로 내려오는 거야. 따라서 구름 아래쪽은 음전기를 띠고, 이로 인해 지표면에 있는 전자들이 밀려나고 지표면에는 양전기가 유도되는 거야. 이때 구름 아래쪽에 모여 있는 전자들은 젖은 공기를 통해 지상의 양전기를 띤 물체로 이동하는데 이를 번개라 하지(그림 9). 이런 이유로 사람들이 번개가 칠 때는 넓은 들판에 서 있거나 큰 나무 가까이에 있는 것을 피하라고 하는 거야."

"반대 종류의 전기를 띠고 있는 물체들은 아주 큰 힘을 작용하므로, 번개가 치는 곳에는 엄청난 피해를 줄 수도 있겠군요."

"맞아! 반대 종류의 전하 사이에는 엄청난 힘이 작용하게 돼. 사실 우리가 알고 있는 힘 중 가장 크다고 할 수 있지. 프랑스의 물리학자인 샤를 오귀스탱 드 쿨롱 Charles Augustin de Coulomb(1736~1806)은 18세기 말경 두

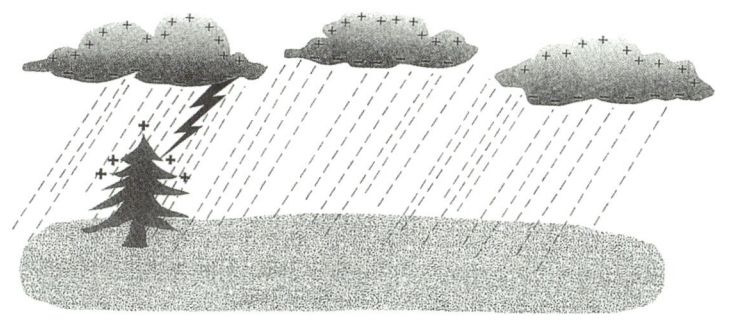

[그림 9] 구름 아래쪽의 음(−)전기가 지면의 전자들을 밀어내므로 지면은 양(+)전기를 띠게 된다. 젖은 공기를 통해 전기 방전을 일으키면서 전자들은 구름에서 지상의 나무로 이동한다.

물체 사이의 마찰력을 측정하기 위해 만들었던 것과 비슷한 실험 장치를 만들어 최초로 전기력을 측정했어. 그는 정전기력이 두 전하 사이의 거리의 제곱에 반비례하고 두 전하의 곱에 정비례한다는 사실을 증명했지. 당신은 두 전하 사이의 전기력에 대한 수식적 표현이 두 물체 사이의 만유인력에 대한 것과 같다는 것을 알 거야. 그런데 정전기력 또는 쿨롱 힘 Coulomb force 은 만유인력보다 매우 커서 상대적인 크기가 적어도 10^{34}배 정도는 되지."

"쿨롱은 물체에 실제로 존재하는 전하가 무엇인지 어떻게 알았나요? 그리고 이 전하는 누가 측정했나요?"

"그 이야기는 조금 있다가 하도록 합시다. 지금 우리는 전하량의 기본 단위가 전자의 전하량이라는 것을 알고 있지. 그런데 전자는 19세기까지도 발견되지 않았어. 그래서 쿨롱은 지금까지 그의 이름을

▎샤를 오귀스탱 드 쿨롱 쿨롱은 정전기력이 두 전하 사이의 거리의 제곱에 반비례하고 두 전하의 곱에 정비례한다는 '쿨롱의 법칙'을 발견했다.

기억하도록 만든 아주 독창적인 방법으로 힘의 관계를 증명했던 거야. 그는 동일한 도체구(導體球)를 접촉시켜 놓은 다음, 대전된 금속 핀을 갖다 대어 도체구를 대전시켰어. 핀에서 각각의 도체구에 똑같은 양의 전하가 분배된다고 가정하고, 도체구의 수에 따라 각 도체구가 띠게 되는 전하량이 처음 양의 $\frac{1}{2}, \frac{1}{3}, \frac{1}{4}$ 등의 값을 갖도록 만들 수 있었던 거지. 대전된 도체구 사이의 거리를 변화시키면서 그들 사이에 작용하는 힘을 측정하여 전기력에 관한 자신의 수식적 표현을 정확하게 증명할 수 있었던 거야."

"저는 각 도체구에 대전된 실제 전하에 대해 알지도 못한 상태에서 그가 그런 실험을 했다는 것을 이해하지 못하겠어요."

"쿨롱이 할 수 있었던 것은 대전된 두 도체구 사이에 작용하는 힘을 측정하거나 예를 들어 거리를 2배로 증가시켜 측정하는 것뿐이었지. 작용하는 힘의 크기가 전보다 $\frac{1}{4}$배가 되었다면 그 힘은 거리의 제곱에 반비례한다는 사실이 증명되는 거지. 이러한 실험을 하는 데 쿨롱은 도체구의 실제 전하가 무엇인지 알 필요가 없었던 거야."

"그래서 쿨롱이 증명한 것은 뉴턴이 증명했던 것과 마찬가지로 전기력도 역제곱의 법칙을 따른다는 말이죠."

"쿨롱의 발견은 헨리 캐번디시가 실제로 예견했던 것이 밝혀진 거야. 당신은 캐번디시가 지구의 질량을 최초로 측정했던 사람이라는 것을 아는지 모르겠어. 그는 상당히 부유한 가정에서 태어났지만 친구가 많지 않았고 책으로 출간한 연구 논문도 거의 없었지. 따라서 출간되지 않은 '지구의 질량 측정에 관한 논문'은 몇 년이 지나서야 선구자적인 업적으로 알려지게 되었어. 이러한 발견은 필연적인 것이었지. 그런데 세상 사람들은 어떤 발견에 대해 책으로 가장 먼저 출판한 사람을 믿었지."

"헨리 캐번디시는 당신이 전자라 부르는 전하의 단위도 발견했나요?"

"아니야. 전자는 약 100년 후 조지프 존 톰슨 Joseph John Thomson 이라는 영국 과학자가 실험을 통해 검증했지. 그는 오늘날의 텔레비전 브라운관의 선구자인 음극선관을 사용하여 대전된 기체 원자들이 가지는 전하량은 음극선의 전하량의 배수임을 증명했어. 그는 전하량의 단위로 전자라는 용어를 제안했으며 이것은 원자 크기의 미시적인 세계에서조차 전하량의 가장 작은 단위임을 주장했지. 그러나 실험 기구의 한계성 때문에 전자의 전하량과 질량의 비만 측정했을 뿐 각각의 값은 측정하지 못했어. 이후로 1913년에 시카고 대학의 한 교수가 이들의 값을 측정했지."

"쿨롱 힘과 만유인력에 대한 수식적인 표현이 같으니까 두 힘은 같은 종류라 할 수 있죠?" 아내가 말을 가로막으며 물었다.

"아니야. 그들은 완전히 달라. 전기력은 만유인력보다 엄청나게 커서 두 힘을 비교할 때 만유인력은 완전히 무시할 수도 있어. 또 만유인력은 끄는 힘만 있지만 전기력은 끄는 힘뿐만 아니라 미는 힘도 있잖아."

"그러면 만유인력에도 전기력에서 말하는 전자와 같은 단위 입자가 있나요?"

"많은 사람도 똑같은 질문을 해왔고, 수년 동안 중력 양자 graviton 라는 입자의 가능성에 대해 정밀한 실험을 했지. 나는 이제 중력 양자의 존재 가능성은 희박하다고 생각해. 자, 이제 18세기에 벌어진 전하에 대한 토론을 살펴보고 그 토론을 어떻게 이용했는지 알아봅시다."

저장된 전기 에너지

"18세기에 만들어진 몇 개의 정전기 발전기는 꽤 많은 전기를 모을 수가 있어서 아주 간단하긴 해도 구경할 만한 전기 방전을 일으킬 수 있었지. 그러나 18세기 말에 이르러서는 마침내 전기의 연속적인 흐름(전류)을 유지시키는 능력까지도 발전시킬 수 있게 되었어. 과학의 초기 단계에 모든 발견이 그러했듯이 전류의 발견도 물리학을 거의 공부하지 않은 사람에 의해 우연히 발견되었어. 이 발견은 이탈리아 볼로냐 대학의 해부학 실험실에서 동물을 해부하기 위해 만든 긴 실험대 위에 정전기 발전기를 함께 설치한 데서 비롯되었어. 정전기 발전기는 크랭크를 돌릴 때 발전기 내의 원판이 금속구에 연결된 패드를 문지르면서 발생한 전기가 금속구에 모이게 되어 있는 기구야. 어느 날 해부학 교수 루이지 알로이시오 갈바니 Luigi Aloisio Galvani(1737~1798)의 연구원은 죽은 개구리를 해부할 때 개구리 다리의 내부 신경에 외과용 메스를 대는 순간 다리 근육이 수축하는 것을 목격했던 거야. 함께 연구하던 한 학생은 이것이 정전기 발전기에서 전기 방전을 일으킬 때에만 일어나는 현상이라고 말했지."

"전기가 공기나 실험대, 아니면 다른 무엇을 통해 전도되었나요?"

"실제로 전기가 공기를 통해 전도된다는 사실을 안 것은 100년이 지난 후의 일이었어. 어쨌든 연구원이 목격한 이 기이한 현상은 갈바니에게 보고되었지. 그는 그들이 목격한 현상을 좀 더 과학적인 방법으로 연구하기로 했어. 처음에 그는 연구원이 했던 실험을 그대로 반복하면서 전기 방전과 개구리의 신경에 대한 금속의 접촉이 일치할 때마다 똑같은 수축이 일어나는지를 관찰했지. 다음에는 전기 방전을 계속 일으키면서 또 전기 방전을 일으키지 않은 상태에서 다른 금속들을 이용하여 실험을 반복했지. 이렇게 하여 갈바니는 근육의 수축이 서로 다른 두 종류의 금속을 개구리의 다리에 접촉시킴으로써—두 금속의 다른 끝은 서로 연결한 채—수축이 일어날 수 있다는 사실을 발견했어. 같은 종류의 금속 막대를 접촉시켰을 때는 물론 수축이 일어나지 않았지."

"나는 당신이 과학자들은 처음에는 최초에 발견했던 현상을 그대로 반복한 다음, 다른 환경에서도 같은 현상이 일어날 수 있는지를 검증하는 방법을 사용한다고 이야기해주니 기분이 좋아지는군요." 아내는 생각에 잠기면서 말했다. "우리는 심리학에서도 똑같은 일을 하고 있어요."

"갈바니는 이를 연구하기 위해 죽은 개구리의 근육을 수축시키기 위한 여러 가지 다양한 방법을 시도했는데, 자신의 정원의 쇠울타리에 부착된 청동 갈고리에 죽은 개구리를 매달아 놓기도 했어. 비가 많이 오는 날, 하늘에서 번개가 칠 때마다 근육이 수축되는 것을 관찰했지. 또 건조한 날, 개구리의 다리를 쇠울타리에 접촉시킴으로써 근육이 수축될 수 있다는 것도 발견했어. 자신의 능력으로 할 수 있는 가능한 한 실험을 거의 모두 한 후, 1791년 그는 조심스럽게 기록한 관찰 결과를 책으로 출간했어. 그는 개구리의 근육이 수축되는 것은 개구리가 본래 갖고 있는 '동물 전기의 힘' 때문이라고 말했어."

"정말 그것이 갈바니의 관찰에 대한 올바른 해석이 아니라는 말인가요?"

"그래. 그러나 가끔 과학에서도 그렇듯이 초기의 원시적인 해석이 오랜 세월이 지나서야 진실의 근원이라고 밝혀지지."

"저, 생물체 내에서 뉴런이 전기 자극 electric impulse을 어떻게 전달하는지에 관해 신경 생물학자가 최근에 발견한 것들을 이야기해줘요."

"그럽시다. 당신과 이야기를 하다 보니까 이런 일화가 생각나는군. 파리의 회의에 참석한 한 과학자가 있었는데, 그는 그곳에서 어느 벼룩시장을 방문했어. 그곳에서 잘 '훈련된' 벼룩을 한 마리 산 후 자기 방으로 가

┃루이지 알로이시오 갈바니 갈바니는 뇌腦에서 전기가 발생하여 동물의 근육으로 흘러들어간다는 '동물 전기'의 존재를 주장했다.

져와서 테이블 위에 올려놓고 벼룩에게 점프하라고 말했지. 벼룩을 계속 점프시켜 그 높이를 측정했더니 약 8센티미터였어. 이번에는 벼룩의 뒤쪽 다리 중 하나를 자른 다음 테이블 위에서 다시 점프시켰더니 약 4센티미터밖에 점프하지 못했어. 마지막으로 벼룩의 다른 뒷다리마저 자른 다음 점프하라고 말했더니 불쌍하게도 벼룩은 자신의 몸조차도 들어 올릴 수가 없었어. 그는 자신의 노트에 이것을 모두 기록한 후 다음과 같이 결론을 내렸어. '벼룩의 뒷다리를 모두 잘랐을 때 벼룩은 청력을 상실하게 된다.'"

"정말로 재미있는 이야기군요." 아내는 웃으면서 말했다. "그 이야기는 똑같은 현상에 대해 그럴듯한 여러 가지 해석이 가능하다는 것을 말해주는군요."

"맞아. 지금 말한 이야기 속의 벼룩이 점프할 수 없는지에 대해서는 누구나 정확하게 설명할 수 있지만, 자신의 관찰에 대한 갈바니의 설명은 18세기의 의학을 공부한 사람들에게는 매우 타당한 것처럼 보였지. 이러한 관찰은 당시 과학을 담당하는 교수들의 주의를 끌게 되었어." 나는 원래의 이야기로 되돌아갔다.

"그들은 갈바니의 관찰을 움직이는 전하들의 관점에서 바르게 다시 설명했지. 두 종류의 다른 금속을 액체 속에 넣었을 때 일어나는 현상을 연구하던 알레산드로 볼타Alessandro Volta(1745~1827)는 금속들을 개구리에 접촉시켰을 때 근육이 수축하는 것은 개구리의 타고난 속성이라기보다는 개구리에 접촉한 금속들이 서로 다른 성질을 가진 것이기 때문이라고 생각했지. 볼타의 이러한 정확한 설명은 나중에 확실히 증명되었어. 볼타는 또 이 설명을 개구리 다리의 근육 경련뿐만 아니라 더 많은 분야에 응용할 수 있게 되었어. 어떻든 볼타의 연구는 유럽 전역에 널리 알려지게 되었고 마침내 나폴레옹의 초청을 받아 파리를 방문하게 되었지. 그곳에서 볼타는 황제에게서 이 행사를 기념하기 위한 특별한 메달을 받았어."

"전기 분야에서 볼트(V)라는 단위를 사용하는 것은 이 때문인가요?"

"그렇지, 곧 전기 분야에 사용되는 용어를 모두 이야기해주지. 먼저 볼타에 관한 이야기를 끝내야겠어. 1800년 영국 왕립학회에 보낸 편지에서 볼타는 새로운 장치에 대해 다음과 같이 묘사했어. '여러분을 깜짝 놀라게 할 이 새로운 장치는 단지 여러 종류의 좋은 도체를 서로 다른 방법으로 배열시킨 조립품에 불과합니다. 또 이 장치는 아주 센 전기 불꽃과 소음을 일으킬 수 있고, 어떤 장치보다도 훨씬 큰 틈새를 가로질러 전기 불꽃이 전달될 수 있었습니다. 보다 중요한 것은 새로운 장치는 다른 장치와 달리 미리 외부의 전기 공급 장치를 이용하여 전기를 충전시킬 필요가 없다는 것입니다. 다른 금속을 적당히 가까이 하면 언제든지 불꽃이 일어날 수 있습니다.'"

알레산드로 볼타 볼타는 연속적으로 전류를 공급해 줄 수 있는 전지를 처음으로 개발했다.

"볼타가 묘사했던 것은 지금 우리가 사용하는 전지의 원형이었지. 그것은 개개의 셀(셀이 모여서 전지를 이룸)로 구성되어 있었고, 각 셀에는 전해질(전자 대신 이온이 전하의 운반체 역할을 하여 전류가 흐르게 되는 비금속 물질)이라 불리는 액체 속에 서로 다른 두 금속이 담겨 있었지. 지금의 전지와 다른 점은 단지 각 셀 내부의 액체와 금속의 종류가 다르다는 것뿐이야. 전등이나 휴대용 라디오에 사용하는 '건전지'조차도 용기 내부에서 누출될 수 있는 전해질을 포함하고 있어."

"건전지 제조 회사에서 기기를 사용하지 않을 때에는 건전지를 빼놓도록 충고하는 이유가 바로 그런 누출 때문인가요?"

"맞아, 바로 그 이유 때문이야."

"셀과 전지의 차이점은 뭐죠?" 아내는 당장 알고 싶어 했다.

"셀은 전해질 속에 담긴 2개의 금속이나 2개의 전극으로 구성되어 있고, 그들 중 하나는 전기적으로 양(+)이 되고, 하나는 음(-)이 되지. 전지는 그림 10과 같이 한 셀의 양극을 다른 셀의 음극과 직렬로 연결시켜 만들어진 셀들로 구성되어 있지. 셀들을 직렬로 연결시키면 각 셀의 전압을 모두 더한 값이 전지의 전압이 되는 거야. 말하자면 전지의 전압은 셀의 수가 많을수록 증가하게 되는 거지."

"전기에서 볼타의 이름을 딴 이유를 알겠어요. 그런데 전지의 전압은 정확히 뭐예요?"

"각 셀의 두 금속과 전해질 사이에서 화학적 반응이 일어나면서 두 전극 중의 한쪽에는 양전기가, 한쪽에는 음전기가 모이게 되지. 이렇게 모인 전기는 방전될 때까지 음전기를 띤 전자가 음극에서 양극으로 이동할 수 있도록 셀에 저장되는 거야. 당신도 알다시피 이 전자들의 이동이 전기적인 에너지를 열이나 빛이나 다른 형태의 에너지로 전환시켜 일을 할 수 있는 전류를 만드는 거야. 이와 같이 전지를 이용해 전기적인 에너지를 위치 에너지의 형태로 저장할 수 있어."

[그림 10] 최초의 볼타 전지는 전해질이 들어 있는 유리그릇과 그곳에 담긴 구리(A)와 아연(Z) 막대로 구성되어 있었다. 이웃한 그릇에는 서로 다른 종류의 막대가 연결되어 있었다.

"에너지란 단지 수학적 구조물에 불과하다고 이야기한 거 기억나? 이는 우리가 각 전극에 저장된 위치 에너지를 이용할 수 있고 이것을 전자가 가지는 전하량으로 나누어 이를 전극 주위에서 전하가 '느끼는' 새로운 물리량인 전위*라 부를 수 있다는 것을 의미하지. 전자가 음극에서 양극으로 이동할 때 전자는 두 전극 사이의 전위차(전기장 내의 두 점의 전위의 차이며, 전압이라고도 한다)라 불리는 양만큼 전위의 변화를 겪는 거야. 그것을 발견한 사람을 기념하기 위해 이 양을 볼트로 측정하는 거야. 전지의 전위차와 전압은 단지 같은 양에 대한 두 가지 다른 표현일 뿐이야."

"그래서 전지의 전압이란 물리학자가 전지의 전기적인 위치 에너지를 전하와 연결시키는 한 가지 방법이군요. 그런데 이를 운동하는 전자들, 즉 전류와 어떻게 연관 지어 설명할 수 있나요?"

"전류는 한 점을 단위 시간 동안 지나는 전하의 수를 구해 측정하지. 전류의 단위는 암페어(전류의 세기의 단위이며 1초 동안 도선의 단면을 통과한 전하량)인데, 자기를 전기와 연관시키는 데 중요한 역할을 했던 프랑스 물리학자 앙드레 마리 앙페르André Marie Ampére의 이름을 따서 명명한 거야."

"그런데 전해질 내부의 전기를 띤 원자, 이온(전자를 잃거나 얻은 원자), 원자로 이루어진 다른 물질과 마찬가지로 전해질 내부에도 역시 존재하는 전자들이 바로 전하 운반체가 될 수 있는 거야."

"볼트의 단위로 측정하는 전위차에 반응하여 전자들은 이동하게 되고 이는 암페어의 단위로 측정되는 전류를 만드는 거죠." 아내는 깔끔하게 요약했다. "물리학자들은 분명히 볼트와 암페어를 연관시키는 방법을 갖

---

* 단위 전하가 갖는 전기적인 위치 에너지로 전압이라 불리기도 하며 볼트(V)의 단위로 측정된다.

고 있죠?"

"맞아. 그것에 관해 다른 재미있는 일화가 있어. 한때는 독일의 고등학교 교사였던 게오르크 시몬 옴Georg Simon Ohm은 1827년 도선에 걸린 전압과 도선에 흐르는 전류 사이의 아주 간단한 비에 관한 연구 논문을 발표했어. 단위가 볼트인 전압을 단위가 암페어인 전류로 나눈 비의 값은 상수이며 이 값은 도선이나 전위차가 걸려 있는 다른 회로 요소의 특성을 나타내지. 이 비의 값은 실제로 도체 내의 전자의 흐름이나 전류에 대한 저항을 측정한 것인데, 저항의 단위로 옴Ω을 사용하지. 그러나 19세기 초에는 옴이 발표한 전압과 전류의 관계가 믿을 만한 것으로 받아들여지지는 않았어. 더구나 옴 자신도 확신하지 못하고 그 후에 곧 교직을 그만두고 말았어."

"왜 옴의 주장을 받아들이지 않았을까요? 내가 알기로는 물리학자들은 자연 현상을 단순하게 설명하는 것을 좋아하는 것 같았는데."

"그것은 사람들이 '너무 좋아서 믿을 수 없다'고 생각했던 회의론적인 문제 때문이었어. 또 실제로 전류가 도체의 저항을 시간에 따라 변화시키는 원인이었기 때문에 저항을 정확히 측정하는 데 어려움이 있었기 때문이기도 하고. 그러나 이 이야기는 해피엔딩으로 끝나지. 옴의 법칙으로 알려진 당시 그의 공식은 몇 년 지나지 않아 옳다는 것이 증명되었어. 이로 인해 그는 1833년 뉘른베르크의 왕립 폴리테크니쿰Polytechnicum(과학기술대학)의 물리학 교수로 임명되었고 몇 년 후 유명한 뮌헨 대학의 교수가 되었어."

"옴이 고등학교 교사였고 물리학회 회원이 아니었기 때문에 그들이 옴을 의심했다는 것은 좀 너무한 거 아닌가요?" 아내는 우리가 아침 식사를 모두 끝내고 일어섰을 때 비평했다. 그리고 한마디 덧붙였다. "그런데 결국 진실은 승리하는 것 같아요!"

여덟 번째 아침 식사

블루베리 머핀

물질의 전기적 성질

"집에 전기가 다시 들어온 것을 기념해서 오늘 아침에는 블루베리 머핀을 구웠어요." 다음 날 아침 아내가 말했다. "당신이 어제 설명한 것을 곰곰이 생각해보았는데 좀 의심나는 점이 있네요. 전류가 통과하는 정도는 물질마다 서로 다른가요?"

"물론이지. 두 가지의 서로 다른 물질에 같은 전압을 걸어주어도 흐르는 전류의 양은 달라. 예를 들면, 도체와 부도체가 나타내는 서로 다른 저항 값은 그 물질들의 원자 구조에 의해 결정되지. 나중에 다시 말하겠지만, 원자들은 양전하를 띤 중심에 있는 원자핵과 그 주위를 구름과 같은 모습으로 둘러싸고 있는 음전하를 띤 전자들로 구성되어 있어. 원자들이 서로 뭉쳐서 물질을 구성할 때, 그 물질의 성질을 결정짓는 것은 바로 원자 사이의 상호작용이지."

"당신이 왜 정전기적 인력 즉, 쿨롱 힘을 강조하는지 알 것 같아요. 그 인력이 전자를 원자핵에 묶거나 고체에서 원자를 다른 원자와 결합시키는 힘이 되는군요."

"정확해! 그렇지만 원자 사이의 실질적인 상호작용은 매우 다양한 양상을 띠고 있어. 바로 원자 사이의 이 다양한 상호작용의 결과로 물질들이 여러 가지 서로 다른 성질을 나타내는 거야. 예를 들면, 당신은 금속이 아닌 손잡이 부분을 잡아서 뜨거운 냄비를 옮길 수 있잖아. 그것은 바로 금속은 아주 좋은 열 전도체이지만 냄비의 손잡이 부분은 열의 부도체이기 때문이지."

"음, 그래서 냄비의 금속 부분은 열의 전도체이고, 플라스틱 손잡이 부분은 열의 부도체이군요." 아내가 새로 이해한 것을 되풀이하며 확인했다. "전기의 도체와 부도체도 같은 식으로 적용되는 건가요?"

"맞아. 열을 전도시키는 전자가 전기를 같은 방식으로 전달시키는 거야. 금속같이 좋은 도체를 먼저 생각해보면, 금속 내의 원자들은 실질적으로 양이온 상태로 존재하는데 그것은 중심의 핵이 가지는 양전하가 핵 주변을 둘러싼 전자들의 전체 음전하보다 크기 때문이지. 이것은 개개의 원자를 전기적으로 중성 상태로 되게 하던 음전하를 띤 전자들이 개개의 원자에서 제거되어 금속 전체가 이 전자들을 공유하기 때문이지. 이런 방법으로 이 전자들이 전자구름을 만들어 금속 전체로 퍼져 존재하게 되는 거야(그림 11). 양전하를 띤 원자나 이온과 음전하를 띤 전자구름 사이에 작용하는 쿨롱의 인력이 이 집합체인 금속 덩어리를 붙들어 매는 역할을

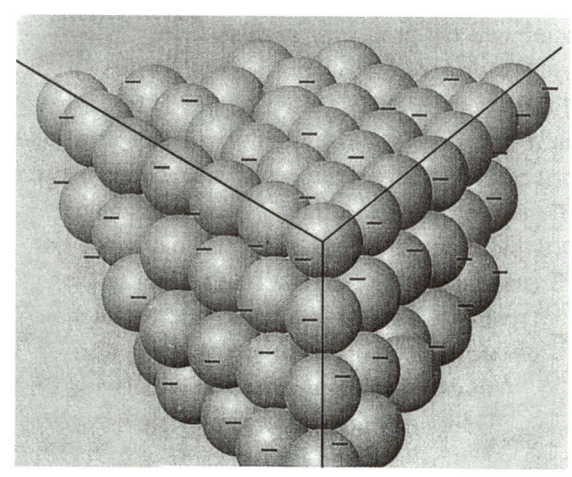

[그림 11] 금속은 규칙적으로 배열된 양전하를 띤 금속 이온(공 모양)과 그 주변을 둘러싸고 있는 음전하를 띤 전자구름으로 구성되어 있다.

하는 거야. 동시에, 전자구름을 형성하는 전자들의 자유로운 정도에 따라 모든 금속이 가지는 공통적 성질이 정해지는 거야. 당신이 이미 알고 있는, 금속의 탁월한 전기 전도성도 이런 것 때문에 생기는 현상의 하나야."

"금속에 전압을 걸어주면 전자구름을 만드는 전자들이 자유롭게 움직이기 때문인가요?"

"맞아. 금세기 초에 금속의 열전도성, 전기 전도성, 그 밖의 성질을 설명하기 위해 자유전자 이론이 공식적으로 제안되었어. 이 자유전자 이론에 따르면, 전자구름을 구성하는 전자는 끊임없이 금속 내를 움직이기 때문에 실질적으로 금속 내에는 항상 아주 약한 전류가 흐르고 있다는 거야. 그렇지만 이 전자의 운동은 아주 제멋대로이기 때문에 한쪽 방향으로 움직이는 전자의 양과 반대 방향으로 움직이는 전자의 양은 평균적으로는 같아. 그래서 금속 전체로는 전류가 흐르지 않는 거야. 금속에 전위차(전압)가 걸리면, 금속 내의 모든 자유전자는 양(+)극으로 이동하려는 경향이 있어. 그렇지만 자유전자들이 이동할 때 각각의 전자는 금속 이온들과 끊임없이 충돌하기 때문에 금속 이온들이 전자들을 흩어놓고 한쪽으로 움직이는 전자들의 운동을 방해하게 돼."

"그래서 저항이 생기는 거군요."

"금방 이해하니 기쁜데. 한 가지 더 이야기하면 금속 이온들은 실제로 정지해 있는 것이 아니고, 금속의 온도에 따라 정도의 차이는 있지만, 모두 제자리에서 진동하고 있다는 거야. 금속의 온도가 올라감에 따라 이 진동의 정도가 커지고 자유전자와의 충돌도 많아지게 되지. 물론 이것은 금속의 저항을 크게 해서, 결과적으로 금속의 온도가 올라가면 금속 내에 흐르는 전류의 양은 작아져." 나는 조금 사이를 두고 설명을 계속했다.

"금속 이온과 충돌하는 자유전자들은 자신이 가진 에너지의 일부를 금속 이온에 전달해주는데, 그 때문에 이온의 진동이 증가하고 금속 온도도 올라가게 되지. 도체 속에 전류가 흐를 때에 발생하는 이 열 때문에 옴의 법칙이 잘 맞지 않는 결과가 생기는 거야."

"그래서 가끔 전선들이 그렇게 뜨거워지는 건가요?"

"그래. 그리고 그럴 땐 전선의 단면적을 크게 하면 돼. 도선을 흐르는 전자는 파이프 속을 지나는 물과 같다고 할 수 있어. 도선의 단면이 넓을수록 전자가 지나가기가 쉽지. 또 하나 알아두어야 할 것은, 예를 들어 고무호스의 끝에 있는 마개를 열었을 때 곧바로 나오는 물은 그 순간에 반대쪽에서 고무호스로 들어가는 물 분자는 아니라는 것이지. 실제로는 고무호스 속으로 들어가는 물 분자의 운동량이 고무호스 안의 이웃한 분자에 전달되고, 그 분자는 이웃하는 분자에 또 운동량을 전달하는 과정이 되풀이되어 고무호스의 반대쪽, 즉 방출되는 부분의 물 분자에 운동량이

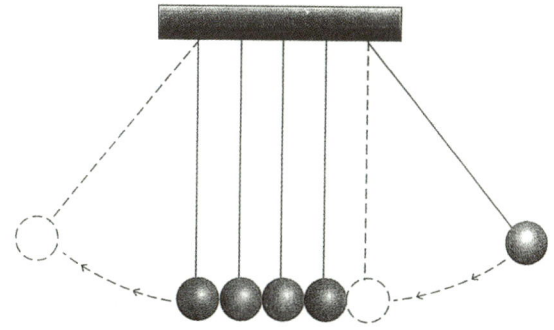

[그림 12] 오른쪽 끝의 공을 들었다가 놓아 충돌시키면, 왼쪽 끝의 공이 같은 높이만큼 올라가는데 이는 전체 운동량이 보존되어야 하기 때문이다. 오른쪽 3개의 공을 들었다가 놓으면 어떤 일이 일어날까? (답 : 반대쪽으로 3개의 공이 같은 높이만큼 올라간다).

전달되어 그 물 분자가 고무호스 밖으로 방출되는 거야. 당연히 고무호스의 단면이 넓을수록 같은 시간에 더 많은 물 분자가 고무호스 밖으로 나올 수 있지. 그러나 물 분자의 속도는 고무호스의 단면적에 영향을 받지는 않아."

"정원에 물을 주기 위해 수도꼭지를 열었을 때, 고무호스의 반대쪽 끝으로 물이 나오기까지는 약간 시간이 걸리잖아요. 그렇지만 집안의 전등을 켜기 위해 스위치를 올리면 순간적으로 집안이 환해지죠. 이것은 전자가 물 분자보다 훨씬 빠르기 때문인가요, 아니면 다른 이유 때문인가요?" 아내가 관찰한 것을 이야기했다.

"정확히도 보았네. 고무호스에서 물이 나올 때까지 약간 시간이 걸리는 것은 고무호스 속에 물이 가득 차 있지 않았기 때문이야. 속이 꽉 찬 고무호스나 파이프에서 일어나는 일은 내가 좋아하는 장난감에 비유해 설명할 수 있지. 이 장난감은 같은 길이의 실에 쇠공이 줄지어 매달려 있는 거야(그림 12). 어떤 사람이 오른쪽 끝의 쇠공을 잡아 위로 들어 올린

다음 놓으면 이 공이 원래 자리에 돌아와 다른 쇠공을 때리는 순간 왼쪽 끝의 쇠공이 오른쪽 쇠공만큼의 높이로 튕겨 올라가고 다시 돌아와 다른 공들을 때려 오른쪽 끝의 쇠공이 다시 튕겨 올라가지. 이 과정은 올라가는 공의 높이가 마찰 때문에 점점 줄어들고, 마침내 쇠공들이 정지하면서 끝나게 되지. 왜 그런지 설명할 수 있겠어?"

"언젠가 들어본 것 같은데, 운동량 보존 때문인가요? 쇠공 2개를 잡아당겼다가 놓으면 반대쪽 쇠공 2개가 튀어 올라가고. 그런 식으로 되는 것 아닌가요?"

"당신 말이 맞아. 당신은 심리학을 그만두고 물리학을 하는 게 더 낫겠는데."

"말은 고맙지만, 됐네요. 내가 사람들의 행동을 그렇게 적극적으로 분석하는 이유 중의 하나는 물리학자들을 자신만만하게 만드는 그러한 확신을 가지고 인간의 행동을 예측하는 것이 불가능하기 때문이에요. 어쨌든, 전기 스위치를 올리자마자 불이 들어오는 건 아직 설명 안 했잖아요."

"앞의 이야기에서 끝의 쇠공이 매달려 있는 다른 쇠공들을 때리면 어떻게 되지? 때린 쇠공의 운동량이 다른 쇠공들을 통해 반대쪽 끝의 쇠공에 전달되는 것으로 생각할 수 있지? 마찬가지로 스위치를 올려 전기 회로에 전위차를 걸어주면 전기적 박동 같은 것이 도선을 통해 전달되는 거야. 19세기 말에 밝혀진 바에 의하면, 전기 신호가 전달되는 속도는 거의 빛의 속도에 가깝고 빛의 속도는 움직이는 어떤 물체보다 빠르다고 해."

"알겠어요. 그런데 고체 안의 원자들이 다닥다닥 서로 붙어 있고, 그 원자핵들은 전자들에 둘러싸여 있다면, 왜 어떤 고체는 전기를 전달하지 못하는 거죠?"

"당신 대단하군! 당신은 지금 고체에 관한 자유전자 이론의 한계를 지적한 거야. 금속이 자유전자에 둘러싸인 이온들로 구성되어 있다는 자유전자 이론만 가지고는 모든 고체가 금속이 되지 못하는 이유를 설명할 수 없어. 그래서 다른 모형이 필요했고, 1920년대에 새로운 모형이 고안되었지. 먼저, 쿨롱의 법칙에 의하면 양전하를 띤 원자핵과 원자핵을 둘러싼 음전하를 띤 전자 사이에 작용하는 정전기적 인력은 그 둘이 떨어져 있는 거리에 따라 다르다고 해. 결과적으로 한 원자 내의 서로 다른 전자들이 가진 에너지는 다르게 마련이지. 더군다나 원자들이 결합해 고체를 형성하면 외곽의 전자들은 자신의 원자핵뿐 아니라 다른 원자에 속해 있는 원자핵에서도 힘을 받게 되어 전자들이 가진 에너지 상태는 더 복잡해지게 되겠지."

"잠깐만요. 양전하를 띤 원자핵 주위의 전자들이 모두 같은 에너지를 갖지는 못한다. 또, 원자들이 고체를 형성할 때에는 이웃하는 원자들이 전자들에 영향을 미쳐 이 전자들의 에너지가 변화한다는 거죠. 맞아요?"

"제대로 이해한 것 같아." 나는 웃으면서 대답했다. "전에 알아본 것처럼, 금속에서는 여러 원자핵에 공유된 전자들이 전자구름을 형성하는데, 이 공유된 전자들이 가질 수 있는 에너지의 범위는 연속적인 것으로 추측돼. 이 전자들은 자유전자이기 때문에 외부에서 전위차를 가하면 그에 대응해서 운동 에너지를 얻어 움직이게 된다고 믿어져. 금속이 아닌 고체에서는 전자들이 자신이 속해 있는 원자핵에 금속에서보다 훨씬 단단하게 결합되어 있기 때문에 전자들이 가질 수 있는 에너지가 불연속적인 값을 가지게 되는 거야. 이것을 그림으로 표현하면 허용된 에너지의 평행한 띠들이 금지된 에너지의 띠에 의해 분리되어 있는 것으로 나타낼 수 있어"(그림 13).

"이 그림은 이해하기 어려운데요." 아내가 불쑥 끼어들었다. "당신이 허

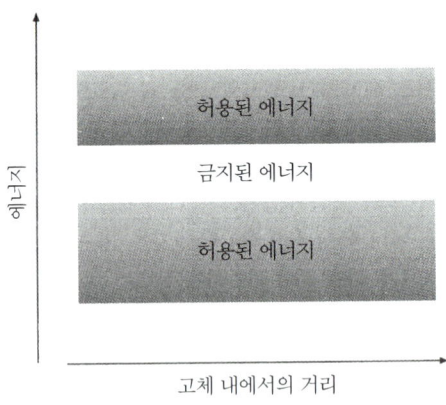

[그림 13] 고체에서 전자들이 가질 수 있는 에너지를 에너지의 띠로 나타낼 수 있다. 허용된 에너지를 나타내는 어두운 영역들이 전자가 가질 수 없는 에너지 영역과 분리되어 있다.

용된 에너지라고 부르는 것은 고체 안의 전자들이 가질 수 있는 실제의 에너지들을 말하는 거죠? 그런데 왜 전자들이 금지된 에너지라고 부르는 값은 가질 수 없는 거죠?"

"그 질문에 대한 대답은 우리가 원자의 구조에 대해 좀 더 알고 난 다음에 이야기하는 것이 좋겠어. 어쨌든, 이러한 고체의 띠 모형 band model of solids[*]이 고체의 물리적 특성을 설명하는 매우 유용한 방법이라는 것을 이해했으면 좋겠어. 그렇지만 허용된 에너지와 금지된 에너지는 금세기 초에 나타나 발전된 양자이론[**]이 없이는 생각할 수 없어. 이것은 또 볼타가 전류를 만들어낸 후 처음 약 100년 동안에는 전류가 어떤 것인지 그 의

---

[*] 고체 내의 전자가 가질 수 있는 허용된 에너지와 금지된 에너지의 그래픽적인 표현이다.

[**] 복사 에너지는 최소 단위인 양자의 정수배로 이루어져 있다고 가정한 이론이며, 양자는 플랑크 상수와 전자기파의 진동수의 곱이다.

미를 실제로 아는 사람은 하나도 없었다는 것을 의미하지. 그렇지만 물리적인 의미를 알지는 못해도, 전기를 실질적으로 실생활에 적용시키는 수많은 발견은 이 기간에 행해졌지. 물론 금세기에 전기 현상에 대해 완전하게 이해하게 되자 진짜로 혁명적인 일련의 발전이 가능하게 되었고, 이것은 사람들의 생활을 완전하게 바꾸어 놓게 되었지."

"알겠어요. 그런데 당신은 이 띠 모형으로 전기의 도체와 부도체 차이를 설명할 수 있나요?" 아내가 날카롭게 물었다.

"당신이 허용된 에너지와 금지된 에너지에 대한 띠 모형을 이해한다면, 전기적 부도체에서는 허용된 에너지의 띠들이 금지된 에너지 영역에 의해 나누어져 있는 것을 볼 수 있었지. 허용된 에너지 중 낮은 영역에는 전자가 꽉 차 있는 반면에 그다음 높은 영역에는 비어 있어. 부도체인 고체의 전자가 에너지를 얻을 때, 이 에너지는 낮은 에너지 상태의 전자가 비어 있는 더 높은 허용된 영역으로 뛰어오를 수 있을 만큼 커야 되겠지. 일반적인 전위차는 이 만큼의 충분한 에너지를 공급하지 못해. 이 때문에 부도체는 전기를 통하지 못하는 거야." 나는 서둘러 대답했다.

"그럼, 도체에서는 띠 모형이 어떤 역할을 하지요?"

"띠 모형에서는 금속에서도 전자가 가질 수 있는 에너지는 허용된 영역과 금지된 영역이 있는데, 단지 금속에서는 허용된 영역이 서로 겹쳐져서 연속된 값을 갖게 되고 자유전자 모형과 같게 되는 거야. 따라서 외부에서 에너지를 가하면 자유전자는 자유롭게 돌아다닐 수 있기 때문에 전류가 흐르게 되는 거지."

"참 명쾌하군요." 아내가 감탄했다. "띠 모형은 그 전의 자유전자 이론을 무시하거나 무효로 하지 않고도 금속이 왜 전기의 도체가 되며, 부도체와 어떻게 구별되는지 이해할 수 있게 해주니 자유전자 이론보다 세련된 모형이군요."

"당신은 스스로 느끼지 못했겠지만, 방금 오늘날 현대 물리의 발전에 기본이 되는 원리를 지적했어."

"내가요?" 아내가 놀라서 물었다. "내가 무슨 말을 했는데요?"

"나중에 원자에 대해 좀 더 자세하게 이야기하면 알겠지만, 양자이론의 선구자인 닐스 헨리크 다비드 보어 Niels Henrik David Bohr 는 모든 새로운 이론은 자연 현상을 바르게 설명할 수 있었던 그 전의 이론을 포함할 수 있는 것이어야 한다고 했어. 이 원리가 바로 오늘날에 발전된, 진보적인 몇 가지 이론을 받아들일 것인지 말 것인지를 결정하는 길라잡이를 하게 되었지."

"모든 게 신비하게 들리지만 전자들의 이상한 행동을 이해하기 위해 양자이론을 듣고 싶기도 하네요. 그렇지만 양자이론보다 전기에 대해 알고 싶어요."

직류와 교류

"전기는 왜 위험하죠? 사람들은 고전압의 경고 문구를 자주 접하게 되는데, 12볼트밖에 안 되는 자동차 배터리 주위에서도 우리는 늘 조심해야 된다고 알고 있잖아요. 이런 경우, 전압의 역할은 정확히 무엇인가요?"

"아주 좋은 질문이군. 진짜 중요한 것은 전압 자체가 아니라 전압과 전류의 곱이야. 전압과 전류의 곱을 전력(매 초당 전기 에너지로 소비되는 일의 양. 단위는 와트 또는 킬로와트)이라고 부르고, 와트W 단위로 측정하지."

"와트가 뭐죠?"

"1와트는 1볼트와 1암페어의 곱이야. 1와트는 아주 작은 양이기 때문에 그 1,000배인 킬로와트㎾를 주로 사용하지."

"같은 전압이라도 자동차의 12볼트 배터리는 위험하고 비상벨에 사용하는 12볼트 배터리는 위험하지 않은데, 그 차이는 어떻게 설명하죠?"

"실제로는 전달되는 전력의 양이 문제인데, 우리가 보통 사용하는 비상벨에 흐르는 전류는 매우 작아서 마이크로암페어나 밀리암페어를 주로 사용하고, 전력도 매우 작아. 또, 소형 라디오에 사용하는 9볼트 건전지는 아주 적은 전력을 라디오에 공급하지만 자동차의 시동 모터는 10와트 정도의 많은 전력이 소모되며, 적어도 1암페어의 전류가 흘러. 따라서 슈퍼마켓에서 구입하는 소형 배터리를 다룰 때는 안전하지만, 자동차 배터리 주변에서는 조심해야 하는 거야."

"배터리에서 얼마만큼의 전력을 끌어내도록 결정하는 것은 무엇이죠?"

"그것은 배터리에 연결되는 전기 회로의 총 저항 값에 의해 결정돼. 당신이 젖은 신발을 신고 우연히 자동차 배터리의 양(+)극을 만진다면 당신은 상대적으로 낮은 저항을 갖는 길을 전류가 흐르도록 제공한 셈이지. 옴의 경험적인 법칙에 의하면 저항이 작으면 상대적으로 많은 전류가 흐르게 된다고 해. 12볼트의 자동차 배터리에 의해서 사람 몸에 0.01암페어의 전류만 흘러도 심장에 충격을 주고 죽을 수도 있게 되는 거야."

"목욕탕에서 전기 기구를 다룰 때 조심해야 하는 이유도 같은 건가요?"

"그럼! 가정에서 전기 플러그를 꽂을 때도 수 킬로와트의 전력이 공급되기 때문에 위험한 것은 마찬가지야. 샤워할 때 건전지를 사용하는 라디오를 켜는 것은 라디오가 마이크로암페어 정도의 전력밖에 사용하지 않기 때문에 위험하지 않지."

"전기 퓨즈는 전류의 급격한 상승을 막아준다는데 맞는 말인가요?"

"퓨즈는 아주 작은 도선으로 되어 있어 한정된 전류만 안전하게 흐르게 하기 때문이야. 전류가 갑자기 커지면 뜨거워진 전선이 녹아 버리기 때문에 전류의 흐름이 차단되지."

"회로에 전위차가 생기게 하거나 전류를 흐르게 하려면 배터리의 음극과 양극에 선을 연결해야 하잖아요. 그런데 왜 자동차 배터리는 양극에 손을 대기만 해도 감전사할 위험이 있다는 거죠?"

"자동차 배터리의 음극은 차체에 연결되어 있어. 차가 젖어 있다면 이것은 지면을 통해 지면 위에 서 있는 사람과도 연결되어 있는 거야. 따라서 땅 위에 서 있는 사람이 자동차 배터리의 양극을 만지면 전류가 사람을 통해 자동차 차체와 배터리의 음극 쪽으로 흐르게 되지. 또 두 점 사이에 전류가 흐르기 위해서는 그 사이에 전압이 걸려야 하기 때문에 고압선이라도 그 위에 앉아 있는 새들이 같은 전선 위에 있으면 안전하지. 그러나 변압기 주위에서 새들이 서로 다른 두 선을 동시에 접촉하게 되면 불쌍하게도 감전사할 가능성이 매우 크지."

"우리 집에 있는 전기 회로도 한쪽 극이 지면에 연결되어 있는 건가요? 그렇다면, 위험하지 않나요?"

"사실은 지면에 연결되어 있기는 한데 위험하지는 않아."

"왜 그렇죠?"

"우리 집으로 들어오는 전선의 음극에 해당하는 선은 접지용 막대나 수도관을 통해 접지되어 있어. 집 안의 회로에 전류가 갑자기 상승해도 이 전류는 지면으로 흐르고 땅 속으로 흩어지게 되어 있어. 그렇지만 헤어드라이어, 전기다리미, 텔레비전 등의 전력 사용이 많은 가전제품은 서로 다른 선을 사용하는 것이 좋아. 이런 가전제품을 한꺼번에 사용하면 회로에 전류가 급증해서 전선이 견디지 못하기 때문이지."

"그래서 하나의 콘센트에 여러 개의 플러그를 꽂아 사용해서는 안 된다는 거군요."

"어쨌든 접지된 전선 덕분에 전기 기구를 안전하게 사용하는 것으로 생각하면 될 거야."

"접지선 같은 안전장치들은 누가 생각해낸 거죠?"

"대부분이 토머스 에디슨 Thomas Alva Edison 의 공으로 봐야 할 거야."

"그가 한 일이 참 많지요. 내가 학교 다닐 때 단체로 에디슨 박물관에 견학 가는 것을 좋아했어요. 에디슨에 대해 배우기도 했고요. 내가 들은 바로는 에디슨은 12세 때 학교를 그만두고 철도국 직원으로 들어갔고, 15세 때는 전신 기사가 되고, 21세 때 처음으로 특허를 냈으며 80세까지 1,000가지가 넘는 특허를 냈는데 아마 최고 기록일 거예요."

"맞아. 내 동료 중에는 그가 정규 교육을 덜 받았고, 그의 비과학적인 태도 때문에 그를 중요치 않게 생각하는 사람도 있지만, 일상생활의 개선에 미친 그의 수많은 공헌을 과소평가할 수는 없을 거야."

"아마 과학자들처럼 이론을 바탕으로 한 게 아니고, 시행착오를 거쳐 성공을 해서 그럴 거예요. 하지만, 약간은 시기심에서 그런 소리하는 것 아녜요?"

"아마 그럴 거야."

"에디슨이 학교를 더 다녔다면 많은 공헌을 했을 텐데요."

"정규 학교에 더 다녔다면 아무것도 할 수 없었을지도 모르지. 그는 아마도 동시대의 과학적 발견이나 발전 상황에 대해 대충은 알고 있었을 것이고, 그가 필요하다면 과학자들을 고용하면 되었기 때문에 과학 자체에 대해 자세히 알 필요는 없었다는 것에 자부심을 느꼈을지도 몰라. 이러이러한 도구나 물건이 있었으면 하고 바라는 사람들의 욕구를 이해하는 것에서 발명의 첫 단계가 시작되고 그 다음이 상상력과 인내심을 가지는 것이라고 그는 늘 주장했으니까."

"그런 식으로 말해주니 이해하기가 쉽군요."

"인내심을 가진다는 것은 매우 어려운 거야. 전구를 예로 들면, 사람들은 전구를 에디슨이 발명한 것으로 알고 있지만 사실은 백열등 자체를 그가 발명한 것은 아니야. 19세기에 행해진 백열등에 대한 초기의 실험들을 알고 있었을 뿐이지. 실험에서 대부분의 전구는 불이 켜지긴 했지만 필라멘트가 아주 빨리 타 버려 실제로 이용할 수는 없었지. 에디슨은 오래 지속되는 필라멘트를 찾아냈어. 결국 그는 탄화된 면실을 이용해서 백열전구를 만드는 데 성공했는데, 이것을 찾기 위해 여러 물질로 1,000번도 넘는 실험을 했다고 해. 심지어 어떤 스코틀랜드 남자의 머리카락으로도 실험해 보았다니까. 거기에는 과학적인 방법이라는 것은 없었는데, 내 동료 하나는 그것을 에디슨식 연구라고 이름 붙였어."

"그렇지만 에디슨은 물리학에 대해서 잘 몰랐기 때문에 불편한 점도 많았을 테고, 그 자신이 가끔은 약간 후회도 하지 않았을까요? 그가 전기 현상에 대해 이론적으로 잘 알고 있었다면 많은 시행착오는 피할 수 있었을 테니까요. 또, 많은 시행착오를 거치다 보면 돈도 많이 들었을 텐데요."

"맞아. 그는 1879년까지 제대로 된 전구를 디자인하기 위해 수천 달러의 돈을 썼고, 고안된 전구를 발전시키는 것뿐 아니라 전기를 생산하고 축적하고 배분하는 방법 등을 개발하는데 그 후 10년 동안 더 많은 돈을 투자하기도 했어. 더 중요한 것은 이 과정 중 모든 단계에서 그는 자신의 연구 결과에 대해 특허를 냈던 점이지."

"그래서 그렇게 많은 전기 회사가 에디슨의 이름을 사용하는 거군요."

"그건 사실이기는 하지만 약간은 의아스런 일이기도 해. 우리는 배터리에서 만들어지는 것과 같은 전류를 직류라 부르는데, 에디슨은 이 직류만을 사용했지만 현재 전기 회사에서 사용하는 전류는 거의 다 교류 전류이거든."

"그 차이가 뭐죠?"

"직류는 전자가 전지의 음극에서 양극으로 한 방향으로만 흐르는 전류를 말하고, 교류는 도선 양단에 걸리는 전압이 수시로 방향을 바꾸기 때문에 전자의 이동도 계속 방향을 바꾸는 전류를 말하지. 현재 미국은 1초에 60회 진동하는 전류를 사용하고 있어."

"왜 직류 대신 교류를 사용하는 거죠?"

"교류를 사용하는 가장 주된 이유는 전류가 만드는 자기 현상 때문인데, 아직 우리는 자기 현상에 대해 이야기한 적이 없지? 그 이야기는 내일 아침 식사 때에 하기로 합시다. 이제 블루베리 머핀을 더 먹으면 식탁에서 일어나지도 못할 것 같아."

> 아홉 번째 아침 식사

사과 튀김과 사랑

자기력

"당신이 내게 자석들의 사랑 방법에 대해 말해주리라 믿어요." 아내는 다음 날 아침 오렌지 주스와 단풍 시럽을 듬뿍 얹은 사과 튀김을 내놓으며 졸랐다.

"아니! 당신 윌리엄 길버트의 표현(자기적인 결합 magnetic condition)에 대해 생각하는 게 틀림없군. 그것이 오늘 아침 당신의 관심거리야?" 나는 참지 못하고 덧붙였다. "이브가 사과 하나로 아담을 유혹했듯이 당신도 이 맛있는 사과 조각으로 나를 한번 유혹해보지."

"나는 길버트의 생각이 궁금해요." 아내는 원래의 질문으로 화제를 바꾸며 물었다. "제발 자성磁性*에 대하여 더 이야기해 줘요."

"그리스 신화에는 '마그네시아'라고 하는 지방에 살던 한 양치기가 그의 지팡이 끝의 구부러진 쇳조각이 산화철의 광물 형태인 자철광으로 이상하게 끌리는 것을 보았다는 이야기가 나오지. 그래서 그런 성질을 보이는 자철광을 자석이라고 부르는 거야. 몇 백 년 후에 로마인들도 그것을 알게 되었지만 이상하게도 자석이 남북 방향으로 정렬할 수 있는 능력이 있다는 사실을 알고 있었다는 기록은 없어. 기록으로는 최초로 자석의 이런 성질을 이용한 것은 기원후 11세기 중국에서 시작되었어. 중국으로 항해하는 이슬람 상인들이 항해를 좀 더 쉽게 하기 위해 나침반을 처음 이용했던 것 같아. 유럽의 항해사들은 200년이 지나서야 이 기술을 배우게 되지. 곧이어 뱃사람들은 갑판에 있는 나침반에 함부로 손을 대면 폭동만큼이나 무거운 죄를 지은 것으로 여길 만큼 이 나침반에 의존하게 되었어."

"그것 참 흥미롭네요. 하지만 '자석들의 사랑 만들기'에 대해 이야기해 줄 수 없나요?" 아내가 별스럽게도 재촉했다.

"길버트는 자성을 띤 자철광과 전기를 띨 수 있는 호박을 처음으로 구별한 사람이야. 어떤 물질을 문질러서 한쪽은 전기적으로 양성, 한쪽은 전기적으로 음성을 띠도록 대전시킬 수 있다는 것을 당신도 기억할 거야. 자성을 띤 자철광 조각은 양쪽 끝이 뚜렷하게 다른 성질을 갖고 있어. 이것을 자유로이 움직일 수 있게 매달아 놓으면, 한쪽 끝은 지구의 북극을, 한쪽 끝은 지구의 남극을 향할 거야. 이것을 반으로 쪼개면 그 조각들의

---

* 자성체를 끌어당기거나 밀어내는 자기적인 성질이다. 일반적으로 쇠붙이 같은 금속을 끌어당기는 성질을 말한다. 자성에는 강자성, 상자성, 반자성이 있다.

양 끝은 북극과 남극을 향할 거야. 아무리 작게 쪼개더라도 마찬가지지."

"자석 2개를 가까이하면 어떻게 될까요?"

"지구의 북쪽을 향하던 극은 지구의 남쪽을 향하던 극을 잡아당기고 반면에 같은 쪽을 향하던 것끼리는 서로 밀어낸다는 것을 길버트가 보여주었어."

"나침반의 한 바늘이 항상 지구의 북극을 향한다면 지구는 그 자체가 하나의 자석이고 지구의 북극을 향하는 그 나침반의 바늘은 남극이겠군요." 아내가 자신 있게 결론지었다.

"훌륭해." 나는 기쁘게 대답했다. "16세기에 이루어진 길버트의 이 발견은 항해가, 탐험가, 지도 제작자 같은 사람들의 활동에 합리적인 기초를 마련해주었지."

"그 이후에는 어땠죠?"

"약 100년이 지나서 쿨롱은 꽤나 정확하게 자기적 인력이나 척력도 정전기력에 적용되었던 역제곱의 법칙을 따른다는 이론을 세웠지."

"당신이 중력 이론에 대해 이야기할 때 뉴턴이 세운 역제곱 가설의 중요성을 강조한 이유를 이제야 알겠어요."

"옳은 말이야. 자성에 대해 논의할 때는 자기력이 자석의 북극에서 남극을 향해 퍼져 나가는 선을 따라 작용한다고 생각하면 편할 거야(그림 14). 이 자기력선을 실제로 볼 수 있는 방법은 최소한 두 가지가 있어. 한 가지 방법은 자석 위에 얇은 종이를 놓고 그 위에 쇳가루를 뿌리는 거야(그림 14-b). 또 한 가지 방법은 자석 주위에 작은 나침반을 놓고 그 바늘이 자기력선을 따라 배열하는 모습을 보는 거야."

"그것 참 간단하네요!" 아내가 외쳤다. "자석의 북극에서 남극으로 뻗어나가는 힘을 실제로 볼 수 있겠군요."

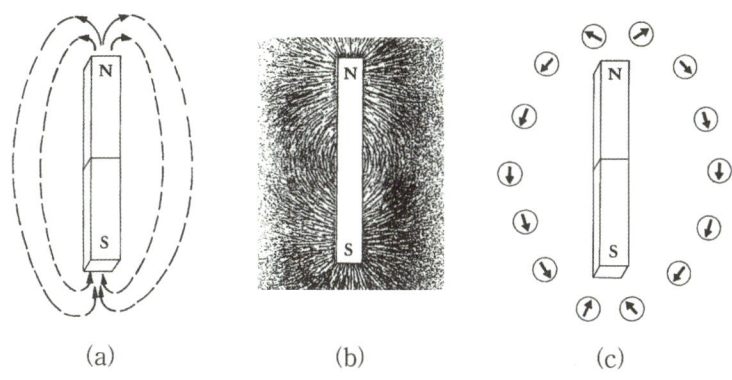

[그림 14] (a) 막대자석의 북극에서 시작하여 남극을 향해 그려지는 자기력선은 실제로 자석 내부에서도 존재하여 연속적인 자기력 곡선을 이룬다. (b) 막대자석 주위의 쇳가루는 자기력선을 따라 정렬한다. (c) 막대자석 주위의 나침반은 자기력선의 방향을 향한다.

"쿨롱이 자기력 법칙을 발표한 후 약 35년이 지나고 볼타가 전지를 만든 지 약 20년이 지난 후에, 덴마크의 코펜하겐 대학 한 강의실에서 중대한 사건이 일어났어. 한스 크리스티안 외르스테드Hans Christian Oersted (1777~1851)가 자성에 대한 강의를 하던 도중, 가까이 있던 도체에 전류를 흘릴 때마다 나침반의 바늘이 움직이는 것을 발견했지. 아주 잠시 동안이나마 외르스테드는 전기와 자기 사이의 관련성을 찾아내려 했지만 실패했어. 따라서 그가 꼼꼼히 준비하고 그의 강의에 사용해오던 전통적 이론에서 벗어난 그 사실을 무시해버린 것은 당연한 일이었을 테지. 하지만, 외르스테드는 이 우연한 관찰에 흥분하여 더 강한 전지를 준비하고 그 이상한 결과를 이해하려고 최선을 다했어. 전류가 흐르는 도선 주위의 여러 지점에서 나침반 바늘이 어떻게 움직이는지를

┃한스 크리스티안 외르스테드 외르스테드는 전류의 '자기 작용'을 발견했다.

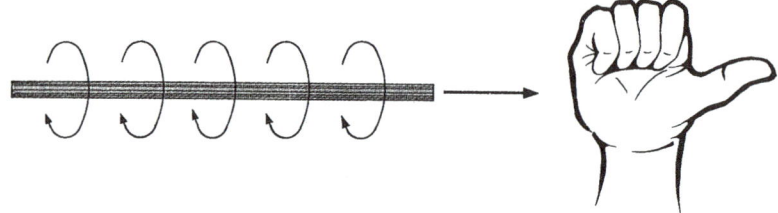

[그림 15] 도선 주위의 자기력선은 동심원을 형성한다. 오른손으로 주먹을 쥐었을 때 엄지손가락은 전류의 방향을 다른 손가락들은 자기력선의 방향을 보여준다.

알아보고, 도선 주위에 원 모양의 자기력선이 형성된다는 이론을 세웠지(그림 15). 그러고 나서 왕립 법무장관을 포함한 유명 인사들을 그의 실험실로 초대하여 이 현상을 보여주었지."

"외르스테드가 그 당시 유명한 시인이기도 했다는 것이 사실인가요?"

"그래, 하지만 그는 자기와 전기 사이의 떼어놓을 수 없는 관계를 밝힌 첫 번째 인물로 훨씬 더 잘 알려져 있어. 사실 미국의 물리교수협회에서는 물리학 강의 중에 이루어진 이 중대한 발견을 기념하기 위해 매년 외르스테드 상을 수여하고 있어."

"나도 벤저민 프랭클린이 자석 다루기를 좋아했다는 것이 기억나네요. 전기 방전이 일어나는 근처에 철 바늘들을 놓으면 그 바늘이 자성을 띠게 된다고 그가 발표하지 않았나요? 실제로 허먼 멜빌 Herman Melville이 그의 소설 《모비 딕 Moby Dick》에서 번개가 나침반 바늘의 자기화된 방향을 반대로 바꾸는 극적인 에피소드를 묘사했지요."

"당신은 예술과 과학이 따로 존재할 필요가 없다는 것을 보여주는 산 증인이군. 사랑스러워." 나는 아주 의기양양하게 말했다.

"물론이지요! 하지만 외르스테드 이야기로 다시 돌아가요."

"그래. 외르스테드의 발견은 전 세계의 과학 단체들에 상당한 관심을 불러일으켰어. 파리에서는 프랑스의 수학자 겸 이론 물리학자인 앙드레 마리 앙페르가 같은 방향으로 전류가 흐르는 두 평행 도선은 서로 잡아당기고, 반대 방향으로 전류가 흐르는 두 평행 도선은 서로 밀어낸다고 발표했어. 앙페르는 연구밖에 모르는 교수였어. 한번은 자신의 연구실을 방문한 나폴레옹 황제를 알아보지 못했을 뿐 아니라 다음 날 저녁 황제의 궁전에 초대받은 것도 잊어버렸지."

"아마 그 두 사람은 똑같은 자극을 갖고 있었나 봐요." 아내가 웃음을 참으며 말했다. "자기력선에 대한 이야기로 다시 돌아가서, 그 작은 쇳가루들이 자석 주위에 선을 그리며 배열한 것은 쇳가루 역시 자화되었기 때문인가요?"

"정확히 맞추었어. 여러 가지 물질이 자기장(자석 주위와 같이 자기력이 작용하는 공간) 내에 놓이면 자화될 수 있어. 철은 이 성질을 가진 대표적 물질인데, 양이 많고 값이 싸기 때문에 자성의 적용에 널리 사용되고 있지. 철이나 다른 자화 물질 내에서는 그 원자들이 작은 자석들처럼 행동하여 자기력선과 평행하게 배열하지. 철만이 가진 이 성질 때문에 이 작은 자석들은 외부의 자석이 제거된 후에도 여전히 배열 상태가 변하지 않아. 실제로 철을 나타내는 라틴어 '페룸 ferrum'을 모방하여 이런 현상을 강자기 유도 ferromagnetic induction 라고 이름 지었어."

자기장

"막대자석 주위에 줄줄이 매달린 쇳가루를 보면(그림 14), 자석의 양 끝에는 많이 달려 있고 가운데와 자석에서 먼 곳에는 거의 없는 것을 알 수 있어요."

"그것은 자석의 양극에서 멀어질수록 자기력이 감소하는 것을 보여주는데, 자석 주위의 자기장으로서 설명될 수 있어. 그것의 세기는 극과의 거리의 제곱에 반비례하여 감소하게 되지."

"뉴턴의 중력장이나 쿨롱이 발견한 전기장과 똑같네요." 아내가 결론 지었다.

"그러면 우리가 전에 이야기한 자기력선은 단지 그런 장 field에 대한 상상적 자취일 뿐이죠, 그렇죠?"

"바로 그거야. 그렇지만 중력장은 지구와 같이 질량을 가진 물체 주위에 존재하고 그 역선은 단지 어떤 다른 질량을 가진 물체를 잡아당긴다는 것을 알아야 해. 반면에 전하는 양일 수도 있고 음일 수도 있는 전기장에 싸여 있어서 다른 전하를 당길 수도 있고 밀어낼 수도 있어. 끝으로 자기장은 항상 자석의 북극과 남극 주위에 존재하므로 쌍극장 dipole field이라 불리고 있어. 그러한 장과 다른 자석은 그 다른 자석이 어떻게 어디에 놓였는지에 따라 다르게 상호작용하게 되는 거야."

"나로서는 일반적인 이론은 이해할 수 있지만 이것은 약간 어려운데요." 아내가 솔직하게 말했다.

"알고 있어. 자석 물리학, 특히 전류와 그 주위의 자기장 사이의 상호작용은 개념적으로도 수학적으로도 복잡하거든. 하지만 반면에 이 이론은 물리학과 연관되어 이루어지는 경이로운 발전들의 핵심을 이해하게 해주지. 나도 학생이었을 때 이 이론을 상당히 어려워했기 때문에 우리의 이 대화는 가능한 한 아주 간단히 하려고 해."

"외르스테드가 코펜하겐에서 자신의 발견을 자랑스럽게 발표할 때, 자신이 의도한 것을 충분히 알려주었는지 알고 싶어요." 아내가 궁금해했다.

"이 발견에 이어서 많은 분야의 과학자가 그 반대 효과, 즉 자기장에 의해 전류가 생성되는 과정을 연구하기 시작했어. 미국의 교사였던 조지프 헨리Joseph Henry와 런던 왕립과학 연구 소장이었던 마이클 패러데이Michael Faraday(1791~1867)가 그런 연구자들이었지. 처음에 그 두 사람은 똑같은 연구를 하고 있다는 것을 전혀 알지

마이클 패러데이 패러데이는 '자기장을 전기로 변환시킬 수 있다'는 것을 발견했다.

못했고, 그러다가 1831년에 처음으로 패러데이가 자신의 연구 결과를 발표하고 그 성과에 대한 공식적인 인정을 받았지만, 헨리의 업적은 알려지지 않았어. 그는 1832년에 프린스턴에 있는 뉴저지 대학의 자연철학 교수로 임명되었고, 1846년에는 워싱턴 시의 스미스소니언협회의 간사가 되었지."

"아, 나는 그 박물관이 좋아요!" 아내가 외쳤다. "스미스소니언 박물관은 흥미 있는 전시회를 잇달아 열고 있잖아요."

"나도 마찬가지야. 우리가 그곳을 가볼 수 있는 것은 그가 스미스소니언을 특별한 박물관이자 과학 연구의 중심지로 만들기 위해 노력했기 때문이지. 그에게 감사해야 해. 시간만 있다면 헨리가 자신의 비좁은 집 지하실에서 어떻게 가까스로 실험할 장소를 찾았는지, 그가 연구 초기에 가르치는 일을 하면서 어떻게 시간을 쪼개어 썼는지 계속 설명해주고 싶군. 하지만 더 광범위하고 포괄적인 패러데이에 대해 더 이야기해주고 싶어. 패러데이는 영국의 가난한 가정에서 태어나 아주 어린 나이에 제본소 견습공이 되었어. 그 일을 하면서 그는 읽는 방법을 배울 기회를 가졌지. 곧 그는 자신이 제본하는 여러 가지 책을 완전히 탐독하고 나아가

그가 읽은 과학 서적에 기술되어 있는 어떤 실험들은 직접 시도해보기도 했어. 얼마 안 되어 왕립학회의 뛰어난 실험 소장이었던 데이비$_{Davy}$ 경에 버금갈 만큼 충분히 숙달하게 되자 그는 자신의 희망대로 데이비 경의 조수 자리에 앉았지. 그곳에서 그는 계속 독학하여 화학과 물리학에 대단히 중요한 공헌을 했고 결국에는 데이비 경의 뒤를 이어 연구 소장이 되었어."

"학교 교육을 받지 못하고 독학한 사람이 대학 교육을 받은 과학 선생님만큼이나 훌륭했다는 사실이 흥미롭네요." 아내가 생각에 잠기면서 큰 소리로 말했다. "그것은 헨리가 의견이 맞는 동료와 토론할 수 있는 이점이나 영국 왕립학회에서는 존재하는 물리적 환경의 지원 없이 뉴욕 시의 북부 지역에 고립되어 작업했기 때문일 수도 있겠지요? 그런데 그의 기념비적인 발견은 무엇이었나요?"

"패러데이의 실험 중에서 하나를 보면, 2개의 절연된 구리 도선을 동일한 철고리에 감아서 코일로 만들었어(그림 16). 코일 하나는 전류를 감지하는 장치에 루이지 갈바니를 기념하여 이름을 붙인 검류계$_{galvanometer}$에 연결하고 코일 하나는 스위치와 전지에 연결했어. 패러데이가 첫 번째 코일에 전류를 흐르도록 스위치를 켤 때마다 그 두 코일이 전기적으로 연결되지 않았는데도 두 번째 코일 내에서 전류가 감지되었어. 하지만 두 번째 코일에 생긴 이 전류는 금방 사라졌지. 패러데이가 첫 번째 코일의 전류를 끊을 때에도 두 번째 코일에 다시 전류가 흘렀는데 검류계로 측정해보니 이때에는 전류가 반대 방향으로 흐르는 거야."

"나에게는 마술같이 들리네요." 아내가 감탄했다.

"이 실험을 검토해보면 절대로 마술이 아니라는 것을 알 수 있지. 패러데이가 처음으로 스위치를 닫으면 첫 번째 코일을 따라 직류가 흐르게

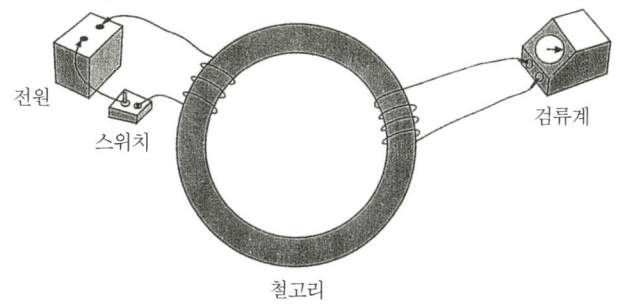

[그림 16] 패러데이는 철로 만든 둥근 고리 둘레에 절연된 도선을 감고 그 도선에 스위치와 전지를 연결하고 다른 절연 도선에는 검류계를 연결했다. 첫 번째 도선의 스위치가 닫히거나 열릴 때마다 두 번째 도선에서는 잠깐 동안 전류가 흐르는 것이 관찰되었다.

되지. 그 코일 주위의 자기장은 철 고리를 자기화해서 두 번째 코일의 위치에는 자기장이 형성될 거야. 그 자기장의 세기는 0에서 시작하여 최댓값까지 증가하다가 첫 번째 코일의 전류가 일정하게 흐르는 동안 그 최댓값을 유지할 거야. 패러데이가 첫 번째 코일의 스위치를 열면 철 고리의 자기장은 그 최댓값에서 0으로 줄어들지."

"알겠어요." 아내가 흥분해서 소리쳤다. "두 번째 코일의 자기장 변화 때문에 그 내부에 전류가 유도되는구나!"

"그 내용을 바로 패러데이가 1831년에 발표한 거야. 도체 주위의 자기장의 변화는 그 도체 내에 전류를 유도할 수 있다. 보기에는 간단한 관찰이 물리학에 커다란 영향을 주었지."

"예를 들어 주세요."

"아마 가장 간단한 것이 전기 변압기일 거야. 2개의 절연 도선이 감긴 패러데이의 철고리를 생각해봅시다. 첫 번째 코일에 흐르는 전류가 직류가 아니라 교류라고 가정해보자고. 첫 번째 코일에서 전류의 방향이 바뀌는 매 순간마다, 두 번째 코일이 직접 전류의 공급원과 연결되어 있지 않더라도 그 코일에는 전류가 유도되겠지. 게다가, 두 번째 코일에 유도된 전압은 각 코일에 도선이 감긴 수의 비율과 비례해. 따라서 두 번째 코일의 감긴 수를 간단히 변화시키기만 하면 그 코일의 전압을 증가시키거나 감소시킬 수 있지."

"아, 그것이 승압 또는 강압 변압기의 원리군요." 아내가 기분 좋은 목소리로 말했다. "전력 회사가 고전압 송전선을 통해 각 지역의 강압 변압기로 교류를 전송하여 우리 집에서 사용하는 220볼트 전압으로 내려줄 수 있는 원리이기도 하군요."

"또 맞추었군." 나도 같이 기뻐하며 말했다. "덧붙여 말하자면, 전기 변압기는 예외적으로 높은 효율을 갖는데, 열로 손실되는 전력이 단지 1퍼센트 정도밖에 안 돼."

"송전선의 전류에 의해 형성되는 자기장이 건강에 해가 되지는 않나요? 2년 전에 잡지와 신문에서 고압선 주위에 사는 사람들의 암 발생률이 높다는 기사를 읽었거든요."

"물론 전력 회사에서는 그러한 관련성을 부정하고 어떤 즉각적인 대응도 전혀 하지 않았지." 나는 맞장구쳤다.

"그들은 자기장의 세기는 전압보다는 전류에 비례한다고 강력하게 주장하는 데 그것은 옳아. 고압 송전선은 장거리 전선에서 발생하는 열의 손실을 최소화하기 위해서 전류를 상대적으로 적게 흐르게 하거든. 그래서 그 전류와 그것이 수반하는 자기장은 전형적인 송전선보다는 손에 쥐는 헤어드라이어에서 훨씬 강해. 코네티컷 과학기술원에 이어 국립과학원이 실제로 자기장을 측정했는데, 그 주장의 근거를 제시하지는 못했어. 보고된 다수의 연관성들은 과학적으로 타당하다기보다는 일화적이야.

그들은 연구를 열심히 계속했고, 그 중의 일부는 현재도 진행 중이야. 실험실 조건하에서 모의실험도 자기장이 인체에 해를 끼치지 않는다는 것을 증명해주지. 그렇지만 정기간행물이 새로운 조사 결과를 계속 보고하자 대중적인 관심은 여전히 높았어."

"패러데이로 다시 돌아가서 그는 영구 자석들의 극 사이에 큰 코일을 넣은 발전기를 발명했어. 외부에서 코일을 회전시키면, 그 도선은 자기력선을 가로지르게 되지. 그러면 도선 주위의 자기장이 변화되어, 회전하는 도선에 전류가 유도되는 것을 패러데이가 발견했어. 코일을 회전시켜 그 안에 전류가 생기게 한 거야. 패러데이의 발전기는 현대의 발전기의 원조라고 할 수 있어."

"두 자석 사이에 있는 코일에 전류를 흐르게 하면 그 과정을 반대로 만들 수도 있나요?" 아내가 큰 소리로 물었다.

"물론이지. 그것이 전동기의 원리야(그림 17). 코일에 흐르는 전류는 자

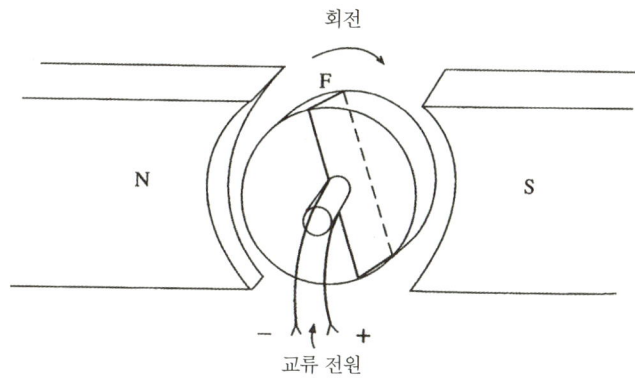

[그림 17] 전기 모터에는 그림에서는 하나만 보이지만 많은 코일이 감겨 있다. 교류가 각 코일에 흐르면, 그 코일이 만든 자기장은 2개의 자석이 형성한 고정된 자기장과 상호작용하여 코일이 축을 중심으로 회전하게 하는 힘이 생성된다.

기장을 형성하지. 그 자기장은 고정된 자석의 자기장과 상호작용하고 그래서 코일이 움직이게 되는 거야. 좀 더 구체적으로 말하자면, 회전하게 되지. 이 원리에 의해 코일에 전류가 흐르는 동안에 전동기는 계속 돌고 도는 거지."

"나는 패러데이의 발견이 매우 중요한 이유를 이제 깨닫기 시작했어요." 아내가 결론적으로 말했다.

"사실 그의 재능과 과학에 기여한 바는 훨씬 위대해. 패러데이는 완전히 독학했다는 점을 주목해야 해. 이 사실은 그가 왕립학회에 있는 동료들만큼은 수학적 이론에 능통하지 못했다는 것을 의미하지. 더 중요한 점은 그것 때문에 패러데이는 만물이 어떻게 작용하는지에 대한 생각을 개념화하게 되었고 그의 동료들이 갖지 못한 많은 통찰력을 기를 수 있었던 거야. 예를 들자면, 전하나 자석 주위에 전자기장(빛의 속력으로 운동하는 얽혀 있는 전기장과 자기장)이 존재한다고 가정했을 때의 장점을 정확히 말한 사람이 패러데이야. 패러데이는 전 우주는 중력장을 포함하여 여러 공간장$_{overlapping\ field}$이 중복되어 있다고 자신의 결론을 일반화시켰어."

"정식으로 교육 받은 패러데이의 동료들은 그러한 발표에 대해 어떤 반응을 보였나요?"

"당신이 상상하는 그대로야. 호의적이진 않았어. 뉴턴에 의해 세워진 역학적$_{力學的}$ 사고에 젖어 있었던 그들은 물리적 세계를 고찰하는 혁명적인 방법으로 보이는 그의 발표에는 관심을 별로 갖지 않았지."

"사람들은 새로운 생각에 대해 의심부터 하려고 하잖아요. 그렇지요?"

"많은 사람은 분명히 그래. 하지만 다행히도 모든 사람이 다 그렇지는 않았어. 19세기에 패러데이의 생각은 제임스 클러크 맥스웰$_{James\ Clerk\ Maxwell}$(1831~1879)이란 이름의 젊고 아주 재능 있는 이론가의 지성을 자극하여 진실로 혁신적인 이론을 이루게 했는데, 그 정밀함과 간결함은 존경받는 뉴턴의 이론에 견줄 만한 것이었어."

┃ **제임스 클러크 맥스웰** 맥스웰은 전기와 자기와 빛의 삼각관계를 밝혀낸 '맥스웰 방정식'을 발견했다.

맥스웰은 무엇을 썼는가?

"에든버러 대학에 다니던 맥스웰은 16세가 되도록 자신의 뛰어난 재능을 발휘하지 못했어. 그가 케임브리지 대학의 트리니티 단과대학에서 이론 물리에 정통한 뛰어난 연구가가 될 것이라는 가능성을 보였을 때 그의 나이는 19세였어. 맥스웰은 25세에 애버딘 대학에 교수로 임명되어 전자기 현상에 대한 연구에 온 힘을 쏟았어. 4년 후, 런던의 킹스 대학의 교수직으로 옮긴 후에도 이 연구를 계속했지."

"확실히 맥스웰의 성장 과정은 패러데이와는 다르네요. 맥스웰이 훨씬 부유한 가정에서 태어났다고 추측되네요."

"정말 그랬어. 그 두 사람이 실제로 만난 것은 1860년이었는데, 맥스웰은 그 전에 이미 멀리 떨어져 있는 물체들이 서로 힘을 가한다는 패러데이의 생각을 알고 있었어. '자기장의 변화는 전기장의 변화를 유도한다'는 패러데이의 실험적인 발견에 '변화하는 전기장은 변화하는 자기장을 유도한다'는 대칭 이론*을 추가했는데, 이 결론은 두 가지의 공간장은 아마도 어떻게든 상호 연관되어 있을 것이라는 패러데이의 예감을 직접

---

* 어떤 대상이 변환된 뒤에도 똑같이 보인다면, 그 변환은 대칭이다. 이를테면 정사각형은 90도 회전해도 이전과 같은 정사각형인 것이다.

[그림 18] 맥스웰이 이론을 발표한 후 약 1세기가 지나서 맥스웰의 방정식을 새긴 티셔츠가 유행했다. 순서대로 가우스의 전기법칙, 가우스의 자기법칙, 페러데이법칙, 맥스웰법칙(D : 전기변위장, B : 자기장, H : 자계강도, ρ : 자유전하밀도, E : 전기장, J : 자유전류밀도, $\nabla \cdot$: 발산 연산자, $\nabla \times$: 회전 연산자)이다.

따른 결과였지."

"전기장은 자기장을 유도할 수 있다는 맥스웰의 주장이 단순한 가설이라고 말한다면 당신 말을 제대로 이해한 것인가요?"

"분명히 그 이전에 관찰된 사실들과 모순되는 점은 없었지만, 그것은 맥스웰이 세운 가설일 뿐이었지. 우리가 알아야 할 것은 맥스웰은 물리적 법칙들을 수학적으로 분석하고 표현하는 이론 연구자였다는 사실이야. 그가 발전시킨 전자기학 이론은 단지 네 가지 방정식으로 요약할 수 있어(그림 18). 그것들 중에 세 가지는 각각 쿨롱, 앙페르, 패러데이가 발견하여 그 이전에 이미 존재했던 것이야. 네 번째 식이 위에서 언급했던 그 가설이야. 맥스웰의 방정식들(전자기장을 이루는 전기장과 자기장 사이의 관계를 수식적으로 표현한 네 가지 방정식)은 고도의 수학을 이용했고 19세기 중엽에 이미 알려져 있던 모든 전기 자기학을 종합적으로 다루었어. 그런 의미에서 맥스웰의 이론은 200년 전에 뉴턴이 역학 분야에서 이루었던 성과와 비교될 만한 것이었지."

"나는 전혀 이해할 수도 없는 이 네 개의 방정식이 어떤 의미에서 중요한가요?" 아내가 혼란스러운 듯한 어투로 물었다. "그 방정식들을 새긴 티셔츠의 하단에 있는 문구는 무슨 의미지요?"

"맥스웰의 방정식이 기술하는 내용은 어떤 지점을 중심으로 앞뒤로 운동하거나 진동하는 전하에서 바깥 방향으로 방출되는 전자기장에 대한 것이야. 이것은 자기장과 전기장이 결합된 것으로 그 어떤 지점에서 모든 방향으로 아주 빠른 속력으로 진행하지. 게다가 이 전자기장이 진행하는 속력은 정확히 빛의 속력과 똑같다는 것을 맥스웰이 밝혀냈어."

"빛이 무엇인가요?"

"맥스웰이 자신의 계산을 마쳤을 때, 그 의미는 명백했는데 말이야. 전자기장이 빛의 속력으로 움직이게 되면, 빛 자체가 움직이는 전자기장이 되는 것이 아닐까? 그러고 보니 러브 스토리가 하나 떠오르는군."

"좋아요. 이야기해주세요."

"맥스웰이 이러한 기념비적인 발견을 하고 난 어느 날 저녁에 약혼녀와 걷고 있었어. 그 이전과 이후에도 무수히 많은 연인이 그랬던 것처럼, 그녀는 하늘을 올려다보며 별들이 얼마나 아름다운지 이야기했어. 맥스웰은 대답했지. 그 별빛의 정체를 정확히 아는 사람은 자신밖에 없다고."

"그 후에 그 둘은 결혼했나요?"

"응, 그녀는 그 말을 이해했거나 아니면 무시했겠지. 그의 물리학 동료들은 전혀 반대였어. 그들은 맥스웰의 이론이 너무나 획기적이고 이해하기에도 아주 어렵다고 생각했을 거야. 20년이 흐른 뒤에야, 독일인 물리학 교수 하인리히 루돌프 헤르츠 Heinrich Rudolf Hertz(1857~1894)가 그 이론을 증명했어. 유감스럽게도 맥스웰은 자신의 이론이 입증되는 것을 보지 못했

하인리히 루돌프 헤르츠
진동수의 단위인 '헤르츠 Hz'는 하인리히 헤르츠의 이름에서 유래되었다.

는데, 그는 이미 5년 전에 48번째 생일을 1주일 앞두고 암으로 죽었거든."

"우리에게 차를 빌려주었던 그 헤르츠와 동일한 사람은 아닌 것 같네요." 아내가 농담했다.

"내가 알기로는 친척일 수도 있어. 하인리히 헤르츠는 그의 실험실 한 쪽에서 전기 불꽃이나 전기 진동을 발생시키면 조금 떨어진 곳에 장치된 전기 회로에도 동일한 전기 진동이 유도된다는 것을 관찰했어. 그런데 그때 두 번째 회로는 꽤 멀리 떨어져 있었고 전류는 공급되지 않았지. 헤르츠는 진동하는 전기 불꽃에서 두 번째 회로로 교류의 전자기장이 유도된다는 것을 아주 쉽게 증명했지."

"폭풍우가 치던 날 갈바니의 집 정원 쇠 울타리에 매달려 있던 개구리의 다리가 움츠러들었던 일과 같은 원리인가요?" 아내가 흥분된 목소리로 물었다.

"매우 훌륭한 추론이군!" 나는 좋아했다(모든 선생님은 자신의 제자가 총명하다고 믿고 싶어하니까).

"특정한 주파수, 즉 1초 동안 일정한 진동수로 반복되는 전기 진동은 동일한 주파수로 진동하는 전자기장을 방출하지."

"전파도 역시 전자기 복사인가요?" 아내는 자신감을 갖고 질문했다.

"응, 그래. 우연히도 헤르츠는 무선 전파의 전자기장이 수신기로 전송되는 과정을 관찰했던 거야."

"저는 이해가 안 돼요." 아내가 끼어들었다. "전파 수신기는 보통 전력 공급원에 연결되어야 하지 않나요?"

"그렇지. 하지만 그 전력은 전파를 감지하는 데 사용되는 것이 아니라 수신된 전파 신호를 증폭하기 위해 사용되는 거야. 우리가 알아차리지는 못하더라도 다양한 종류의 전자기파 공급원에서 방출되는 모든 종류의 주파수를 가진 전자기파를 우리는 끊임없이 쏘이고 있지. 그것을 전자기 스펙트럼*이라고 부르지. 이 스펙트럼은 초당 몇 번밖에 진동하지 않는 주파수부터 X선(전자기 스펙트럼에서 높은 진동수를 가진 부분)이나 감마선과 같이 매우 높은 주파수의 전자기파까지 포함하고 있어."

"이 복사선 가운데 어떤 것은 몸에 해로울 수 있지요? 나는 내가 알지도 못하는 것을 쏘이고 있다고 생각하면 불안해요."

"대부분 인류는 그 진화 과정에 의해 그러한 복사선의 노출에 적응할 수 있는 능력이 생겼어." 나는 아내를 안심시키려고 했다.

"당신도 알다시피 집 밖에서 자외선을 지나치게 쏘이면 피부가 타게 되고 극단적으로는 피부암까지 걸릴 수도 있어. 또한 다른 복사선들도 좋지 않은 효과를 줄 수 있지만, 그런 복사선은 인간이 만든 장치에서만 발생하는 것은 아니라는 사실을 알아야 해. 태양과 더 멀리 떨어진 별들은 여러 주파수의 전자기파를 끊임없이 방출하는데, 그것은 지구에 사는 우리에게 도달하고 우리는 그것을 피할 방법이 없어."

"희망적인 이야기를 해줘요."

"자외선 외에 자외선 바로 다음의 주파수를 갖는 빛이 있어서 우리는 서로 알아볼 수 있고, X선은 치과의사가 치료해야 되는 치아를 가릴 수 있게 해주고, 전파나 텔레비전 주파수의 전자기파는 언제라도 우리에게 즐거운 시간을 갖도록 하고, 레이더나 마이크로파는 우리가 즐겁게 텔레

---

* 진동수가 아주 작은 라디오파(전파)부터 점차 증가하여 마이크로파, 적외선, 가시광선, 자외선, X선, 감마선(진동수가 가장 큼)에 이르는 모든 전자기파가 갖는 진동수의 전 범위다.

비전을 보며 저녁을 먹을 수 있게 도와주잖아."

"당신이 X선이라고 말했는데 그것이 정확히 무엇이죠?"

"당신이 알다시피 X선은 우연히 발견되었어. 지금부터 100년 전에 물리학자들은 유리 진공관 내에서 전기장에 의해 가속된 전자들의 성질을 연구했지. 전자들을 음극에서 방출시켜서 양극 방향으로 가속시켰어. 이 현상을 연구하는 많은 학자 중에서도 바이에른에 있는 뷔르츠부르크 대학의 물리학 교수인 빌헬름 콘라트 뢴트겐 Wilhelm Konrad Röntgen(1845~1923)은 상대적으로 세상에 알려지지 않은 인물이었어. 1895년 9월 8일 그는 어두운 실험실에서 작업을 하다가 전원을 켤 때마다 유리관에서 약 1.8미터 떨어져 있는 형광 막에서 빛이 반짝이는 것을 알아차렸어. 그는 가속된 전자들이 쪼여지면 생성되고 형광을 만들어내는 유리 진공관 내의 불가사의한 복사선의 정체가 무엇인지 재빠르게 추적했지."

"뢴트겐이 민첩한 탐정이라도 되는 것처럼 들리는군요." 아내가 맞장구쳤다.

"사실이야. X선이라 이름 지은 이 복사선은 항상 직진하여 선명한 그림자를 만들고, 뼈는 잘 통과하지 못하지만 근육은 쉽게 통과하며 금속에 의해 쉽게 흡수되고 맥스웰에 의해 새롭게 기술된 전자기 스펙트럼의 일부일 것이라는 이론을 뢴트겐은 두 달 만에 완성했어."

"X선의 정체가 무엇인지 완벽하게 밝히는 데 두 달밖에 안 걸리다니!" 아내는 실로 감탄했다.

"뢴트겐은 자신이 발견한 것들을 새해 축하카드에 적어서 그의 몇몇 동료에게 보냈어. 그 후에 곧장 그의 발견을 뷔르츠부르크 물리의학협회에 보고했어."

| 빌헬름 콘라트 뢴트겐 뢴트겐은 'X선'을 발견하여 최초로 노벨물리학상을 수상했다.

"틀림없이 굉장한 화제를 일으켰을 거예요." 아내는 여전히 감동했다.

"그 소식은 들불같이 퍼졌어. 1년 만에 수십 군데의 병원과 실험실에서 X선 검사 장치를 했고, 전 세계적으로 X선의 발생, 응용, 특성에 관해 기술한 수백 개의 학술지가 출판되었어."

"마지막으로 한 가지 질문이 있어요. 다른 물리학자들도 유사한 전자 실험을 했을 텐데, 왜 그들은 X선을 찾지 못했을까요?"

"그들도 아마 찾았을 거야. 예를 들면 우리가 알고 있는 크룩스 관 Crookes tube 이란 이름을 지은 물리학자는 진공 유리관 근처에 놓아둔 사진 감광판이 이상하게도 뿌옇게 된다는 것을 알게 되었어. 그래서 그는 그 감광판을 다른 캐비닛에 두었고 문제는 없었지."

"아쉽게 노벨상을 놓쳐 버리는 순간이군요!"

"그래. 1901년에 뢴트겐은 바로 첫 번째 노벨물리학상을 받았지."

열 번째 아침 식사

달걀과 바삭바삭한 베이컨

파동 만들기

"맥스웰이 자신의 동료들에게 빛이 무엇인지 안다고 말했을 때 그는 정확히 무엇을 상상하고 있었을까요?" 다음 날 아침 식사를 하면서 아내는 물었다.

"그러기 전에 먼저 베이컨과 달걀을 좀 더 드시겠어요?"

"더 줘요. 먹음직스럽고 바삭바삭해 보이는군. 내가 좋아하는 것은 바로 이런 것이야. 맥스웰은 빛은 같은 주파수로 동시에 진동하는 전기장과 자기장으로 구성되어 있고, 그것은 우리가 알고 있는 가장 빠른 속력으로 공간을 통해 이동한다고 알고 있었지."

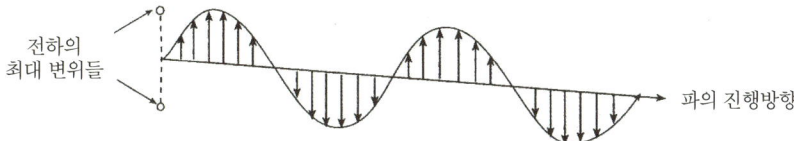

[그림 19] 중심점에 대한 전하의 진동은 오른쪽으로 이동하는 화살표로 그려진 일련의 변하는 전기장을 일으킨다. 전체 전기장이 오른쪽으로 이동할 때, 이 화살표의 크기는 전하의 진동과 함께 0에서 점점 증가한다.

"저는 진동하는 전기장과 자기장이 공간을 통해 이동한다는 것이 상상이 잘 안 되네요." 아내는 이해하기 어렵다고 말했다.

"자, 그러면 아주 작은 전하가 어떤 고정점을 중심으로 앞뒤로 진동한다고 상상해봐. 이렇게 진동하는 전하는 전하가 중심점에 있을 때 0에서 시작하여 최대 변위에 이르렀을 때 최댓값을 갖게 되는 전기장을 발생시키지. 그곳에서 다시 반대 방향으로 이동하면서 전기장의 크기는 0에 이를 때까지 감소했다가 다시 반대 방향으로 그 크기가 증가하게 되지(그림 19). 반대 방향으로 최댓값에 도달한 후 다시 0에 이를 때까지 감소하게 되며 전기장은 이와 같은 과정을 계속 반복하게 되는 거야. 당신이 공간을 통해 이동하는 그러한 전기장을 그릴 수만 있다면, 전기장과 서로 수직을 이루는 방향으로 진동하는 것 말고는 모양이나 행동이 똑같은 자기장을 전기장에 붙여서 그려봐. 맥스웰은 단일 전하가 진동하면서 전기장과 자기장을 동시에 만들어내고, 두 장field은 운동하는 전자기장을 만들게 되는 거라고 했어."

"저한테는 당신이 전자기장의 파동적 성질에 대해 묘사하고 있는 것처럼 보이네요."

"당신 참 똑똑한데……. 빛의 파동적 성질은 내가 말하려 하는 남은 이야기에 매우 중요하니까, 시간이 걸리더라도 파동* 운동에 대해 좀 더 자세히 이야기하도록 하지." 나는 기분 좋게 말했다.

"이야기하기 전에, 당신 입맛에 알맞은 정도로 베이컨이 바삭바삭하게 되었나요?"

"아주 좋아! 자, 잔잔한 연못에 돌을 떨어뜨렸다고 생각해봅시다. 순간적으로 물은 돌 아래쪽으로 이동하게 되는데 이때 물은 반발하여 아래쪽에서 솟아올랐다가 다시 한 번 원래의 수면으로 되돌아오게 되지. 이러한 작용을 '르 샤틀리에의 원리 Le Chatelier's principle'라 하는데, 자연에는 교란이 있기 전의 원래 상태 또는 평형 상태로 되돌아오려는 성질이 있다는 것이지."

"이제야 내가 알아들을 수 있는 원리가 나왔네!" 아내가 크게 말했다.

"실제로, 위치가 변한 물이 다시 물결칠 때 흡사 용수철에 매달린 물체가 상하로 진동하는 것처럼 이 물은 최대 변위의 순간에 물을 교란시키고 결과적으로 물의 표면을 누르면서 다시 물결치게 되는 거야. 이와 같은 물의 상하 운동의 결과, 돌이 떨어진 곳에서 파동이 퍼져 나가게 되지"(그림 20).

"연못가에서 조약돌을 계속 던져 그와 같은 물결파 water wave를 만들어본 적이 여러 번 있어요." 아내는 추억에 잠기며 말했다.

"물결파에 대해서 내가 지적하고 싶은 중요한 내용이 있어. 처음에 물을 아래쪽으로 밀어낼 때 돌이 한 일은 두 가지 형태의 에너지로 전환된 것이지. 하나는 물기둥이 계속적으로 상하 운동시키는 데 필요한 에너지고, 하나는 원의 형태로 파동이 퍼져 나가면서 전달되는 에너지지(그림

---

* 물질의 한 곳에서 생긴 규칙적인 진동이나 교란 상태가 물질을 따라 전파되는 것을 말하며 진폭(최대 변위), 진동수, 파장 등으로 묘사된다.

[그림 20] 잔잔한 연못에 돌을 떨어뜨리면 사방으로 퍼져 나가는 구면파를 일으킨다.

20). 원형 물결파의 반지름이 증가하면 원주의 길이도 커지게 되므로, 원주의 단위 길이당 전달되는 에너지는 점차 작아지게 된다는 것에 유의하도록 해. 결국 퍼져 나가는 파동을 따라 상하 운동을 하는 데 이용할 수 있는 에너지도 점차 감소하게 되므로 물결파의 높이나 진폭도 점차 줄어들어 마침내 물결파는 사라지게 되지."

"파동이 이동할 때 물도 함께 이동하지 않나요?"

"그렇지 않아. 파동이 바깥쪽을 향해 퍼져 나가면서 이미 그곳에 있던 물을 위아래로 운동시키는 것이지. 파동이 전파될 때 물은 파동의 진행 방향에 수직으로 제자리에서 상하 운동만을 할 뿐이야. 당신, 연못에 떠 있는 나뭇잎 아래로 물결파가 지나갈 때 나뭇잎은 제자리에서 상하 운동하는 것을 본 적이 있지? 이것이 파동에 관해 가장 중요한 점을 시사하고 있어. 즉, 파동의 본성은 파동이 지나가는 매질에 달려 있는 것이 아니지만, 파동이 전파될 수 있게 하려면 매질이 필요한 것이야."

"그렇다면 전자기파도 매질이 필요하나요? 매질이 필요하다면 그 매질은 뭐예요?"

"아주 좋은 질문이야! 19세기 물리학자들은 빛(광파)도 물결파나 음파처럼 매질이 있어야만 전파될 수 있다고 믿었어. 그래서 그들은 물리학에서 이상한 개념 중의 하나를 만들어냈는데, 그것은 볼 수도 없고 냄새도 나지 않는 질량이나 밀도도 없는 에테르[*]라는 물질이었지. 따라서 에테르는 어떤 방법을 이용하더라도 찾을 수가 없었어. 게다가 에테르는 모든 공간에 스며들어 있다고 가정했지. 심지어 진공조차도! 실제로 에테르가 모든 것을 투과한다는 생각은 상상할 수 있는 아무 것도 없는 진공 상태에 대한 낯설음을 제거해 주었기 때문에 철학적으로 매력적인 것이었지. 또한 이 생각은 우주에는 어디에도 텅 빈 공간이 없다는 아리스토텔레스의 생각을 뒷받침해주었어. 그러나 그것이 매력적이건 아니건 간에 에테르의 유일한 목적은 빛을 전파시키는 것이었지!"

"당신은 에테르에 대해 옛날이야기처럼 말하네요. 그런데 정말 존재하지 않나요?"

"19세기 말 똑똑한 두 실험 물리학자 앨버트 에이브러햄 마이컬슨Albert Abraham Michelson과 에드워드 몰리Edward Morley에 의해 에테르가 존재하지 않는다는 것이 증명되었어. 처음에 그들은 에테르의 존재를 증명하기 위해 실험을 했어. 마이컬슨과 몰리를 비롯한 물리학자들은 그들의 발견에 별로 놀라지 않았으며 여러 번 실험을 반복했을 때까지도 이를 인정하려 하지 않았어. 이 문제는 최종적으로 1905년 아인슈타인이 빛을 포함한 모든 전자기파는 에테르와 같은 매질이 없어도 전파된다는 것을 증명함

---

[*] 보이지 않고 향기도 없고 모든 곳에 만연되어 있는 질량이 없는 매질을 말하며 전자기파가 공간을 통해 어떻게 전파되는지를 설명하기 위해 만들어진 가상의 매질이다.

으로써 해결되었지."

"그렇다면 음파는 어떤 매질이 있어야만 전파되나요?"

"좋은 질문이야. 전자기파는 완전한 진공 속에서 전파될 수 있지만 음파는 공기나 액체나 고체와 같은 어떤 매개체가 있어야만 전파될 수 있어. 물결파가 진행할 때 물을 밀어내는 것처럼 실제로 음파도 진행하면서 매질을 밀어내지."

"그것을 저에게 자세히 설명해줄 수 있어요? 예를 들어 피아노 건반을 칠 때 내가 듣는 소리는 어떻게 만들어지나요?"

"당신도 알다시피 피아노 건반은 해머와 연결되어 있어. 그래서 당신이 건반을 치면 피아노의 해머가 피아노의 공명판에 있는 줄을 치게 되는 거야. 이 때문에 줄은 진동하게 되고, 이 줄의 진동은 주위의 공기를 진동시켜 모든 방향으로 음파가 퍼져 나가게 되는 거지. 다른 악기들도 마찬가지야. 공명판을 진동시켜 주위의 공기를 진동시키는 거야. 공명판이 크면 공기를 더 많이 진동시키고, 이렇게 되면 소리가 확대되어 더 큰 소리가 울리게 되는 거지."

"그래서 그랜드 피아노가 작은 직립형 피아노보다 큰 소리를 내는구나." 아내는 소리 내어 웅얼거렸다. "그러면 우리가 이야기할 때 내는 소리는 어떻게 만들어지나요?"

"우리는 성대를 진동시켜 소리를 만들지. 어떤 소리가 나오는지는 우리가 입 모양을 어떻게 하는지, 어떻게 호흡을 하는지, 성대에 어느 정도의 힘을 가하는지 등과 관계가 있지. 이와 마찬가지로 바이올린에서 나는 소리도 바이올린의 모양, 나무의 재질, 나무가 어떻게 마무리가 되었는지 등의 완제품이 만들어지기까지의 여러 요인이 복합적으로 작용하여 영향을 미치게 되는 거야."

"내가 피아노를 칠 때 건반 하나하나가 정해진 소리를 내잖아요." 아내는 궁금해했다. "바이올린이나 기타처럼 현악기가 그러한 소리를 내려면 손가락 하나로 줄의 여러 부분을 눌러 줘야만 하잖아요. 그런데 이 두 종류의 악기가 어떻게 관계가 있죠?"

"당신이 피아노 내부를 보면 길이가 다른 줄들을 볼 수 있는데 각각의 줄은 줄의 길이나 장력, 질량에 따라 다른 음을 내지. 이와 마찬가지로 바이올린의 줄의 길이를 조절하면서 활로 켬으로써 여러 음의 소리를 낼 수 있는 거지."

"그럼, 사람들은 소리를 어떻게 듣나요?"

"음파의 진동수 때문에 음파가 지나는 경로에 있던 공기의 밀도가 촘촘하거나 그렇지않은 등의 변화로 전달되는 음파(음색)가 달라지지. 공기 밀도의 이러한 변화가 우리 귀의 고막에 작용하는 공기의 압력에 영향을 미치게 되는데, 이때 공기는 음파의 진동수와 같은 진동수로 고막을 진동시키지. 우리의 뇌는 이러한 진동을 소리로 인식하게 되는 거야."

"그러면 제가 당신이 베이컨을 바삭거리면서 먹는 소리를 들을 때 듣는 것은 당신의 치아가 만든 파동이겠네요!"

파동은 무엇을 할 수 있을까

"더욱 흥미로운 것은 음파들은 서로 상호작용을 하여 우리가 자주 듣는 메아리나 여러 가지 다른 소리를 만들어낼 수 있다는 거야. 그런데 이러한 상호작용은 음파에만 국한되는 것이 아니라 모든 파동의 특성이지."

"재미있게 들리네요. 저에게 파동의 특성에 대해 이야기해 주실래요?"

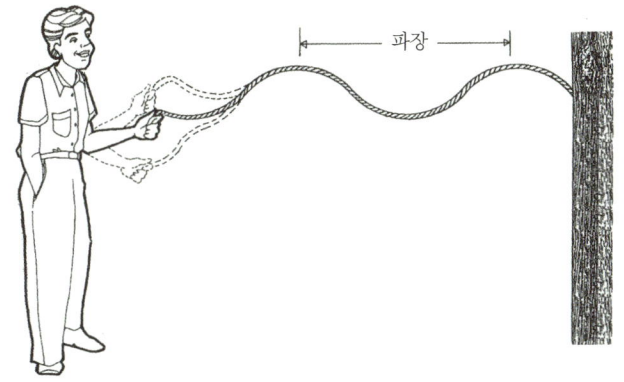

[그림 21] 줄의 한 끝을 진동수가 다르게 진동시키면, 줄에는 파장이 다른 파동들이 만들어질 수 있다.

아내는 졸라댔다.

"가장 단순한 형태의 파동은 규칙적으로 진동하며, 매질을 통해 전파될 때도 이러한 규칙적인 진동이 반복되지. 당신이 어린 시절에 줄의 한 끝은 벽에 고정시키고 한 끝을 위아래로 흔들어 파동의 형태를 만든 적이 있었을 것이야"(그림 21).

"해봤어요!" 아내는 소리쳤다. "줄을 더 빨리 흔들수록 더 많은 파동이 만들어졌어요."

"그렇지. 당신이 위아래로 줄을 흔든 진동수는 줄에 나타난 완전한 파동의 수를 결정하게 되는 거야. 파동의 마루에서 다음 마루까지의 거리를 파장(파동의 마루와 마루 또는 골과 골 사이의 거리)이라는 물리량으로 묘사하는데, 파장과 파동의 진동수는 반비례 관계에 있지. 그래서 1초 동안 만든 파동의 수, 즉 진동수가 클수록 파장은 더욱 짧아지게 되는 거야."

"제가 줄의 한 끝을 빠르게 흔들수록 만들어진 파동의 진동수는 증가하고 파장은 짧아지게 되겠네요. 따라서 진동수와 파장은 서로 반비례

관계에 있으므로 어느 것으로든지 파동을 설명할 수 있다는 거죠. 제가 잘 이해하고 있나요?"

"거의 다 맞았어. 하지만 파동의 높이는 당신이 줄을 위아래로 얼마나 크게 흔들어 대느냐에 달려 있다는 것은 빠뜨렸어. 이것을 진폭이라 하는데, 이는 어떤 파동이 특정한 속력으로 진행할 때 매질의 최대 변위를 나타내지."

"파동이 벽과 같은 장애물을 만나면 어떻게 되지요?"

"그것은 파동의 본성에 달려 있는데 일반적으로 파동의 전부 또는 일부가 벽에서 반사되지. 벽이 파동을 완전히 막아 버리는 방해물이 아니라면, 장애물 주위로 휘어질 수도 있고 원래의 방향으로 계속 진행할 수도 있지. 물결파를 통해서 이를 더욱 쉽게 보여줄 수도 있지. 가장 먼저 발생한 물결파의 테두리(파면*)가 벽에 도달하면, 물결파는 반사되어 되돌아오게 되지(그림 22-a). 그런데 파면이 수직으로 세운 막대와 같은 장애물에 도달하면, 막대를 통과한 후 원래의 파동이 다시 만들어지면서 진행하게 되지(그림 22-b). 이와 같이 파동이 장애물 주위로 휘어져 진행하는 현상을 회절이라 하는데, 이 용어에 대해서는 나중에 다시 이야기하게 될 거야."

"그러면 벽에서 반사된 파동과 벽을 향해 계속 진행하는 파동과 겹쳐지게 되는데, 이것이 일종의 간섭** 현상을 일으키는 원인이 되지 않나요?

---

* 전파되는 파동을 선도하는 부분이며 파동이 전파될 때 위상이 같은 점들을 연결한 면을 말한다.
** 똑같은 두 개 이상의 파동이 진행하다가 중첩되어 진폭이 증가되는 보강 간섭을 일으키거나 진폭이 감소되는 상쇄 간섭을 일으키는 현상이다. 두 파동이 간섭하는 경우 보강 간섭의 경우 진폭이 2배, 상쇄 간섭의 경우 진폭은 0이 된다.

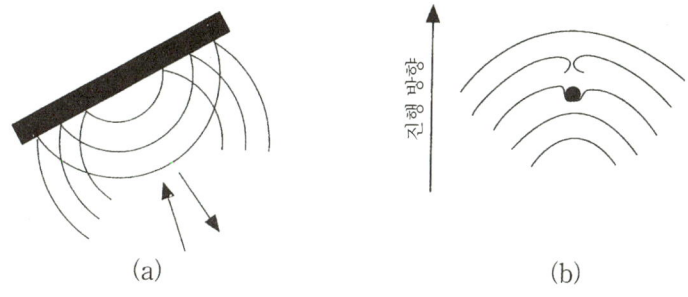

[그림 22] (a) 파동이 벽에 부딪치면 반사된 파동은 벽에 대해 대칭을 이루는 방향으로 진행한다. (b) 파동이 작은 장애물을 지나갈 때 파면이 장애물 주위로 휘어지면서 원래 방향으로 계속 진행한다.

또 간섭 현상이 물속에서 어떤 혼란(뒤범벅)을 초래하지는 않나요?"

"다행히 서로 교차하는 파동들이 간섭을 일으킬 때 혼란을 초래하는 일은 없어. 어떤 파동이든지 말이야." 아내가 한 말이 우스꽝스러워 나는 웃음을 참을 수가 없었다. "파동은 앞으로 이동하는데 물은 이동하지 않는다고 생각해봐. 파동은 물을 따라 진행하는데 물 표면은 단지 제자리에서 진동할 뿐이지. 그림을 그려서 보여주는 게 더 쉽겠군. 줄을 따라 진행하는 한 쌍의 펄스(반 파장의 파동)를 생각해봐(그림 23). 이때 각 펄스의 변위變位*는 일정하게 유지된다고 생각합시다. 두 펄스가 서로 접근할 때 만들어내는 전체 변위는 단순히 각 펄스의 변위를 더해주기만 하면 되는 거야. 두 펄스의 변위가 같다면 두 펄스가 만드는 변위는 점점 증가하다가 두 펄스가 완전히 겹쳐지는 곳에서 진폭이 2배인 펄스가 만들어지지. 그들은 서로 반대 방향인 원래 방향으로 진행하면서 그들이 만들어낸 커

---

* 물체가 위치를 바꾸는 것이나 그 물체의 나중 위치와 처음 위치의 차이를 나타내는 벡터 양을 말한다.

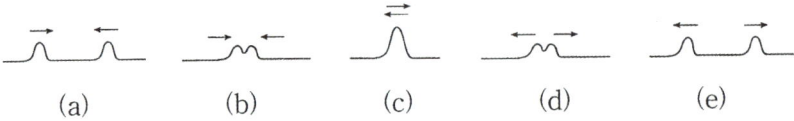

[그림 23] (a) 똑같은 두 펄스가 서로 접근한다. (b) 합성 펄스의 변위는 각각의 변위를 더한 것과 같다. (c) 합성 펄스의 변위는 원래 펄스의 2배가 된다. (d) 두 펄스가 분리된다. (e) 두 펄스는 원래 방향으로 진행한다.

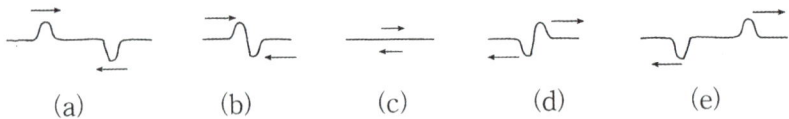

[그림 24] (a) 변위가 반대인 똑같은 두 펄스가 서로 접근한다. (b) 서로 반대 방향의 변위를 상쇄시킨다. (c) 합성 펄스의 변위는 0이 된다. (d) 원래의 두 펄스가 만들어진다. (e) 두 펄스는 원래 방향으로 진행한다.

다란 펄스는 원래의 두 펄스로 다시 나누어지게 되는 거야. 변위의 방향이 반대인 두 펄스가 서로 반대 방향으로 진행하고 있다면(그림 24), 두 펄스가 완전히 겹쳐지는 순간에 각각의 변위를 더하면 전체 변위는 0이 되지. 이때 줄은 전혀 진동하고 있지 않은 것처럼 보이지. 그들이 겹쳐지고 난 후에 두 펄스는 원래의 모습으로 또 원래 방향으로 진행하게 되는 거야."

"이런 현상은 두 개의 물결파가 만날 때에도 일어나나요?" 아내는 자신 없게 물었다.

"당연하지. 파동의 이런 현상을 중첩 원리*라고 부르는데, 줄을 따라 진행하는 1차원 파동이나 물결파와 같은 2차원 파동 또 음파와 같은 3차원

---

* 파동이 전파될 때 매질이 직접 이동하는 것이 아니라 진동 상태가 전달되기 때문에 2개 이상의 파동이 중첩될 때 합성파의 변위는 각 파동의 변위를 합한 것과 같다.

파동의 경우에도 모두 똑같이 적용되지."

"두 파동이 합쳐져서 변위가 커지는 것을 보강 간섭이라 하고(그림 23) 변위가 0이 되는 것을 소멸 간섭이라고 하지"(그림 24). 이러한 간섭 현상은 2차원 파동과 3차원 파동의 경우에도 똑같이 일어날 수 있어. 줄에서 두 파동이 만나 일어나는 현상과 물 위에서 두 물결파가 만나서 일어나는 현상 또 공기 중에서 두 음파가 만나 일어나는 현상이 아무런 차이가 없다는 거야."

"오케스트라나 성가대가 만드는 합성음(여러 소리의 합성)도 같은 원리로 설명할 수 있나요?"

"우리가 가끔 듣게 되는 아름다운 선율이나 시끄러운 소리는 파동의 중첩 원리에 따라, 즉 각 음파가 만들어내는 변위가 합성되어 만들어지는 거야. 그러나 연주회장에서 음악을 들을 때 연주회장의 천장, 바닥과 벽에서 반사된 소리까지 고려해야만 되지. 직접 들려오는 소리와 이보다 먼 거리를 반사해온 여러 소리가 소멸 간섭을 하여 우리 귀에 들리는 음질을 떨어뜨릴 수도 있어."

"그래서 연주회장의 벽과 천장에 음향 조절 장치와 반사판이 많이 있는 거예요?"

"맞아!" 나는 아주 즐거웠다. "연주회장의 벽 내부에 소리를 약화시키는 물질들을 사용하는 것은 바로 이 때문이야. 또 묵직한 커튼이나 방음 타일과 같은 물질들은 거기에 도달하는 소리를 흡수하거나 낮은 진폭의 소리들로 흩어지게 하여 원하는 소리와의 간섭을 최소화시키지."

"마지막 질문이에요." 아내는 부탁했다. "두 소리가 소멸 간섭을 하여 아무런 소리가 나지 않을 수도 있나요?"

"원리상 확실히 가능하지. 실제로 이를 얼마나 쉽게 이룰 수 있는지는 우리가 없애고자 하는 소리를 얼마나 잘 특성화시킬 수 있는지에 달려 있지. 요즘에는 현대적 음향 장비와 슈퍼컴퓨터가 있어서 이러한 일을 더욱 쉽게 실행할 수 있으며, 실제로 이것을 상업용 기구로 시장에서 팔고 있어. 의도적인 것은 아니지만 의외로 어떤 연주회장의 경우에는 소리들이 소멸 간섭을 하여 소리가 전혀 들리지 않는 곳이 있는데 이를 '난청' 지역이라고 하지. 그런 곳에 앉는 사람은 무대 위에서 어떤 말을 하는지 거의 알아들을 수가 없게 되는 거야."

"이들 중에 어떤 것은 사이렌을 울리는 경찰차가 멀어질 때와 다가올 때 그 소리가 우리 귀에 다르게 들리는 것과도 관계가 있나요?"

"아마도 그것은 경찰차가 멀어질 때보다 당신을 따라올 때가 걱정되어 그러는 모양이지. 실은 150년 전 오스트리아의 물리학자 요한 크리스티안 도플러 Johann Christian Doppler는 소리의 높이가 다르게 들리는 원인을 최초로 정확히 설명해주었지. 이를 이해하려면 잔잔한 연못에 돌을 던졌을 때 물결파가 퍼져 나가는 것처럼(그림 20) 음원에서 빠르게 퍼져 나가는 음파(소리)를 상상해봐. 매 순간마다 원형의 파면은 점점 커지게 되지. 그럼 이번에는 음원(파원)이 어느 한 방향으로 일정한 속력으로 움직인다고 생각하자고. 음원이 앞으로 이동하면, 음원이 만들어내는 파면의 간격이 점점 좁아지면서 이동하는 음원의 앞쪽에 쌓이게 되고, 이동하는 음원의 뒤쪽의 파면의 간격은 점점 벌어지게 되지(그림 25). 파장은 파면(마루) 사이의 거리와 같으니까 이동하는 음원의 앞쪽에 서 있는 사람은 뒤쪽에 서 있는 사람보다 작은 파장의 소리, 즉 높은 진동수의 소리를 듣게 되는 거지."

"듣는 사람도 움직이면 어떻게 되요?"

"그것은 음원과 듣는 사람의 상대 속력과 관계가 있어. 당신이 타고 있

[그림 25] 음원이 오른쪽으로 이동하면, 음원이 만들어내는 파면의 간격이 오른쪽은 점점 좁아지고 왼쪽은 점점 벌어지게 되어 이동하는 오른쪽에 있는 사람은 왼쪽에 있는 사람보다 높은 진동수의 소리를 듣게 된다.

는 차가 정지한 음원을 향해 이동하고 있다면, 정지해 있는 사람을 향해 음원이 이동하는 경우와 똑같이 음원에서 발생한 일련의 파면이 쌓이게 되지. 경찰은 도플러 효과(관찰자와 음원의 상대적 운동에 따라 음의 높낮이가 달라지는 현상)를 이용하여 고속도로를 달리는 자동차의 속력을 측정하는데, 그들은 음파 대신 우리가 들을 수 없는 레이더파를 이용하지."

"그러면 지난달 해리의 과속을 적발한 레이더 장치는 이미 오래전에 물리학자들이 발견한 것을 이용한 것이군요."

"물체의 기능과 조금이라도 관련 있는 내용들은 모두 물리학의 발견으로 귀착시킬 수 있지."

"작년에 당신의 옛 친구들이 레이더를 사용하여 고기를 잡았던 이야기를 재미나게 해주셨죠?"

"그랬지. 그렇지만 그들은 고기를 발견하는 데 걸린 시간보다 레이더 장치를 작동시키는 데 많은 시간을 허비했어. 실제로 고기 탐지기는 제2차 세계대전에서 잠수함을 격침시키기 위해 개발했던 수중탐지기가 발전된 것이야. 전쟁 때문에 개발된 것을 또 하나 들면, 지금 초음속으로 날아가는 제트기야. 초음속 제트기는 소닉 붐sonic boom이라 알려진 흥미로운 효과를 낳고 있지."

"저도 그것에 대해 자주 생각해봤어요. 처음에 군용제트기가 초음속으로 날아갔을 때 공항 근처에 거주하는 사람들이 소음 때문에 너무 화가 나서 항의하는 사태까지 일어났던 것이 기억나요."

"그러한 항의와 관련해서 재미있는 사건이 있었어. 미 공군은 그 소음이 액자나 다른 깨지기 쉬운 물건들을 부서뜨리는 원인이라는 주장을 반박하기로 했어. 그래서 그들은 임시 가옥들을 지어 작은 모형 도시를 만들어놓고, 그곳에서 약간 떨어진 네바다의 지하 벙커에 신문 기자단을 소집했지. 귀마개를 착용한 기자단이 이들 가옥 내부의 압력 탐지기와 연결된 특수 계기의 움직임을 지켜보도록 한 후, 군사령관은 한 쌍의 제트기를 모형 도시 위로 '윙'하며 날아가도록 지시했어. 제트기들이 굉음을 내며 도시 위를 날아갔지만, 기자단은 계기 바늘이 전혀 움직이지 않는다는 사실을 확인했지. 이러한 사실에 용기를 얻은 군사령관은 비행기의 고도를 낮추어 도시 위를 수차례 더 지나가도록 명령했지. 그래도 계기 바늘은 움직이지 않았어. 이 때문에 군사령관은 초음속 제트기가 가옥에 아무런 손상을 입히지 않는다고 생각하고, 기자단과 함께 버스를 타고 모형 도시로 간 거야. 그들이 본 것은 완전히 붕괴된 가옥뿐이었어 (충격파의 소닉 붐 때문에 무너졌다)."

"그런데 왜 계기 바늘이 움직이지 않았죠?"

"그것은 군사령관이 아직도 이상하게 생각하고 있는 것이지."

"소닉 붐이 생기는 원인은 뭐예요?"

"당신, 쾌속정이 물살을 가르고 나아갈 때 두부파bow wave*를 본 적이 있었지. 제트기는 공기 중에서 이와 유사한 3차원 파를 만들지(그림 26). 이 경우의 '두부파'는 쾌속정을 따라 물결파의 파면들이 쌓인 V자 모양의 2차원 두부파와는 달리 비행기를 따라 3차원 원추형의 압축된 공기층이 쌓여 있는 것이지. 제트기의 속력이 음속과 같아지면 음파의 파면들이 완전히 겹쳐지면서 아주 강하게 압축된 공기층을 이루게 돼. 이러한 원추형의 압축 공기층이 지상에 전달되면, 지상에 있는 사람은 충격파에 의해 생기는 날카롭게 찢어질 듯한 폭발음을 듣게 되는데 이를 '소닉 붐'이라고 해. 이와 같이 충격파는 유리창을 깨뜨릴 수도 있고, 구조적인 손

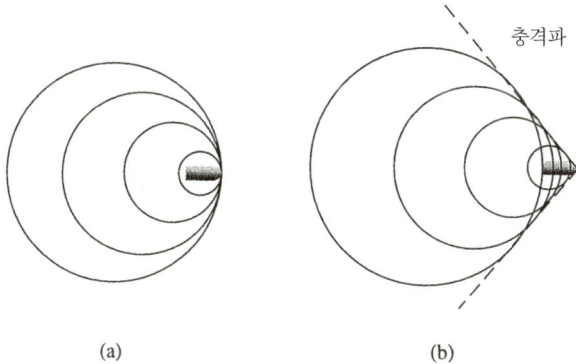

[그림 26] 빠르게 운동하는 물체에 의해 만들어지는 충격파 (a) 물체의 속력이 음속과 같을 때, (b) 물체의 속력이 음속보다 빠를 때.

---

* 물체가 기체 속을 초음속으로 운동할 때 생기는 충격파로 물체와 기체의 상대속도가 음속보다 빠를 경우 물체의 앞쪽에서 만들어지며, 뒤쪽으로 원뿔형으로 퍼진다.

상을 입힐 수도 있지."

"그러면 지상에 있는 사람이 소닉 붐을 듣는 것은 물가에 있는 사람이 쾌속정이 만들어낸 두부파에 의해 철썩하고 물벼락을 맞는 것과 비슷하네요. 이것도 소리의 벽을 깨뜨리는 것과 관계가 있나요? 소리의 벽이 무엇인지 몰라도."

"물론이지. 제트기의 속력이 음파의 속력에 도달하면, 원추형의 압축 공기는 가속을 방해하는 물리적인 장벽을 만들게 되지. 출력을 증가시키면 제트기는 이러한 압축 공기나 소리의 벽을 돌파할 수 있게 되는 거야 (그림 26-b). 이때 제트기는 초음속으로 날아간다고 말하는데, 제트기의 뒤쪽에서 원추형의 압축 공기가 계속적으로 만들어지게 되지."

"초음속 supersonic 은 초음파 ultrasonic(사람이 들을 수 있는 범위를 초과하는 진동수를 가진 음파)와 같은 거예요?"

"아냐. 초음속은 소리보다 크다는 것이고, 초음파는 우리가 들을 수 없는 소리를 말하지."

"초음속 비행기(제트기)는 비행기가 만들어내는 소리보다 빠르게 날아가는 것이고, 초음파 신호는 개는 들을 수 있는데 사람은 들을 수 없는 것이 맞나요?"

"그래 맞아."

"아, 이 모든 소리를 다 들을 수 있다면 얼마나 좋을까."

열한 번째 아침 식사

라이트 크림을 곁들인 오트밀

빛이란 무엇인가?

"오늘 아침에는 라이트 크림(유지방분이 적은 크림)을 곁들인 오트밀을 드릴 게요." 약간 쌀쌀하고 화창한 다음 날 아침 아내가 말했다.

"오늘은 빛에 대해 이야기하기로 해서 라이트 크림이 나올 줄 알았어."

"빛이 전자기파의 일종임을 맥스웰이 발견했다고 전에 말했죠. 그러면 맥스웰 이전에는 사람들이 빛에 대해 어떻게 생각했죠?"

"맥스웰은 지금부터 불과 100여 년 전에 그 사실을 발견했어. 그 훨씬 전부터 사람들은 가시광선에 대해 연구하고 사색했으며, 물리학자들은 최소한 300년 동안 빛의 여러 가지 성질을 이해하기 위해 노력해왔지. 재미있는 사실은 뉴턴의 친구이자 동료인 로버트 훅 Robert Hooke이 그때까지 알려져 있던 몇 가지 빛의 성질을 설명하기 위해 빛의 파동 모형을 옹호한 반면에, 뉴턴은 빛의 미립자적인 성질(빛은 미립자로 이루어져 있다는 뉴턴의 빛의 입자설)을 주장했다는 점이지. 커다란 벽 앞에 양초를 켜 놓고, 그 중간에 불투명한 물체를 놓아두면 벽에 선명한 그림자가 생기는데(그림 27), 뉴턴은 빛이 파동의 일종이라면 장애물에서 회절 현상 Diffraction Phenomenon을 일으키기 때문에 벽에 선명한 그림자를 만들 수 없다고 생각했어.”

“'미립자적'이라는 말이 무엇을 뜻하는 건가요?”

“미립자적인 것이란 어떤 것이 입자들로 이루어져 있다는 것이지. 뉴턴은 빛의 성질을 미립자론적인 관점에서 설명하는 방법을 찾고, 그 이론을 넓은 범위로 확대·발전시키려고 노력했는데, 사실은 당시에 이미 네덜란드의 과학자 크리스티안 호이겐스 Christiaan Huygens는 빛의 성질을 파동 모형을 사용해서 좀 더 우아하고 간단한 설명을 했어. 그는 빛이 입자라면 두 광선을 교차시킬 때, 두 무리의 화살을 서로 교차시킬 때처럼 서로 충돌하여 진로가 바뀌어야 하는데 실제로는 서로 영향을 받지 않고 독립적으로 진행하는 것에 대해 의문을 제기했지. 결국 이러한 사실을 보면 빛은 입자의 모임이라기보다는 파동이라는 설명이 더 타당하다는 것을 알 수 있지.”

“빛의 본질에 대해 두 유능한 과학자가 서로 다른 설명을 했던 거군요. 그런데 어떻게 결말이 났어요?”

“그리 오래 가지는 않았어. 이름에 걸맞게 뉴턴은 입자 이론에 몇 가지 문제점이 있는 것을 알았고, 그래서 빛의 파동 이론을 완전히 부정하지는 않았지. 하지만 입자론을 믿는 그의 추종자들은 그의 명성에 압도

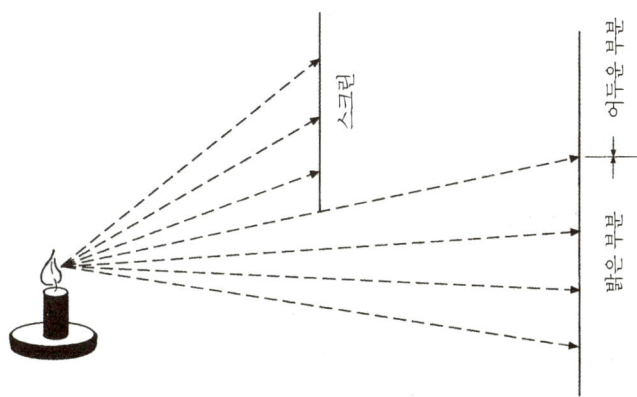

[그림 27] 촛불에서 나온 빛이 진행하는 경우에 불투명한 스크린을 놓으면 벽에 밝은 부분과 어두운 부분의 뚜렷한 경계가 나타난다. 이것은 빛이 직진하며 입자들의 성질을 나타낸다는 것을 의미한다.

당해 있었기 때문에 그와 배치되는 생각을 받아들이려 하지 않았어. 그래서 빛의 성질에 대한 입자론은 그 후 약 100년 동안 지배적인 이론이 되었지. 하지만 시간이 지나면서 점차 입자론의 지지자들이 줄어들었어. 19세기 초, 영국의 물리학자 토머스 영은 빛이 회절한다는 사실을 설득력 있게 보여주었어. 회절 현상은 입자론으로는 도저히 설명할 수 없는 것이었기 때문에 그의 실험은 빛에 대한 파동 이론의 우월성을 확신시키는 것이었지."

"우리가 19세기에 살았다면 맥스웰의 이론이 결국은 빛에 대한 입자론을 종식시키는 것을 볼 수 있었겠군요."

"그랬을 거야. 많은 물리학자가 19세기가 가기 전에 그런 결론에 도달했지. 그들 중 일부는 그때까지 발견한 물리학의 법칙들, 즉 뉴턴의 3가지 운동 법칙, 맥스웰의 4가지 전자기 방정식, 열역학 1·2의 법칙과 몇 가지 다른 법칙의 발견으로 물리학의 중요한 발견은 모두 이루어졌고,

덜 중요한 몇 가지 원리만 거기에 채워 넣으면 물리학이 할 일은 끝났다고 생각한 사람도 있었지."

"사람들이 그런 독선적인 이야기를 듣는다면, 자기만족을 분쇄시키는 드라마틱한 일이 꼭 생긴다는 것에 내기를 걸었을 텐데. 그런데 여기서는 어떤 일이 일어나죠?"

"한두 가지가 아니야. 빛이 파동적인 성질만 가지는 것은 아니라는 것을 보여주는 몇 가지 사건이 일어났지. 그 중에 가장 주목할 만한 것은 1899년 필리프 에두아르트 안톤 레나르트 Philipp Eduard Anton Lenard가 빛을 금속판에 비출 때 금속에서 전자가 방출되는 현상, 즉 광전 효과 현상을 발견한 것이지. 전자는 입자이기 때문에 빛을 파동으로 생각하면 빛이 운반하는 에너지는 금속에서 전자를 떼어낼 수 있을 정도로 집중될 수가 없는 거야. 물론 빛을 한 무더기의 구슬에 구슬 한 개를 던져서 다른 구슬을 튕겨내는 것처럼 설명할 수 있지."

"이제 문제가 생겼군요. 어떤 때는 빛을 파동으로 생각하고 또 다른 때는 빛을 입자라고 생각해야 하는군요. 물리학자들은 이런 문제를 어떻게 해결했지요?"

"간단한 문제가 아니야. 그래서 전설에 따르면 물리학자들이 월·수·금요일에는 빛을 파동으로 믿었다가 화·목·토요일에는 입자라고 믿은 것처럼, 경우에 따라 빛이 두 가지 성질을 다 가지고 있다고 하면 돼."

"그럼 일요일에는 무엇이라고 믿지요?"

"아마 대부분 교회에 가서 하나님의 안내를 받겠지."

"그 모순을 어떻게 해결했는지 잘 모르겠어요."

"1905년에 아인슈타인은 획기적인 논문 3편을 발표했는데, 그 중 하나는 빛이 입자의 성질과 파동의 성질을 다 같이 가지고 있다고 주장했어. 더욱이 이 사실을 증명하는 데 그는 광전 효과의 실험 결과를 사용했지. 의아하게도, 6년 전에 처음 광전 효과 현상을 발견한 레나르트는 그 공로로 그 해에 노벨물리학상을 수상했지. 또 16년 후, 아인슈타인은 광전 효과에 대한 탁월한 해석을 인정받아 노벨물리학상을 수상했어."

"그럼, 그의 획기적인 논문 중 나머지 2편은 어떤 건가요?"

"하나는 물질의 원자론에 확신을 주는 초 현미경적 입자의 브라운 운동Brownian motion*에 대한 논문이고, 하나는 상대성이론에 대한 것으로 20세기 물리학을 통째로 뒤흔들게 되는 논문이지."

"그런 일은 밤에는 일어나지 않겠죠?" 아내가 이야기를 끝내며 말했다.

어떻게, 무엇을 보는 것인가?

"어린 아이라도 무엇을 보려면 빛이 필요하다는 것을 금방 배우잖아." 나는 빛에 대한 이야기를 계속했다. "어떤 저명한 칼럼니스트 한 분이 어느 일간 신문에 우리가 공기 속을 지나가는 광선을 볼 수 있는 것은 공기 중에 흩어져 있는 먼지 입자들을 빛이 비추기 때문이라고 쓴 적도 있지. 그 사람은 광원을 직접 본 적이 없었을까? 어쨌든, 그 칼럼니스트의 말대로 먼지 입자들이 보이는 것은 먼지들이 입사된 빛들을 산란시켜 우리 눈으로 향하게 하기 때문이야."

"먼지 입자들은 빛을 어떻게 산란시키죠? 그리고 빛은 왜 장애물이나

---

* 액체 중에 떠 있는 미립자가 열운동을 하는 액체 분자나 원자와 끊임없이 충돌하여 나타나는 불규칙적인 운동이다.

좁은 틈을 지날 때, 파동이 진행할 때처럼 회절해서 통과하지 않고 곧장 직진하죠?"

"물체가 빛과 어떻게 상호작용하는지를 완전히 이해하려면 금세기 초에 이루어진 물리학의 몇 가지 획기적인 발견을 알아야 해. 이런 내용을 다루는 분야를 이전에 크리스티안 호이겐스 등이 경험적 관측을 통해 이룩한 기하광학과 구별하여, 금세기 초에 이루어진 물리학의 획기적인 발견을 물리광학이라고 부르고 있어. 지금 우리가 알고 있는 사실은 빛이라고 부르는 전자기파가 자신의 에너지 전부나 일부를 물질을 이루는 원자들에 나누어 주고, 이 원자들은 똑같은 빛을 모든 방향으로 산란시키는 광원 역할을 한다는 거지. 그렇지만 빛과 원자의 이런 상호작용을 몰라도 빛이 물질에 부딪쳤을 때 어떤 반응을 하는지는 연구할 수가 있고, 이것이 기하광학을 발전시킬 때 물리학자들이 사용한 방법이기도 해."

"예를 들자면 어떤 것을 말하는 거예요?"

"아주 멀리, 기원후 1세기경 알렉산드리아의 헤로_{Hero}는 빛이 광원에서 관측자의 눈으로 진행할 때 최단 경로를 선택한다고 주장했는데, 이 주장은 약 1,500년 후에 프랑스의 피에르 드 페르마 Pierre de Fermat(1601~1665)에 의해 빛은 최단 경로가 아니라 최단 시간이 걸리는 경로를 선택해 진행한다는 것으로 약간 수정되었어. 그렇지만 이것은 그렇게 중요한 건 아냐. 어쨌든 '페르마의 원리'는 빛이 어떤 물체에 입사하면 같은 각도로 반사한다는 빛의 반사 법칙을 유도하게 만들었지(그림 28). 빛이 진행하는 경로에 대한 그 밖의 다른 기하학적 관계도 곧 뒤따라 알려지게 되었어. 빛이 한 매질에서 다

┃ 피에르 드 페르마 페르마는 두 점 사이를 진행하는 빛은 기하학적으로 최단 시간이 걸리는 경로를 선택한다는 '페르마의 원리'를 주장했다.

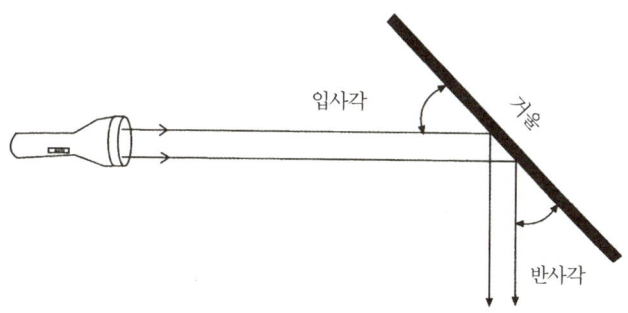

[그림 28] 광원에서 나와 어떤 입사각으로 거울에 도착한 광선은 같은 각도로 반사된다. 입사각과 반사각이 같을 때 광선이 지나는 경로가 가장 짧아진다.

른 매질로 진행할 때 그 경로가 꺾인다는 굴절* 법칙을 예로 들 수 있는데, 물에 들어가서 바닥을 내려다보면 원래 다리 길이보다 짧게 보이고 바닥이 실제보다 가까이 보이는 것은 바로 이 굴절 법칙 때문이야."

"기하광학을 실제로 어디에 적용하죠?"

"매우 많아. 헤로의 원리 이전에도 광택이 있는 표면에서 빛이 반사한다는 것은 잘 알려져 있었어. 아르키메데스Archimedes는 커다란 오목거울을 세워 놓아 거울의 초점이 접근하는 적의 맨 앞에 맞도록 할 것을 왕에게 조언했고, 이 방법으로 침입하는 적의 맨 앞을 불태워 그의 고향인 시러큐스를 구할 수 있었지. 오목거울은 거울에 평행하게 입사하는 광선을 그 거울의 곡률curvature 중심으로 모으도록 만든 것이고, 이와 반대로 볼록거울은 입사하는 광선을 그 거울의 곡률 중심에서 발산시키도록 만든 거야(그림 29). 이 모든 것은 헤로나 페르마의 원리와 일치하는 것이야."

---

* 빛이 한 매질에서 다른 매질로 진행할 때 매질에 따라 빛의 속력이 다르기 때문에 매질의 경계면에서 진행 방향이 변하는 현상이다.

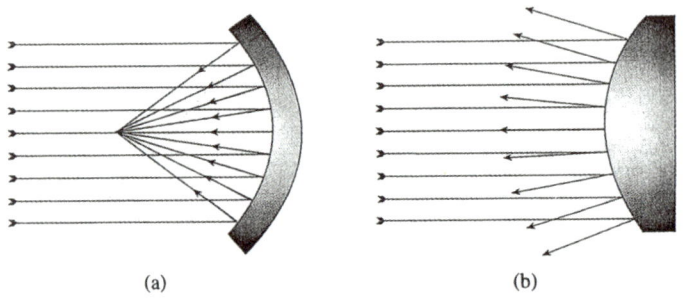

[그림 29] (a) 오목거울은 거울에 입사한 평행광선을 초점으로 모은다. (b) 블록거울은 거울에 입사한 평행광선을 분산시킨다.

나는 계속 말을 이었다.

"굴절 현상은 안경이나 현미경이나 망원경에 쓰이는 렌즈와 관계가 있지. 유리는 공기보다 밀도가 높기 때문에 유리에 들어오는 빛은 속력이 느려지는데, 이것이 공기에서 유리로 빛이 진행할 때 굴절이 일어나게 하는 원인이야."

"잠깐만요. 속력이 느려지면 왜 진로가 바뀌는 거죠?"

"비유적으로 설명하지. 건조한 땅을 행진하는 보이스카우트 대열이 갑자기 진로를 가로막는 진흙의 늪과 만났다고 생각해봐. 이 늪에 접근하는 평행한 보이스카우트 대열이 늪과 땅의 경계면과 일정한 각도를 이루고 있다고 가정합시다(그림 30). 늪에 도착하는 처음의 학생들은 속력이 느려지겠지. 마른 땅을 행진하는 학생들은 원래의 걸음걸이를 그대로 유지하겠지만 늪에 들어선 학생들은 대열 사이의 간격이 좁아지겠지. 그들이 마른 땅과 늪의 경계를 통과할 때 보이스카우트의 평행한 대열 간격이 좁아지면 대열의 진행 방향이 바뀌는 효과가 있겠지. 결국, 대열 사이의 간격이 좁아짐에 따라 그들이 전진하는 방향은 원래의 방향과 달라지지. 보이스카우트 대열 대신에, 가시광선의 평행한 파면이 같은 변화를 겪는다고 생각하면 돼. 이와 같은 생각은 바로 광파의 굴절에 대해 호이겐스가 제안한 방법이야. 이 방법은 매우 유용해서 지금까지도 기하광학을 가르칠 때 사용되고 있어."

"우리가 물체를 볼 때 굴절이나 반사로 인해 빛의 경로가 바뀌면 물체의 모양이 변하죠. 안 그래요? 예를 들어, 놀이 공원 등에 있는 구면거울을 보면 사람이 실제보다 훨씬 홀쭉하거나 뚱뚱하게 보여서 우습잖아요."

"맞아, 내 생각을 어떻게 알았지?" 나는 미소를 지으며 대답했다. "물체의 상을 작도作圖하는 것은 기하광학을 이용하면 되는데, 그리 어려운 건 아냐. 그렇지만 잘못 그리면 엉뚱한 결과가 나올 수도 있으니까 아주 조심스럽게 그려야 해. 작도 방법은 식사를 하면서 설명하기는 곤란한데."

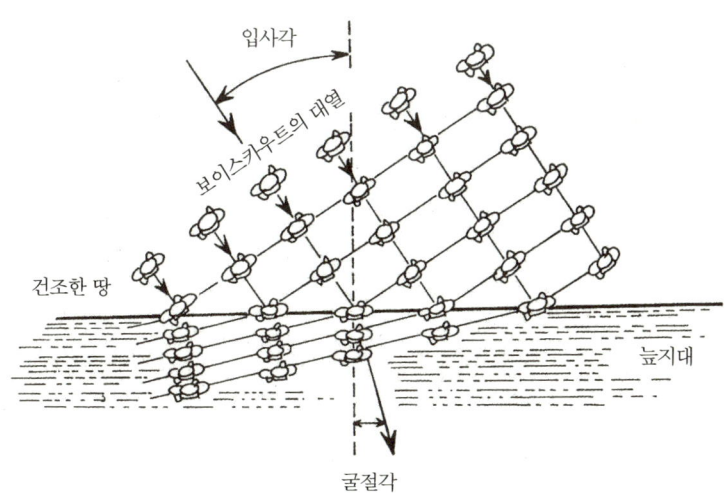

[그림 30] 평행한 파면들(또는 행진하는 대열들)이 굴절하면 파면의 진행 방향이 휘어져 속력이 느린 매질에서 각도가 작아지게 된다.

"거울에 내가 약간 날씬하게 보이면 좋겠는데. 그러면 멋있겠죠?" 아내가 재치 있게 말했다.

"거울을 사용하는 이유 중에는 그런 면도 있을 거야. 하지만, 거울을 통해 본 우리의 모습은 실제 상이 아니고 허상이라고 그래. 맨 눈으로는 볼 수 없는 물체를 렌즈를 이용해 확대해보는 것도 허상이야."

"어떻게 눈이 물체를 보게 되는 거죠?"

"눈은 대단한 광학적 도구의 하나라 할 수 있는데 그 구조는 간단한 카메라와 거의 같지만 그 생리학적 원리는 카메라와 비교할 수 없이 복잡하지."

"카메라가 어떻게 작동되는지는 잘 알아요. 카메라 앞부분에 렌즈가 있고, 렌즈 바로 뒤에 조리개가 있죠. 이 조리개는 셔터와 같이 사진사의 수동 조작에 따라 빛의 양을 조절하는 역할을 하죠. 조리개와 셔터를 통과한 빛이 카메라의 뒤쪽에 있는 필름에 상을 만드는 거예요. 조리개가 열리는 정도나 노출 시간은 사진사의 수동 조작에 따라 조절되는데, 새로 나온 카메라에는 날씨에 따라 자동으로 빛의 양을 조절하는 장치가 부착되어 있지요. 마찬가지로 상이 초점에 잘 맺히도록 렌즈와 필름 사이의 거리도 조절할 수가 있죠. 나는 우리 눈에도 렌즈와 홍채라 부르는 조리개가 있고, 눈꺼풀이 셔터 역할을 하는 것도 알아요. 눈의 뒤에 있는 망막은 필름 역할을 해서 상이 망막에 맺히게 되죠. 그렇지만 눈이 어떻게 상의 초점을 맞추는지 모르겠고, 또 망막에 맺힌 상이 어떻게 두뇌에 전달되는지도 모르겠어요."

"눈의 바깥쪽에는 볼록렌즈 같은 각막이 있는데, 이것은 들어오는 빛을 굴절시켜 눈의 중심을 향하게 하는 역할을 해. 각막 뒤에는 액체 속에 담긴 홍채가 있는데, 홍채의 색깔은 포함하는 색소에 따라 어두운 갈색,

밝은 하늘색, 청록색 등 다양하지. 홍채는 그 중심에 있는 동공을 통해 마치 카메라 조리개처럼 눈에 들어오는 빛의 양을 조절해. 동공은 어두운 데서는 확대되고, 밝은 곳에서는 축소되지. 그렇지만 동공은 카메라 셔터와 달리 빛이 아닌 다른 자극에 대해서도 반응하는데, 예를 들면 기분 좋은 자극을 갑자기 강하게 받으면 확대되기도 해."

"맞아, 맞아." 아내는 상기된 표정이었다. "경험이 많은 사람이라도 카드 게임 중에 아주 좋은 패가 들어왔을 때 다른 사람이 눈치 챌 수 있는 경우가 있어요. 동공이 다 말해주니까요. 같은 이유로 어떤 사람의 동공이 축소되면 그 사람 기분이 나쁘거나 적대감을 갖고 있다는 걸 알 수 있죠."

"훌륭해! 동공 바로 뒤에는 수정체라는 투명한 볼록렌즈가 있어 망막에 상을 맺게 하지." 나는 아내에게 눈의 대략적인 구조를 이해하기 쉽게 그려주었다(그림 31).

"이 렌즈는 눈 근육에 붙어 있는 가늘고 대단히 정교한 실에 의해 매여 있는 셈인데, 물체의 거리에 따라 이 근육이 렌즈를 두꺼워지게 하거나 구부려서 명확한 상이 생기도록 하는 거지. 이 렌즈는 나이가 들어갈수록 약간씩 불투명해지거나 단단해져서 점점 조절하기가 힘들어지고, 그래서 시력이 떨어지는 거야."

"빛이 망막에 닿아 물체의 상이 맺히면 망막은 어떻게 해서 그 상의 신호를 두뇌에 보내죠?" 아내가 참지 못하고 물었다.

"망막은 굉장히 특수하고 복잡하며 서로 연결되어 있는 시신경세포들이 평행한 층을 이루는 구조로 되어 있어. 이 층 하나하나마다 막대처럼 생긴 세포와 원추형의 세포들을 포함하는데 이것들은 들어오는 빛의 진동수에 따라 반응하는 작은 안테나 역할을 하지. 그래서 빛에 반응하는 정도에 따라 상이 망막에 맺히는 거야. 사람 눈은 가시광선 정도의 빛을

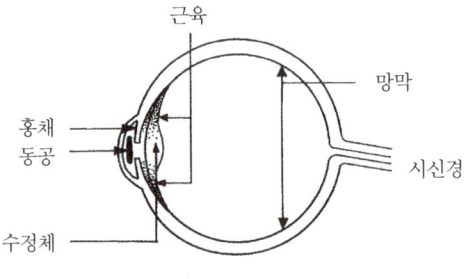

[그림 31] 사람 눈의 구조

볼 수 있는데 이것은 이 세포들이 이 영역에서 특별히 잘 반응하기 때문이야. 또 망막은 빛의 밝기도 구별하여 시신경을 통해 자기가 받은 신호를 두뇌로 전달하지. 이 시신경이 망막과 만나는 점은 막대형 세포나 원추형 세포가 없어서 광선에 둔감하고, 망막의 다른 지점에서 생긴 상을 두뇌에 전달하는 역할을 하지." 나는 잠시 생각한 후 말을 이었다. "당신이 알고 싶어 하는 것인지는 모르겠는데, 망막은 서로 다른 색깔이나 서로 다른 진동수의 빛에 대해 각각 다르게 반응하지."

"빛의 진동수가 다르다는 것은 무슨 말이죠?"

"그 질문에 대답하려면 다시 뉴턴으로 돌아가야 하는데, 뉴턴은 태양광선을 유리로 만든 프리즘에 통과시키는 실험을 했어(그림 32-a). 그 실험에서 그는 무색의 태양광선이 프리즘을 통과하면 붉은색부터 보라색까지 여러 가지 색깔의 빛으로 나누어진 스펙트럼*을 만든다는 사실을

---

* 빛을 파장에 따라 분해하여 배열한 것이다. 전자기 스펙트럼은 낮은 진동수의 전파(마이크로파 스펙트럼)에서부터 적색광과 자색광에 이르는 가시 스펙트럼과 고에너지의 감마선에 이르는 모든 전자기파를 포함한다.

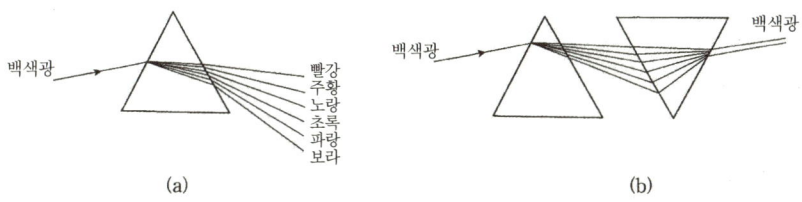

[그림 32] (a) 백색광이 유리로 된 프리즘을 통과할 때 여러 색깔로 분산되어 스펙트럼을 만든다. (b) 분산된 빛의 경로에 앞의 것과 똑같은 프리즘을 거꾸로 세워 놓으면 여러 색깔의 빛이 합쳐져 다시 백색광을 만든다.

알아냈지. 그래서 그는 백색광인 태양광선을 구성하는, 색깔이 다른 많은 빛이 유리로 만든 프리즘을 통과할 때, 약간씩 다른 속도로 진행하여 다른 각도로 굴절한다고 결론지었어."

"태양광선은 색깔이 다른 빛들이 모여 있는 것이고 그 빛은 유리에서 서로 다르게 굴절한다는 거죠? 그럼 왜 유리창을 통해서 들어오는 빛은 여러 색깔로 나타나지 않고 무색으로 보이는 거죠?"

"뉴턴은 이미 그런 질문을 예상하고 설명도 해놓았어. 그는 첫 번째 프리즘 뒤에 똑같은 프리즘을 거꾸로 세워 놓았어(그림 32-b). 처음의 프리즘에서 분산된 빛들이 두 번째 프리즘에는 서로 다르게 입사하겠지. 두 번째 프리즘에서는 앞의 것과 반대로 빛이 굴절하므로 두 번째 프리즘을 통과한 빛들은 합쳐져 백색광을 이루는 거지. 이것이 바로 백색광이 여러 색깔의 빛으로 구성되어 있다는 증거도 돼. 여러 가지 색깔의 빛을 다시 모아서 백색광을 만들 수 있으니까."

"알겠어요. 우리가 보는 유리창은 두 개의 프리즘이 서로 반대로 결합된 것과 같다는 거죠. 그래서 유리창을 통해서 본 빛이 무색이 되는 거군요."

"맞았어. 백색광이 여러 색깔로 이루어져 있다는 증거를 보려면 프리즘의 서로 맞은편 평면이 평행하지 않아야 되겠지."

"음, 깨진 유리의 마모된 면이나 다이아몬드 반지 등을 통해서 봐야겠군요. 그런데 우리가 자주 듣는 적외선이나 자외선은 뭐지요?"

"내가 전에 '초음파'는 진동수가 아주 커서 우리 귀로 들을 수 없는 소리라고 했던 것을 기억할 거야. 마찬가지로 자외선은 가시광선의 보라색 광선과 이어진 것으로 그 진동수가 아주 커서 사람 눈으로는 볼 수 없는 빛이라고 할 수 있어. 비슷하게, 적외선도 붉은색 바깥의 눈에 보이지 않는 빛을 말하는 거야. 우리가 한낮에 태양광선을 쬐면 적외선은 피부 조직에 흡수되어 피부를 뜨겁게 하고, 자외선은 피부의 세포에 흡수되어 피부를 검게 만들지."

"우리가 주위의 아름다운 색깔을 감상할 수 있는 것은 풍부한 태양광선이 있기 때문이잖아요. 그것에 대해 이야기해요."

색으로 가득 찬 세계

"우리는 맥스웰 덕분에 백색광이 적외선, 자외선, X선, 전파 등과 함께 연속적인 전자기파의 스펙트럼의 한 부분이란 걸 알지. 우리가 보는 각각의 색깔은 사실은 한 가지 파장이나 진동수를 가진 단색광은 아니고, 스펙트럼 상에서 한 부분의 진동수를 포함하는 빛들을 보는 거야. 같은 색이라도 어떤 진동수가 강한지에 따라 약간씩 다른 색으로 보이게 되지. 같은 파란색이라도 진동수가 높은 쪽의 보라에 가까운 파란색도 있고, 진동수가 낮은 녹색에 가까운 파란색도 있지. 모든 색 중에서 파란색, 붉은색, 녹색이 스펙트럼에서 차지하는 범위가 제일 넓고, 그래서 이 세 가지 색을 빛의 삼원색이라 부르는 거야."

"물체가 자신의 고유한 색을 띠는 것은 왜 그런가요? 물체에 그 색의 페인트를 칠해 놓은 거라고 말하지 말구요."

"당신이 이미 알고 있는데 어떻게 그런 소리를 하겠어. 어떤 물체에 전자기파가 닿으면, 다음 세 가지 중에 한 가지 현상이 일어나지. 첫째, 모든 복사선이 물체에 전부 흡수되는 경우, 우리는 그 물체를 흑체black body 라고 불러. 둘째, 그 반대는 모든 복사선이 물체 표면에서, 그 물체를 이루는 원자에 의해 재방출되어 산란되는 것으로 보이겠지. 이때, 관찰자에게는 모든 방향으로 빛이 재방출되어 산란되는 것으로 보이는 경우. 셋째, 가장 흔한 경우는 물체에 닿는 빛의 일부는 흡수되고 산란되는 경우야. 복사선의 에너지는 빛의 진동수에 비례하는데, 다양한 진동수의 빛을 포함한 백색광이 물체에 닿으면 흰 물체는 모든 진동수의 빛을 전부 산란시키고, 초록색 물체는 초록색의 광선을 주로 산란시키는 거지."

"그 말은 초록색 페인트에는 초록색광을 산란시키는 색소 같은 것이 들어 있다는 것이죠? 그러면 나머지 빛들은 어떻게 되나요?"

"초록색을 제외한 빛은 대부분 물체에 흡수돼. 그래서 초록색 잎에 붉은색 빛을 비추면 잎이 검은색으로 보이는 거지. 예를 들어 성조기로 설명해볼까. 백색광을 비추면 빨간색, 흰색, 파란색이 선명하게 보이지(그림 33-b). 자, 빨간색 빛을 비추면(그림 33-a) 어떻게 되지?"

"오! 빨간색 줄무늬는 그대로 빨갛게 보이는데, 흰색 줄무늬와 별들도 빨갛게 보이는군요. 전혀 구별할 수 없네요. 그런데 파란색 부분은 왜 검게 보이죠?"

"빨간색 빛은 파란색 물체에서 전부 흡수되기 때문에 반사해서 눈에 들어오는 빛이 없어서 검게 보이는 거야. 이제 파란색 빛을 비춰볼까(그

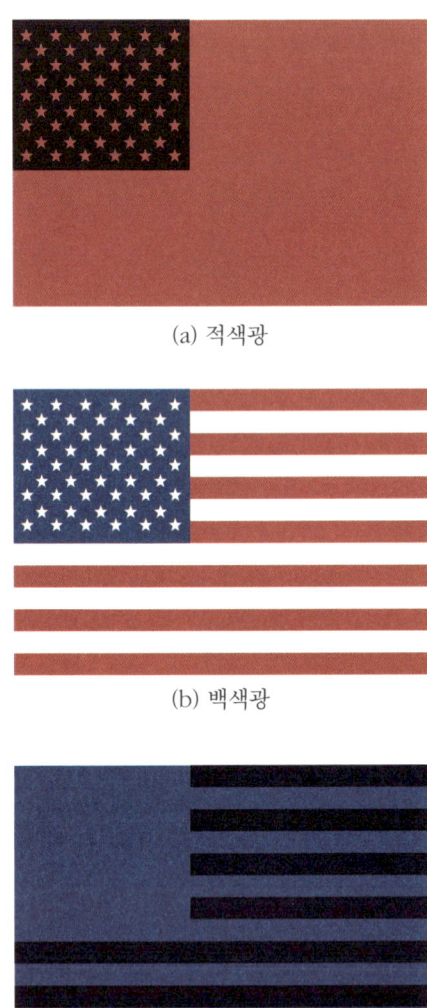

[그림 33] 여러 가지 색의 빛을 비추었을 때 나타나는 성조기의 모양.

림 33-c). 검게 보이는 것은 빨간색 줄무늬 부분이고, 원래 파란색과 흰색 부분은 파랗게 보이지?"

"오! 알겠어요. 그래서 여러 색깔의 옷이 태양 빛에서와 조명 기구 아래서는 서로 달리 보이는 거군요."

"그래. 예를 들어, 네온 빛은 파란색에 가까운 보라색 빛으로 빨간색 물체에 비추면 물체가 자주색 색조를 띠게 만들지. 또 하나의 예는 하늘의 색을 들 수 있는데, 공기를 구성하는 질소와 산소 분자는 주로 파란색 빛을 산란시키기 때문에 우리 눈에 하늘이 파랗게 보이는 거야. 또, 공기 중의 수증기는 적외선을 흡수하기 때문에 비가 오는 날에는 우리가 시원한 느낌을 받는 것이지."

"카리브 해나 지중해의 섬에서는 미국 동부의 해안보다 하늘이 파랗게 보인다는데 그것은 왜 그래요?"

"질소나 산소 분자 외에도 공기 중의 입자나 분자는 제각기 다른 색보다 잘 산란시키는 빛이 있어서 하늘의 색이 각각 다르게 보일 수 있는 거지. 즉, 자동차나 공장에서 나오는 매연의 다양한 먼지 입자 때문에 미국에서는 진정한 하늘의 색을 볼 수 없는 거야."

"그런 것 때문에 우리가 대기 상층부의 오존층에 대해 그렇게 관심을 가지는 건가요? 오존 분자는 태양에서 오는 해로운 자외선을 차단하잖아요."

"그래. 그런 점 때문에 오존층을 원래대로 놔두어야 하는 거야. 오존층의 파괴는 대부분 사람들에 의해서 일어난 것인데, 불행하게도 우리 주변을 보면, 현재에도 오존층을 파괴하는 합성 제품을 무차별적으로 사용하고 있지."

"공기 입자가 파란색을 더 잘 산란시키기 때문에 하늘이 파랗게 보이는 거라면, 붉은색 계통의 빛은 어떻게 되죠?"

"붉은색 빛도 조금은 산란되지만, 그 양이 아주 적어 우리가 느끼지는 못해. 붉은색을 느끼지 못하는 다른 이유는 우리 눈의 망막에 있는 세포가 파란색에 더 민감한 이유이기도 하지. 파란색 빛을 선택적으로 산란시키는 효과는 또 해가 질 때 나타나는데, 태양이 수평선 너머로 지려고 할 때 태양에서 나오는 빛은 한낮보다 훨씬 먼 거리를 지나오게 되지. 이때 대부분의 파란색 빛은 산란되어 흩어지고 남아 있는 붉은 빛이 우리 눈에 들어와 저녁노을이 그렇게 장관으로 보이는 것이야."

"낮에는 밝기만 한 태양이 아침저녁으로는 붉게 보이는 것도 같은 이유겠군요."

"음……. 당신이 그렇게 똑똑하니, 비 오는 날 무지개가 생기는 원리도 설명할 수 있겠군." 내가 약간 비꼬듯이 장난스럽게 말했다.

"흠……. 비 오는 날 공기 중에 물방울이 떠 있고 이 물방울은 프리즘처럼 색깔이 다른 빛을 각각 다르게 굴절시켜 결과적으로 태양 광선을 분산시키는 거죠. 맞아요? 그런데 비가 올 때 언제나 무지개를 볼 수 있는 건 아니잖아요. 그 이유가 뭐죠?" 아내가 잠시 생각하고 말했다.

"백색광이 분산되어 무지개를 만들 때 물방울에 입사되는 백색광과 분산되어 나온 빛 사이의 각도는 40~42도까지야. 따라서 무지개를 볼 수 있으려면 태양과 사람이 적당한 위치에 있어야 하고, 공기 중에 물방울도 풍부해야 돼."

"무지개가 옛날부터 있었다면, 그 원리를 처음으로 설명하게 된 건 언제죠?"

"1630년에 뉴턴이 처음으로 그 원리를 정확히 설명했다고 해."

"뉴턴은 빛의 입자적인 성질을 주장했다면서요? 어떻게 무지개를 입자적인 성질로 설명하죠?"

"쉬운 건 아니야. 그는 빛의 굴절에 대해 약간 구차하고 비유적으로 설명을 하긴 했지만 우리가 빛과 색깔에 대해 이해하는 데 많은 공헌을 했어. 또 하나 중요한 것은, 그는 자연적으로 일어나는 현상 대신에 실험실에서 조건을 통제하여 실험하고, 관찰하고, 조심스럽게 분석함으로써 빛의 성질을 알아냈다는 점이지. 그의 역학적 운동에 관한 이론이 과학적 사고에 미친 영향이 매우 크고 오랫동안 지속되었기 때문에 사람들은 가끔 그가 훌륭한 실험과학자라는 사실을 잊고 있지. 예를 들면, 그는 처음으로 흰 물체는 무지개 색의 모든 빛을 반사하기 때문에 흰색으로 보이고, 검은 물체는 그 반대로 무지개 색의 모든 빛을 흡수하기 때문에 검은색으로 보이는 것을 실험적으로 보여주었지. 그리고 빛의 본성을 좀 더 알게 해준 사람은 맥스웰이야. 그는 청색광, 녹색광, 적색광을 이용하면 백색광을 합성할 수 있음을 보여주었어. 오늘날 그 발견은 컬러텔레비전에 그대로 적용되어 세 가지 빛을 적당히 조합해 모든 색깔을 텔레비전 브라운관에 나타내고 있지."

"나는 어렸을 때 화가가 되려고 한 적이 있는데, 그때도 벌써 두 가지 색을 섞으면 다른 색을 만들 수 있다는 걸 알았어요. 그런데, 당신은 팔레트의 그 세 가지 색으로 흰색을 만들 수 있다는 건가요?"

"빛을 섞는 것과 물감을 섞는 것은 기준이 달라. 물감의 색은 그 색의 빛을 물감이 선택적으로 반사시키고 나머지 대부분은 물감이 흡수해 버리기 때문이지. 따라서 서로 보색 관계에 있는 물감을 섞으면 물감에 입사하는 빛을 거의 모두 흡수하게 되지. 그래서 물감을 많이 섞을수록 어두워지고 검은색에 가까워지는 거야. 이와 반대로, 빛은 섞으면 섞을수록 점점 밝아지고 백색광에 가까워지지. 또 이것은 약간 다른 이야기지만,

물감의 색을 보는 것이 주관적이라 서로 약간씩 다르게 볼 수도 있지."

"맞아요! 당신하고 나하고 어떤 물건의 색상에 대해 이 색이 맞느니, 저 색이 맞느니 하며 옥신각신한 적이 있잖아요."

"밝은 태양 아래서는 흰색으로 보이는 식탁보가 노란 촛불에서는 무슨 색으로 보이는지 주의해서 본 적이 있어? 그것은 우리 두뇌가 편견을 갖고 있기 때문이라고 말할 수 있을까?"

열두 번째 아침 식사

훈제 연어와 베이글

빛의 속력은 얼마나 될까?

"오늘 아침에는 훈제 연어와 베이글을 준비했어요." 아내가 어느 일요일 신선한 공기를 마시며 말했다. "제가 어렸을 때 친척들은 일요일이면 우리 집에 모여서 훈제 연어, 훈제한 흰 물고기, 베이글, 크림치즈를 먹었죠. 그래서 당신도 그분들 덕분에 특별 음식을 먹는 거예요."

"그래." 나는 기뻐하며 대답했다. "음, 친척relatives. 친척. 알았다. 오늘은 지난번의 빛에 대한 이야기와 연관되는 상대성이론에 대해 토론하기에 아주 좋은 날인 것 같군. 당신도 알고 있듯이 상대성이론은 관찰자에 따라 빛의 속력이 어떻게 달라지는가 하는 문제와 관련성이 있거든."

"우리는 어떤 것이 상대적relative이라고 말할 때, 무엇에 대해 상대적인지도 명시해야 하지요?"

"물론 그렇지. 예를 들면 물리학자들은 2차원에서는 두 가지 기준 축으로 이루어진 기준틀reference frame을, 3차원에서는 세 가지 기준 축으로 이루어진 기준틀을 사용하길 좋아해. 우리는 이러한 축을 서로 직각 방향으로 세우고 직각 좌표계라고 부르지. 이것은 최초로 르네 데카르트가 제안했고, 데카르트의 라틴어 이름인 카르테시우스Cartesius를 본 따서 그렇게 부르게 되었어."

"저는 그 유래는 처음 들어요. 심리학자들도 시간, 횟수, 그 밖의 변수에 따라 행동이 어떻게 변화되는지를 보여주는 그래프를 만들 때 자주 직각 좌표계를 사용하지만, 틀림없이 대부분의 사람은 그 이름이나 유래는 모르더라도 이 기준틀에 익숙해 있을 거라고 생각해요."

"좌표계는 특히 방향이나 공간 속의 물체의 운동을 기술할 때 사용하지. 그렇다면 우리가 사용하는 좌표계도 움직인다면 어떻게 될까? 기차가 지표면에서 시속 80킬로미터의 속력으로 달린다고 가정합시다. 그런데 지표면은 시속 1,600킬로미터의 속력으로 자전축을 중심으로 회전하고 있고, 또한 지구도 시속 11만 2,000킬로미터의 속력으로 태양 둘레를 돌고 있지. 그렇다면 기차의 실제 속력은 얼마일까?"

"우리에게는 분명히 시속 80킬로미터이지요." 아내가 재빠르게 대답했다.

"맞았어. 그러나 물리학자들은 이 우주 안에서 일어나는 어떤 사건에도 기준이 될 수 있는 하나의 기준틀을 정하려고 오랜 세월 동안 노력했지. 하지만 그들은 그런 기준틀을 계속 발견하지 못했어. 아인슈타인이 상대성이론을 세운 후에야 그 이유가 명백해졌지."

"그 이론은 굉장한 파문을 일으켰겠네요. 정말 그랬나요? 그리고 아인슈타인은 학교에서 절대로 모범적인 학생은 아니었다고 알고 있어요. 그는 틀림없이 오늘날의 영특한 아이들과 마찬가지로 선생님이 가르치는 공부가 지루했을 거예요."

"아인슈타인은 형편없는 학교 점수에 낙담하지 않고 스위스에서 가장 명성이 높은 과학기술협회에 지원했지. 그는 자신을 가르치던 선생님을 놀래 주기라도 하려는 듯이 시험을 두 번이나 치르고 나서야 입학할 수 있었어."

"인내가 또 다시 이겼군요!" 아내가 외쳤다. "나는 그의 상대성이론을 이해하고 싶은데 수학적으로 너무 복잡해서 어렵지 않을까요?"

"사실 특수 상대성이론에 사용되는 수학은 아주 간단해서 고등학교에서 대수학을 공부한 사람이면 누구나 이해할 수 있어. 나는 이 이론의 수학적인 결론만 이야기하려고 해. 모든 사람이 그 이론을 어려워하는 이유는 그것이 일반 상식을 무시하는 듯이 보이는 예언을 하기 때문이야. 아인슈타인의 이론이 예언하는 바가 오늘날 우리의 경험에 비추어 아무리 기이할지라도, 확실히 다른 조건하에서는 여러 번 실증되었다는 증거가 이미 많이 존재하거든."

"우리의 상식이란 것들은 10대 후반까지 습득된 편견에 지나지 않는다고 아인슈타인이 말하지 않았나요?"

"그가 그런 말을 했다고 나도 생각해. 그의 이론을 가장 쉽게 이해하기 위해서는 그가 1905년에 세운 두 가지 가설을 받아들여야 해. 첫째는 지극히 단순하지. 모든 기준틀은 등속으로 운동한다면, 다시 말해서 가속되지 않는다면 자연 법칙은 변하지 않는다는 내용이야. 둘째는 빛의 속력은 자유공간 내에서 일정하고 관찰자의 상대적 운동에 관계없이 일정한 값을 갖는다는 것이야."

"빛의 속력이 자유공간에서—내가 생각하기에 당신은 진공을 의미하는 것 같은데—일정하다고 인정하는 데에 무슨 문제가 있지요? 물리학자들이 지구상에서 중력 가속도가 일정하다는 갈릴레오의 가설을 받아들여도 문제는 없었잖아요."

"그 가설의 후반부, 즉 관찰자의 운동 여부와 관계없이 빛의 속력이 일정하다는 내용이 문제가 되는 거야. 우리는 일상 경험을 통해 4차선 고속도로에서 남쪽을 향하고 있는 차 두 대는 시속 80킬로미터로 나란히 달릴 수 있다는 것을 알고 있어. 그 차들이 그 속력으로 반대 방향으로 진행한다면 서로 160킬로미터의 속력으로 통과하겠지. 한 여행자가 빛과 같은 방향으로 행진한다고 가정합시다. 아인슈타인에 의하면, 그 여행자가 아무리 빨리 행진할지라도 빛은 그 사람을 일정한 속력으로 통과한다고 해! 당신이 그 사실에 놀라지 않았다면 그 여행자의 방향을 반대로 바꾸고 그의 속력을 거의 빛의 속력에 가깝게 증가시켜 보라고. 아인슈타인에 의하면, 여행자 쪽으로 진행하는 그 빛은 여전히 동일한 속력으로 그를 지나간다는 거야!"

"당신의 말뜻을 알 것 같아요." 아내가 조용한 소리로 말했다. "다만 우리가 알 수 있는 유일한 것은 거리와 시간을 측정하여 속력이 얼마인지 알아보던 그 방법을 아인슈타인은 어쨌든 변화시켰다는 것이네요."

"실제로 아인슈타인의 두 번째 가설에서 더욱 중요한 점은 일정한 속력으로 서로를 통과하는 두 관찰자에 대해 누가 운동하는지를 말할 수가 없다는 거야. 바꾸어 말하자면, 오로지 상대적 운동만이 물리적 의미가 있고, 이런 까닭에 상대성이론이라는 이름을 붙였어. 또한 이 이론에 의해 보편적 기준틀universal reference frame에서 각 운동을 기술하고자 했던 노력은 쓸모없는 일이 되었다는 것을 당신은 깨달아야만 해."

"와! 익숙해지려고 하네요."

정말로 상대적일까?

"배가 어떤 일정한 속력으로 해안가의 관찰자를 지나가고 있다고 가정합시다(그림 34). 그다음에 배의 좌현(해안가의 관찰자와 가까운 방향의 뱃전)에 서 있던 사람에게 배의 우현 방향으로 배를 가로지르며 지나가도록 한 후, 다시 배의 좌현으로 돌아오도록 시켰다고 합시다. 움직이는 그 배에 탄 사람은 보행자가 동일한 길을 왕복했다고 느낄 것이고(그림 34-a), 한편 해안가에 서 있던 사람은 보행자가 움직이는 동안 배가 자신을 통과해서 진행했으므로 보행자가 지나간 길은 더 길다고 느낄 거야(그림 34-b). 자, 그럼 배의 좌현과 우현 사이의 거리의 2배를 왕복 운동한 시간으로 나누면 그 배 위의 보행자가 움직인 속력이 얻어지겠지. 그러나 해

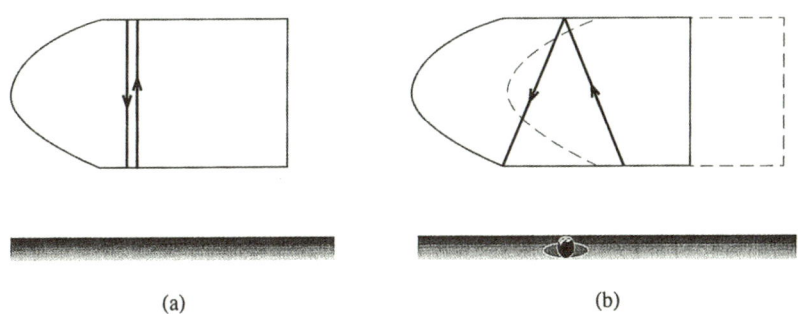

[그림 34] 왕복운동에서 지나간 길을 움직이는 배 위에서 본 결과 (a)는 해안가의 관찰자가 본 길(b)와 다르다.

안가의 관찰자는 보행자가 같은 시간 동안 더 긴 거리를 걸었다고 생각해서(그림 34-b) 속력 값을 더 크게 계산할 거야. 동일한 보행자의 속력이 이렇게 서로 달라진 것은 배의 속력을 감안하면 이해가 될 거야. 이 모든 계산은 간단한 대수학을 이용하면 가능하지."

"나도 그것을 할 수 있다는 뜻이에요?"

"당신도 할 수 있다고 확신해. 하지만 이제 상황을 조금 바꾸어봅시다. 배 위에 있는 사람은 걷는 대신에, 배의 좌현에서 우현에 있는 거울로 섬광을 보낸 다음, 거울에 반사되어 좌현으로 다시 돌아오게 한다고 가정합시다. 배 위의 관찰자와 해안가의 관찰자는 그 빛의 진행거리를 서로 다르게 측정했을 것이지만, 아인슈타인의 두 번째 가설에 의하면 그들은 동일한 속력을 측정할 것이라는 거야! 그러므로 필연적으로 내릴 수밖에 없는 결론은 움직인 시계는 계속 멈춰 있는 시계와는 시간을 다르게 측정했다는 것이야."

"잠깐만요. 어떻게 같은 시간 동안 시계들은 시간을 다르게 잴 수 있지요? 그것은 상식 밖이에요." 아내는 흥분된 목소리로 가로막았다.

"아인슈타인의 이론에서 나오는 결론은 기이하게 보일 거라고 내가 처음에 예고했잖아. 두 관찰자가 서로 거의 광속에 접근하는 속력으로 운동하지 않는 이상 우리는 일어나는 변화가 아주 작아서 관찰할 수 없기 때문에 얼토당토않은 소리로 들리는 거야. 그래서 우리는 일상생활에서 아인슈타인의 이론에 의해 제기되는 딜레마를 전혀 느끼지 못하고 있어."

"그렇다면 그 이론이 옳다고 증명할 방법은 무엇인가요?" 아내가 이의를 제기했다.

"당신이 원한다면 그 방법을 이야기해줄게. 하지만 잠깐만, 단지 간단한 대수학을 사용하여 그 두 시계를 조정할 수 있다는 것을 잘 기억해둬.

그런데 상대성이론에 의하면, 우리는 해안의 관찰자와 배 위의 사람 중에서 누가 운동하는지 알 수 없고, 다만 그들이 서로를 지나 운동하고 있다는 것만을 알 수 있다는 거지. 그렇다면 조정할 필요가 있는 것은 누구의 시계일까?"

"그야 뻔한 것 아니겠어요." 아내가 활짝 웃으며 말했다. "그것은 그렇고 이 맛있는 훈제 연어를 좀 더 드시겠어요?"

"정말 맛있어. 하지만 소금기가 있는 음식은 절제해야 해. 시계 이야기로 되돌아가서 매우 빨리 운동하는 시계는 시간 측정이 달라진다고 내가 강조했지. 이것은 환상이 아니라 현실이야. 몇 년 전에 아주 예민하고 정확한 원자시계 atomic clock를 실은 제트기 2대를 이용하여 증명했거든. 제트기 한 대는 지구의 자전 방향과 반대로 동쪽에서 서쪽으로 날아가고 있었고, 한 대는 서쪽에서 동쪽으로 날아가고 있었지. 예상대로 두 비행기에서 측정된 시간은 달랐지. 그 시계들을 워싱턴 시 부근의 해군연구소에 있는 같은 종류의 시계와 비교했을 때, 이 미소한 차이점들은 상대성이론의 예측과 정확히 일치했어."

"나는 아직도 그 개념이 명확하지 않아요. 우리가 광속에 가까운 속도로 날아가는 로켓을 타고 다른 로켓을 지나가면서 섬광의 속력을 측정한다면, 시계의 시간 측정이 달라지는 대신에 거리를 재는 데에 사용한 자에 변화가 생기지 않았다고 어떻게 장담하겠어요?" 아내는 끈기 있게 말했다.

"사실은 두 가지 모두 수학적으로 동일한 변화를 겪게 돼. 시간과 거리는 서로 분리하여 생각할 수 없다고 아이슈타인이 주장한 이유가 이것 때문이야. 그는 오히려 시간과 3차원 좌표가 어떻게 하나의 시공연속체를 이루는지 보여주었어."

"시간이 4차원이라고 불리는 이유가 그것인가요? 내가 어렸을 때 친척들이 이 대화를 우연히 들었다면, 그들이 어떻게 생각했을지 궁금해요."

상대성이론에 대한 패러독스와 블랙홀

"상대성이론은 진짜 패러독스paradox인 듯이 보인다는 것 외에는 문제될 것이 없어."

"지금 당장은 내가 무엇을 확신하는지 확실치는 않을지라도, 나는 패러독스의 뜻이 무엇인지 알고 있어요. 그런데 당신은 어떻게 그런 용어를 사용하지요?"

"패러독스란 겉으로는 일상적인 확신이나 일반 상식에 모순인 것처럼 보이지만 사실임이 드러난 명제를 말하지. 과거 그리스인들은 궤변적인 문제들을 매우 좋아했어. 발 빠른 아킬레스는 한 마리 거북이를 앞서가도록 한 후, 그 느린 거북이를 따라 잡으려 했어. 거북이가 출발한 지점에 아킬레스가 도착할 때 거북이는 조금 더 앞서서 가고 있겠지. 아킬레스가 그 지점에 도착하면 거북이는 조금 더 앞서서 갈 테고. 거북이가 지나가는 각 지점에 아킬레스가 도착할 때마다 같은 일이 반복되겠지. 이러한 이유로 분명히 아킬레스는 거북이를 따라 잡을 수 없다고!"

"그 이야기를 전에 들은 기억이 나요. 제논의 패러독스로 알려져 있지 않나요? 그것은 합리적으로 들리지만, 운동이 연속적인 것이 아니라 정지한 후에 다시 출발하는 식으로 진행하는 것이라는 잘못된 전제에서 비롯된 내용이에요."

"그 점은 제논의 많은 패러독스에서 볼 수 있어. 그것들은 재미있게 두

뇌를 자극할 수도 있지만, 모두 어떠한 잘못된 전제에서 출발한 것이지. 아인슈타인은 상대성이론을 발표한 다음 해에 그의 이론을 시험해보는 사람들이 직면하는 어려움을 깨닫고, 그가 자신의 이론을 반증할 수 있음을 보여주기 위해 겉으로는 역설적으로 보이는 질문을 생각해내려 했어. 그는 일란성 쌍둥이 중에서 한 명은 우주로 왕복 여행을 보내고 한 명은 지구에 남겨놓는 사고실험을 했어. 아인슈타인의 이론에 의하면 우주 여행자가 왕복 운동하는 동안에 광속에 가까운 속력으로 등속 운동을 한다면 그 사람은 지구에 남아 있는 쌍둥이보다 나이가 적을 것으로 예상된다는 거야. 하지만 두 사람이 계속 눈을 가리고 있었다면 운동이란 결국 상대적이기 때문에 두 사람 모두 여행한 사람이 될 수 있다는 것을 아인슈타인은 주장했어."

"어서 말해봐요. 정말로 더 젊은 사람은 누구였지요?" 아내가 윙크하며 물었다. "나도 그 사람처럼 하고 싶거든요."

"이 패러독스는 여러 해 동안 물리학자들을 혼란스럽게 만들었어. 왕복 여행한 쌍둥이는 광속에 가까운 속력에 도달하기 위한 매우 격렬한 가속도로 지구에 있는 더 나이든 쌍둥이를 만나기 전에는 같은 크기의 격렬한 감속도를 겪어야만 한다는 사실을 고려함으로써 그 점은 해결될 수 있어. 이러한 속력 변화를 적당히 감안할 때, 그 여행자가 더 젊을 것이 분명해질 뿐만 아니라 그 사람만이 속력이 변할 때 느껴야만 했던 불쾌감을 너무나도 잘 알고 있는 유일한 사람이거든."

"그 이야기를 들으니 비행 조종사들이 거대한 가속도를 견뎌내는 시험 장면을 텔레비전에서 본 기억이 나네요. 고통스럽게 일그러진 그들의 얼굴을 보고, 얼굴의 주름을 펴는 고통이 더 심할지도 모른다고 생각했어요."

"자연스럽고 고상하게 나이를 먹어야 가장 바람직하지. 그런데 내가 당신에게 아인슈타인 이론의 실험적 입증에 대해 설명해주기로 약속했지. 우리는 지구상의 입자 가속기에서 생성되거나 지구의 상층 대기권을 때리는 우주선에 의해서도 생성되는 원자 내 입자인 뮤온$_\mu$(중간자의 한 종류)이 존재한다는 것을 알고 있어. 가속기에서 생성되는 뮤온은 대개는 광속의 $\frac{1}{10}$의 속력으로 운동하고 붕괴하기 전의 평균 수명은 $\frac{1}{1,000,000}$초 정도지. 대기권의 바깥층에서 생성되는 것들은 매우 빠르게 운동하지만, 평균 수명은 $\frac{1}{10}$만큼 짧지. 뮤온의 알려진 속력과 지구까지의 거리를 이용하여 지구에 도달하는 데 필요한 시간을 계산하면, 거의 수명의 10배임이 분명하거든. 그러므로 외부의 뮤온들은 우리에게 도달할 수 없어야만 하지. 그러나 여전히 우리는 그런 뮤온이 항상 지구에 도달하는 것을 관찰하고 있으니! 우리는 상대성이론에 의해 예견된 대로 시간의 상대적 수정을 이용하여 이 명백한 패러독스를 해결할 수 있어."

"당신은 거의 광속으로 날아가는 물체에 시간은 더욱 천천히 진행한다고 말하고 있나요?" 아내는 이해하려고 노력했다. "쌍둥이 중에 우주 여행자가 더 젊은 상태로 남을 수 있었던 방법이 그것인가요?"

"정확히 맞추었군! 그 사실을 더 확실하게 하는 경우가 가속기에서 생성되는 뮤온은 속력이 다른 두 그룹으로 나뉠 수 있어. 위와 같이 빨리 운동하는 뮤온은 더 느린 것보다 아인슈타인의 이론이 예견하는 양만큼 정확히 오래 생존하거든."

"우리의 수명을 연장하기 위해서는 가능하면 빨리 움직이라고 아인슈타인이 알려주고 있나요? 아니면 우리가 더 빨리 움직일수록 우리는 더 많은 장소를 밟을 수 있다는 것이 바로 사실인가요?" 아내는 생각에 잠기면서 크게 말했다. "그리고 뉴턴과 그의 중력 이론은 어떻게 되었나요?"

"중력 이론은 여전히 우리 주변에서 잘 적용되고 있어. 실제로 20세기의 물리학은 대응 원리를 받아들였는데, 어떤 새로운 이론은 자신이 대신한 그 전의 입증된 이론과 모순이 없어야만 한다는 내용이지."

"우주선 여행은 어떤가요?" 아내가 다시 물었다. "그것도 상대론적 변화에 관한 고려가 있어야 하나요?"

"아니면서도 그렇다는 것이 나의 역설적 대답이야." 나는 장난스럽게 대답했다. "우주선은 상대론적으로 영향을 받을 만큼 빠르게 여행하지 않고, 다만 중력의 영향을 받지 않는 환경에서 여행하는 거야. 그런데 그 우주선이 아인슈타인에 의해 이룩된 더 나은 발전을 설명할지도 몰라. 우주 여행사를 생각합시다. 그를 진이라고 부를게. 어떤 행성들의 강력한 중력장에서 멀리 떨어져서 일정한 속력으로 날아가고 있었어. 우주 여행사에 대한 텔레비전 프로그램에서 우리가 보았듯이 진은 무중력 상태에 있기 때문에 진이 손에 들고 있던 공을 놓으면 공은 그 자리에 떠 있게 되지. 그러다가 그 순간에 우주선의 뒷부분에서 로켓이 점화되어 가속하면 진과 공은 오른쪽 방향으로 작용하는 가속도를 느끼게 되고 왼쪽 방향에 있는 우주선 바닥으로 '떨어지게' 될 거야. 사실, 이 가속도를 지구 중력에 의한 가속도에 필적한다면 진과 그 공은 바로 지구에서 잡아당기는 중력을 느끼는 것처럼 반응할 거야."

"이 가속도가 진을 더 젊어지게 만들까요?" 아내가 재빠르게 물었다.

"그 가속도를 느낄 때, 진은 우주선에서 생활과 우주선이 발사대에 놓여 있을 때의 생활의 차이점을 구별할 수 있겠지. 다음에는 그 우주선이 가속되는 동안, 운석 하나가 우주선의 벽면을 뚫고 들어왔다고 가정해봅시다. 그 운석은 지구의 탄도 미사일과 같이 바닥 쪽으로 곡선을 그리며 떨어지겠지(그림 35). 반면에 한 관찰자가 멀리 떨어져 있는 별에서 이 광

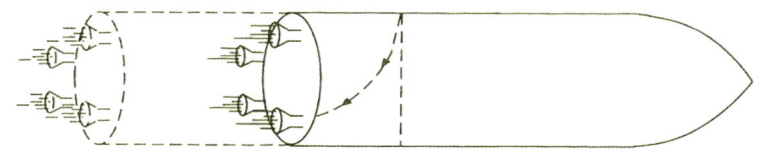

[그림 35] 오른쪽으로 가속도 운동하는 우주선의 한쪽 벽을 뚫고 들어온 운석은 우주선 안에서 점선으로 나타낸 경로를 따른다. 따라서 우주선 속의 관찰자에게는 운석이 우주선의 바닥으로 떨어지는 것처럼 보인다.

경을 지켜보았다면, 우주선의 바닥이 오른쪽으로 빠르게 날아가는 동안 그 운석은 계속 직선운동을 한다고 보았겠지. 그 운석의 행로를 옳게 기술한 것은 어느 것일까? 진이 본 곡선 행로일까? 아니면 별에 있는 우주의 관찰자가 본 직선 행로일까?"

"진과 그 우주선이 무사히 남았다면 나는 언제라도 우주의 관찰자보다는 훌륭한 진의 손을 들어주겠어요." 아내가 충성스럽게 선언했다.

"역시 현명하군. 당신이 우주선의 가속도를 계산에 넣는다면 그 상황은 수학적으로 특히 더 복잡해지거든. 사실 아인슈타인이 그의 최초의 특수 상대성이론을 일반 상대성이론으로 확장하는 일에 착수했을 때, 그에 필요한 수학은 그 이전에는 존재하지 않았기 때문에 새로 만들어야만 했지."

"뉴턴도 그의 역학 법칙들을 이끌어내기 위해 수학적 계산을 창안하지 않았나요?"

"그랬지. 그렇지만 뉴턴이 그의 이론들을 '프린키피아'에 발표했을 때, 그는 현명하게 대수학과 평면 기하학 정도만 사용했지. 그런가 하면 아인슈타인은 처음에는 단지 일정한 속력에서 상대적인 운동만을 고려했어. 그러나 곧 그의 시공 연속체에서 중력의 효과 같은 것을 포함시키는 일이 필수적이라는 것을 깨닫게 되었지. 그로부터 두 점 사이의 가장 짧은 거리는 직선이 아니라는 등의 다수의 기이한 결론이 얻어졌어."

"두 점 사이의 가장 짧은 거리가 하나의 직선이라는 것은 모든 학생이 다 알고 있는 사실이에요."

"평평한 평면에서는 사실이지." 나는 인내심을 가지고 대답했다. "하지만 3차원 세계에서는 그 간단한 규칙은 수정되어야 해. 뉴욕에서 도쿄까지 날아가는 비행기를 생각해봅시다. 지표면은 구면이기 때문에 비행기가 직선 방향으로 나르려 한다면 둥근 지구와 충돌할 거야. 그래서 그 대신에 측지선geodesic line(곡면 위에서 두 점을 연결하는 최단 거리)이라는 곡선 행로를 따르는 거야. 지구에서 우리는 이것을 대권항로라고 부르는데, 이것이 지표면의 두 점을 연결하는 가장 짧은 길이 되는 거야."

"아인슈타인의 일반 상대성이론을 뒷받침해주는 어떤 실험적인 증거가 있나요?"

"태양과 같은 거대한 별은 그 부근을 지나가는 빛들의 직선 행로를 휘게 할 수 있다는 직접적인 증거가 있을 뿐 아니라 우주 공간에 존재하는 훨씬 더 거대한 물체들이 막대한 중력으로 그 옆을 지나가는 빛을 휘어지도록 만든다는 사실을 알고 있어. 실제로 아인슈타인의 이론은 수성이 뉴턴 역학이 예견한 길에서 조금 벗어나 있다는 것을 설명하는 데 즉시 적용되었어. 더욱 중요한 점은 과학자들이 우주에 대한 우리의 개념들이 수정되어야만 한다는 것을 제때에 깨닫기 시작했다는 것이지. 여기서부터 우주가 어떻게 시작되었고 어디를 향하고 있는지에 대한 다수의 새로운 발견을 하게 되었지."

"우리가 우주론을 이야기하는 중이라면 블랙홀[*]이 도대체 무엇이든 간에, 아인슈타인은 그것을 무엇이라고 이야기했나요?" 아내가 가로 막았다.

"18세기 말경에 블랙홀의 존재가 거론되었지만, 아인슈타인이 직접적으로 블랙홀을 고려했는지는 모르겠어. 그때는 빛을 입자라고 생각했기 때문에 매우 거대한 별의 중력이 그 별에서 만들어진 광입자들을 끌어당겨 그 별을 벗어나지 못하게 할 거라는 주장이 의미가 있었다는 것을 당신도 기억할 거야. 따라서 그러한 거대한 별들은 '검거나' 지구의 관찰자가 볼 수 없다고 생각했어. 100년이 지나 빛에 대한 파동 이론이 우세하게 되었을 때, 그러한 검은 별들이 존재할지도 모른다는 생각은 신뢰를 잃었어. 빛은 파동이면서 입자라는 아인슈타인의 가설이 다시 한 번 이 생각을 유행시켰지."

"그것들이 정말로 볼 수 없는 별이라면, 왜 검은 구멍 black hole 이라고 불리는 건가요?" 아내는 재빨리 물었다.

"오늘날에는 지구에서나 우주 공간에서 망원경으로 볼 수 없는 우주에는 많은 물질이 존재한다는 사실을 아무도 의심하지 않아. 어떤 것은 아주 거대해져서 중력장이 그 별을 아주 작고 밀도가 높은 질량체로 붕괴시키는 거대한 별의 형태로 있어. 어떤 점에서는 중력장이 아주 강력하여 눈에 보이던 빛을 그 별에서 빠져 나오지 못하게 하기 때문에 블랙홀이 탄생하는 거야. 그 이름의 기원은 역사적이지."

"그래서 아인슈타인이 에너지와 질량의 등가성을 처음으로 설명했군요. 이것 때문에 그는 광자(전자기파를 구성하는 질량이 없고 에너지 덩어리이며 빛의 입자적인 성질을 나타낸다)가 파동으로 표현될 때는 에너지의 한 형태일 수 있고, 입자로 표현될 때는 질량의 형태일 수 있다는 가설을 세운 것이

---

* 중력이 아주 커서 빛조차도 빠져나갈 수 없는 밀도가 아주 큰 별이다. 이 때문에 검은 구멍으로 불리며 질량이 매우 큰 별의 진화 마지막 단계에서 붕괴되어 만들어진다.

지요." 아내는 완전히 알아두기 위해 요약했다. "결국 그는 천체 관측은 올바르게 해석되어야만 한다는 것을 보여주었군요. 첫 번째 대학 입학시험에서 떨어진 젊은 청년이지만 참 훌륭하네요."

열세 번째 아침 식사

파리나

양자의 존재를 믿는 사람이 있을까?

"오늘은 아침 식사로 준비할 파리나 Farina(곡물로 만든 시리얼 식품)와 관련 있는 물리 이야기를 해줄 수 있어요?" 아내는 눈을 반짝이며 말했다.

"당신이 계피가 들어 있는 설탕을 준다면 이야기해주지." 나는 적당한 주제를 찾기 위해 생각에 잠겼다. "가만있자, 당신이 그릇에 있는 파리나를 멀리서 본다면, 그것은 하얀 연속체로 보일 거야. 하지만 가까이 다가가서 보면 파리나는 하나하나뿐만 아니라 전체적으로도 동일한 곡식 알갱이로 이루어져 있다는 것을 확실히 알게 되겠지. 어떤 연속체인 물체를 구성하는 개별 단위의 집합체로 나타낼 수 있다는 아이디어를 1900

년 독일의 한 과학자가 처음으로 생각해냈지."

"당신이 지금 말하는 것이 물질의 원자론이라면, 내 생각으로 그것은 1900년보다 훨씬 전에 제안된 것으로 알고 있었는데요."

"나는 원자 개별의 성질이 실제로 원자들이 형성하는 물질의 속성들과는 완전히 다르다는 원자론에 대해 말하는 게 아니야. 그보다도 우리가 예전에 아침 식사를 하면서 이야기했던 물리학의 중요 개념인 에너지에 대해 생각해봐요. 우리가 에너지를 직접 관찰할 수는 없지만, 그것이 만들어내는 일을 측정할 수 있으므로 에너지가 존재한다는 사실을 알 수 있다고 했지. 예를 들어 흐르는 시냇물은 증기 구동 외륜paddle wheel을 회전시킬 수 있고 외륜은 발전기를 돌릴 수 있지."

"그리고 발전된 전기는 나중에 모터보트를 작동시킬 수 있는 전지를 충전할 수 있죠." 아내가 한마디 거들었다. "나는 에너지 변환과 보존에 대한 이런 예를 모두 기억해요."

"맞아. 에너지에 대한 이런 개념이 마침내 19세기에 받아들여졌을 때, 에너지가 연속적인 방식으로 변한다고 생각하는 것은 아주 자연스러운 일이었지. 예를 들어 운동하는 물체의 속력을 증가시키면, 물체의 운동에너지는 속력의 제곱에 비례해서 증가하지. 속력은 연속적으로 변할 수 있으므로 에너지도 계단식으로 변한다기보다는 연속적으로 변할 수 있다고 생각한 것이지."

"에너지가 단지 물리학자들의 편리한 발명품이고 볼 수조차 없는 것이라면, 굳이 에너지가 파리나처럼 개별 덩어리로 구성되었다고 주장하는 이유는 무얼까요?"

"노벨상을 타기 위해서?" 나는 익살맞게 물었다. "전기레인지 위의 버너나 뜨거운 석탄불 위에 놓인 쇠막대를 상상해봅시다. 막대는 처음에 빨

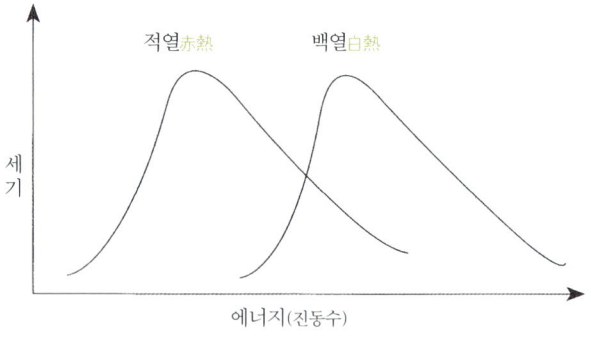

[그림 36] 두 가지 다른 온도로 가열된 금속의 복사 곡선. 온도가 높을수록 전체 스펙트럼과 최대 세기가 에너지가 더 높은 쪽으로 이동한다.

갛게 변하다가 점점 더 뜨겁게 달구어지면서 하얗게 빛나기 시작하지."

"거기서 '새빨갛게 단red hot'과 '백열의white hot'라는 표현이 유래했나요?"

"그럼 물론이지. 실제로 당신이 색깔에 따른 빛의 세기나 방출된 에너지의 세기를 측정해보면, 방출된 색광의 에너지가 증가함에 따라 세기의 분포가 더 높은 진동수 쪽으로 이동함을 알게 될 거야(그림 36). 물리학자들은 19세기가 끝나기 전에 이러한 분포를 잘 관찰하기는 했지만 그들이 관찰한 결과를 설명하기 위해 제안된 이론들은 단지 제한된 성과밖에 거두지 못했지."

"이 문제는 열역학 법칙을 적용시키기에 아주 적합한 문제라고 생각되는데요."

"당신 말이 맞아." 나는 기쁘게 인정해주었다. "그런데 문제는 여기에 있어. 19세기 말에는 쇠막대가 각각의 철 원자로 구성되어 있다는 것을 일반적인 사실로 받아들였지. 어느 누구도 이 원자들에 대해 자세히 알지는 못했지만, 원자들이 각각의 운동 에너지를 증가시켜 열을 흡수할 수 있고, 이어서 빛의 형태로 그 에너지를 재방출(복사)할 수 있다고 생각하는 것은 옳았어. 당신이 옳게 지적했던 것처럼, 이와 같은 모형은 무수히 많은 철 원자가 관련되어 있으므로 통계적인 열역학으로 분석되어야만 하지. 사실, 여러 이론이 제시되었지만 이들은 실험적으로 관측된 빛의 복사를 완전하게 설명하지 못했어."

┃막스 카를 에른스트 루트비히 플랑크 플랑크는 열역학을 연구하고 열복사 이론에 양자 가설을 도입하여 양자 물리학의 이론을 개척하여 1918년에 노벨물리학상을 받았다.

"내가 에너지에 대해 알고 있는 많은 부분과 다른 것 같아요."

"이번에도 당신의 생각이 정확하군. 매우 존경받던 독일의 열역학 교수의 한 제자인 막스 카를 플랑크Max Karl Ernst Ludwig Planck는 여러 이론 중에서 관측된 자료와 가장 잘 들어맞는 이론을 찾기 위해 주의 깊게 연구하기 시작했지. 그는 물리학 교수가 된 후, 실험적으로 관측된 복사 곡선들과 이론적으로 계산된 복사 곡선들을 서로 일치시키는 일을 시작했어. 이 일은 금속의 온도가 상승함에 따라 관측되는 연속 스펙트럼의 최대 세기가 파장이 더 짧은 쪽(진동수가 더 큰 쪽)으로 이동한다는 사실을 이끌어내는 것이었어(그림 36). 더구나 모든 금속은 가열될 때 이와 유사한 스펙트럼을 방출하므로 이 이론은 금속의 종류와는 관계없이 성립되어야만 했지."

"열역학적인 관점에서는 별로 어려운 일이 아니라고 생각되는데, 열역학은 모든 것을 수학적으로 다루기 때문에 어떤 종류의 원자들이 가열되고 있는 금속을 구성하는지에 대하여 상세하게 설명하지 않은 것 같아요."

"실제로 플랑크는 여러 모형을 시도해 보았지만 성공하지 못했어. 마침내 1900년, 그는 실험 결과와 일치하는 이론적인 공식을 제시했지만 물질의 특성에 대해 갖고 있던 기존의 사고와 일치시키는 데는 실패했지."

"이겼다!" 아내는 요한 슈트라우스Johann Strauss의 오페라 〈박쥐Die Fledermaus〉의 3막에 나오는 술 취한 교도관의 유명한 말을 흉내냈다(그녀는 자신에게 건 내기에서 이긴 후 탄성을 질렀다). "나는 에너지에 대한 사고의 대변혁이 일어날 것이라 예측했어요."

"플랑크에 의해 시작된 대변혁은 그가 상상했던 것보다 훨씬 큰 파란을 일으켰지. 플랑크는 원자들이 연속적인 양—그는 그때까지 고전적인 이론과 조화를 이루었다고 믿었다—이 아닌 불연속적인 양의 에너지를 흡수한다고 생각해야만 실험 결과와 일치시킬 수 있다는 것을 발견했어."

"요점을 설명해주세요. 나도 목걸이에 있는 불연속인 구슬의 집합과 연속적인 실이나 줄과의 차이점 정도는 알고 있어요. 하지만 이것이 어떻게 에너지의 개념을 설명할 수 있다는 건가요?"

"우리가 먹는 파리나에 대해 내가 했던 말 기억나? 그때 나는 연속적인 것으로 볼 수 있지만 실제로는 불연속적인 곡식 알갱이로 이루어져 있다는 것을 지적했지. 파리나가 있는 그릇과 진짜 연속적이며 불연속적인 부분을 찾아볼 수 없는 젤리가 들어 있는 그릇을 잘 비교해봐."

"알았어요." 아내는 기쁘게 말했다. "뜨거운 쇠막대에서 방출하는 복사 곡선의 에너지 분포(그림 36)는 연속적인 것처럼 보이지만 실제로는 아주 작은 불연속적인 에너지 단위(알갱이)로 이루어져 있다는 말이죠."

"바로 그래. 플랑크의 가설은 에너지의 흡수에 적용되었는데, 그것은 허용된 양자(플랑크 상수로 표시되는 가장 작은 에너지의 단위처럼 어떤 물리량의 가장 작은 단위)들이 플랑크$_h$가 양자(알갱이 또는 덩어리)라 부른 에너지의 기본 단위의 정수배인 에너지를 가질 때만 성립했어. 이 가설이 왜 관측된 복사 곡선과 완전히 일치하는지에 대해 플랑크 자신도 매우 놀랐지. 그 결과 그의 새 이론을 다른 현상에 적용시키려고 하지도 않았던 거야. 이 일은 다른 사람들이 하게 되었지."

"한 가지 이해되지 않는 것이 있어요. 가열된 금속이 방출하는 스펙트럼은 모든 에너지를 갖는 빛의 연속체인데, 원자들이 불연속적인 양자들로 이루어진 열을 흡수하는 이유는 무일까요?"

"그것 역시 플랑크를 괴롭혔던 부분이지. 5년이 지난 후, 아인슈타인은 방출되는 빛 역시 광(양)자라 불리는 불연속적인 에너지 다발로 이루어져 있다고 제안했지. 아인슈타인은 광전 효과에 대한 해석으로 노벨물리학상을 타게 되었는데, 광자들은 플랑크가 제시했던 플랑크 상수 h에 의해 결정되는 에너지 기본 단위의 정수배에 해당하는 에너지를 갖는 입자들처럼 행동하며, 이 광자들이 금속에 충돌하여 전자를 방출시킬 수 있었다고 설명했지. 플랑크가 가설을 발표한 지 10년 후 아인슈타인은 플랑크를 비롯한 청중들에게 이러한 생각을 설명했는데 이는 물리학 역사의 한 페이지를 장식하게 되었어. 그의 설명이 끝날 무렵, 플랑크는 아인슈타인에게 자신의 양자이론을 지지해준 것에 대해 감사를 했지만, 그것을 확대시켜 다른 물리 현상에 포함시키는 것은 조심하라고 당부를 했어."

"양자이론은 이보다 훨씬 넓은 범위에 걸쳐 적용된다는 사실을 발견하지 못했나요?" 예를 들어 현대의 원자이론 역시 양자이론에 기초를 두고 있는 것이 아닌가요?"

"그래! 사실, 아인슈타인의 상대성이론이 뉴턴의 역학적인 운동과 만유인력의 법칙에 관한 고전 이론을 포함하고 있듯이, 양자이론도 우주의 물리적 현상을 포함하도록 확장되어 왔어."

"우리는 빛을 연속적인 색깔이나 에너지 상태로 관찰하고 있지만, 당신이 빛은 광자라 불리는 불연속적인 에너지 양자의 모임이라 말하는 것 때문에 저는 아직도 고민하고 있어요. 실제로 누군가 개별의 광자를 본

적이 있나요?"

"우리는 지금 직접적으로 관찰할 수 없는 물리 영역에 들어가고 있어. 우리가 자연 현상을 설명하는 이론들을 확인하려면 간접적인 증거에 더 많이 의존해야만 할 거야."

"나에게 그것은 정황적인 증거처럼 들리는데요. 그것이 직접적인 관찰만큼 신뢰성이 있나요?"

"아침 식사 시간에 우리가 나누는 물리에 관한 대화가 끝날 때까지 당신은 내가 현대 물리학의 타당성에 대해 말한 것들을 믿어주면 좋겠어. 예를 들어 플랑크의 가설이 나온 지 90년이 지난 후, 우주 공간을 가득 채우고 있는 복사선을 연구하기 위해 특별히 인공위성으로 수집한 자료는 플랑크가 유도한 원래의 공식과 완전하게 일치하고 있지!"

"플랑크는 그의 이론이 정말 맞았기에 충분히 안심하지 않았을까요?"

"1918년 그가 노벨물리학상을 받은 것은 그것 때문이 아닌가 생각돼. 현재 양자이론은 어떤 유명한 물리학자도 의심하지 않을 만큼 물리학의 기본 원리가 되었어."

원자의 경우는 어떤가요?

"당신, 오늘 아침에 파리나를 양자라 불리는 불연속적인 에너지의 기본 단위(알갱이)로 이루어진 에너지 연속체에 비유하면서 설명을 시작했어요." 아내는 생생하게 묘사하려고 노력했다. "그리고 금속 원자의 집합체가 백열 상태가 되어 활발하게 움직일 때, 플랑크에 따르면 그것들은 연속적인 가시광선을 방출하기 위해 불연속적인 양자의 정수배에 해당하는 열에너지를 흡수한다고 말했어요. 그런데 아인슈타인은 방출되는 빛 에너지 역시 양자화되어 있다고 말한 거예요. 지금까지 제가 한 이야기가 맞죠?"

"아주 잘 설명하고 있어!"

"그렇다면 원자의 경우는 어떤가요? 원자는 물질을 이루는 기본 단위니까, 원자를 물질의 양자라고 생각해도 될까요?"

"우리는 용어 선택에 주의를 해야 할 것 같아. 물리학에서 양자라는 용어는 플랑크가 정의한 대로 쪼개질 수 있는 모든 에너지의 가장 작은 단위라는 의미로만 사용되고 있어. 그는 그것을 작용의 양 또는 양자라 불렀지. 오늘 아침 당신이 요리해준 맛있는 파리나처럼 물질은 동일한 단위의 알갱이들로 이루어져 있을지도 모르지. 마치 쇠막대가 동일한 철 원자들로 구성되어 있는 것처럼. 그러나 물리학자들은 그것을 양자라 부르지 않아."

"그렇다면 철 원자와 쇠막대는 어떻게 다른가요? 원자가 훨씬 작다는 것 말고는 별 차이가 없을 것 같은데."

"철의 한 가지 성질만 생각해봅시다." 나는 즐겁게 설명하기 시작했다. "우리는 쇠막대가 백색광을 방출할 때까지 가열시킬 수 있다는 것을 알았어. 그 빛을 좁은 슬릿slit(빛이나 분자 따위의 너비를 조절하기 위해 2장의 날을 나란히 마주 보게 하여 만든 좁은 틈)을 통과시킨 후 유리로 된 프리즘에 다시 통과시키면, 백색광이 무지개 색깔로 이루어져 있다는 것을 알게 될 거야. 텅스텐 원자로 이루어진 필라멘트로 만든 모든 백열등에서 나온 빛에서도 똑같은 현상이 일어나지."

"뉴턴이 300년 전에 실험을 통해 보여주었던 것처럼 그것은 금속 원자의 집합체에서 방출되는 백색광이 연속 스펙트럼을 만들어내는 여러 색광(고유 진동수를 가진)으로 이루어진다는 것을 증명하는 거죠." 아내는 자신 있게 말했다.

"그렇지! 철 원자들이 텅스텐 원자들과는 완전히 다르지만, 가열된 철 원자들의 반응은 플랑크에 의해 제안된 양자 모형과 완전히 일치하고 있지. 하지만 금속을 기화시킬 때 일어나는 것처럼 금속 원자가 하나하나 분리될 수가 있다고 생각해봅시다. 각각의 원자는 기체 상태에서 여전히 계속적으로 열을 흡수할 수 있지. 그 후에 금속 원자들은 여분의 에너지를 방출하게 되는데, 금속 원자들이 방출하게 되는 것은 연속 스펙트럼이 아니라 빛나고 있는 각 원자의 특성을 나타내는 몇 개의 불연속적인 광자 에너지일 뿐이야. 그것은 불연속적인 선으로 나타나지."

"아 참! 그 실험은 딸이 대학의 분광학 실험실에서 했던 것 같은데. 화학자나 다른 과학자들이 화학적으로 물질을 분석하고자 할 때 그들은 이렇게 해서 원자의 성분을 확인하는군요."

"물리학에서 실제로 응용하는 다른 예가 있어. 19세기 중반에 하이델베르크 대학의 화학자와 물리학자는 개개의 사람이 그들만의 지문을 갖고 있듯이 개개의 원자도 그들 고유의 에너지에 해당하는 빛을 방출하거나 흡수한다는 것을 증명하기 위해 서로 협력했지. 그들은 처음으로 간단한 프리즘을 이용하여 태양과 먼 곳에 있는 다른 별들도 어떤 원자들로 구성되어 있는지 분석할 수 있었지. 이렇게 해서(그림 37), 그들은 전에 지구상에서는 확인할 수 없었던 많은 원소의 존재를 발견하게 되었어."

"물질에 관한 현대 원자이론은 19세기 초 영국의 화학자 존 돌턴[John Dalton]에 의해 시작되지 않았나요?"

"돌턴은 지금의 도량형 학자처럼 훨씬 더 알맞게 분류했을지 모르겠어. 그는 기체와 액체를 혼합하는 방법을 연구하면서, 물질을 구성하는

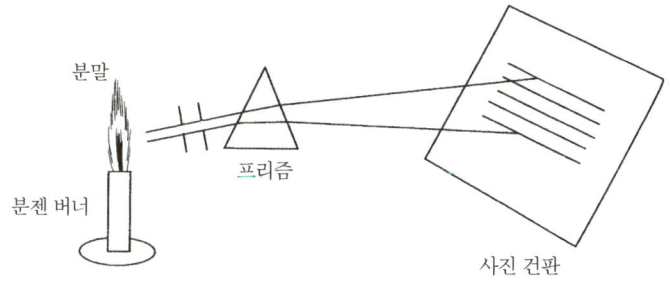

[그림 37] 화학자인 로베르트 분젠과 물리학자인 구스타프 키르히호프는 분젠 버너의 뜨거운 불꽃을 이용하여 여러 가지 화합물을 이루는 원자들을 들뜬 상태로 만들었다. 이때 방출된 빛은 좁은 슬릿을 통과한 후 프리즘에 의해 에너지 상태에 따른 특유한 각도로 굴절되었다. 이런 분광계에 스펙트럼을 기록하면 방출된 빛의 원소들을 확인할 수가 있다.

가장 작은 입자들은 간단한 수적인 비로 표현될 수 있는 비례 관계로 결합되어야만 한다고 주장했지. 이런 방식으로 그는 2,000년 전 모든 물질은 볼 수도 쪼갤 수도 없는 원자라는 입자로 이루어져 있다고 가정했던 고대 그리스의 유명한 데모크리토스Democritos의 완전히 추론적인 사고를 받아들였어."

"원자 스펙트럼에 대한 이야기로 돌아가요." 아내는 이야기가 본론에서 벗어나는 것에 대해 불만을 나타냈다. "플랑크는 개개 원자의 불연속적인 스펙트럼과 뜨거운 금속에서 방출하는 연속 스펙트럼을 비교하여 그 차이점을 어떻게 설명했나요?"

"그는 설명하지 못했어. 사실 그것은 금세기 초 물리학자들이 설명할 수 없었던 여러 관측 결과 중의 하나였지."

"그렇다면 100년 전 물리학자들이 원자에 대해서 알고자 했던 것은 정확히 무엇인가요?"

"우선, 당시에 모든 물질의 생성 근원인 원자의 존재를 명확히 지적해주는 화학적 지식 체계가 증대되고 있었지. 또한 전자를 발견한 조지프 존 톰슨 Joseph John Thomson 은 개개의 원자는 양전기를 띤 젤리 모양의 작은 구에 전자들이 박혀 있는 형태를 띤다고 제시했지. 젤리는 하나의 원자 덩어리로 설명되었고, 전자들은 젤리 안에서 진동하면서 에너지를 얻을 수 있다고 설명했어. 이런 방식으로, 그는 원자들이 에너지를 흡수할 수 있고 후에 에너지를 재방출할 수 있는 이유를 설명했던 거야. 톰슨은 이것이 올바른 원자모형이라는 것을 증명하는 방법을 몰랐던 거지."

"파리나를 더 줄까요? 파리나에 딸기 젤리도 넣어줄까요?" 아내가 잠시 끼어들었다.

"그래요. 하지만 젤리보다는 딸기잼이면 좋을 텐데."

"원자에 대한 이야기로 다시 돌아가서, 머지않아 조금은 드라마틱한 새로운 발견이 있을 것 같은데요!" 아내는 시리얼을 더 담으면서 말했다.

"실제로 그래. 일반적으로 과학은 특히 원자 물리학은 정말 급속도로 발전하고 있어."

"놀리지 마세요, 다음에 무슨 일이 일어났나요?"

"1895년경 톰슨과 함께 연구에 참여했던 뉴질랜드 출신의 젊은 물리학자가 있었는데, 후에 그는 톰슨의 뒤를 이어 옥스퍼드 대학의 캐번디시 Cavendish 교수(직책의 일종)가 되었고, 1931년에는 넬슨과 케임브리지의 남작이라는 칭호를 얻게 되었지."

"내가 알기로는 영국 왕은 아주 뛰어난 사람에게만 작위를 수여한다는데, 영국의 과학자들은 보통 준 남작의 작위를 받나요?"

"아주 이례적이지. 하지만 그때 어니스트 러더퍼드 Ernest Rutherford (1871~1937)는 매우 보기 드문 물리학자였지. 1908년 방사능(불안정한 원자핵이 안정된 원자핵으로 변환되면서 고에너지의 입자가 방출되는 현상) 물질에서 방출된 어떤 알파선이 양전기를 띤 헬륨 원자라는 사실을 발견한 공로로 노벨화학상을 받았어. 2년 후, 그는 알파선이 물질과 어떤 상호작용을 일으키는지를 연구하기 위해 알파선으로 금속박에 충돌시켜 보기로 했지."

| 어니스트 러더퍼드 러더퍼드는 원소의 붕괴 과정과 방사능 물질의 화학에 관한 연구로 1908년 노벨화학상을 수상했으며, '핵물리학의 아버지'라고 불린다.

"당신이 알파선으로 충돌시킨다고 말한 것은 어떤 종류의 분무기로 헬륨 원자들을 물보라처럼 금속박에 퍼붓는다는 거예요?"

"알파 입자(헬륨의 원자핵이며 질량이 큰 원자핵이 변환되면서 방출된다)들은 방사성 원소에서 아주 빠른 속력으로 모든 방향으로 방출되고 있기 때문에 정확히 말하자면 스프레이 같은 것은 아니지."

"잘 익은 민들레 씨앗이 그렇듯이, 알파 입자들이 모든 방향으로 방출된다면 그것들을 어떻게 금속박의 특정한 곳에 충돌시킬 수 있나요?" 아내는 의아하게 생각했다.

"아! 알았다." 그녀는 자문자답했다. "금속박의 앞쪽에 평행한 슬릿을 놓고 특정한 방향의 알파 입자들만 금속박에 도달하게 하는 거죠."

"그렇지. 입사하는 알파선들을 제한시키는 거지." 나는 기쁜 마음으로 다시 이야기를 시작하며 머리를 끄덕였다. "러더퍼드의 조수들은 금속박에서 산란된 알파 입자들의 방향을 아주 정확하게 측정할 수가 있었어. 그런데 관측된 결과들을 설명할 수 있는 유일한 방법은 각 금속 원자들은 양전기를 띤 작은 원자핵과 원자핵을 둘러싸고 있는 음전기를 띤 전자들로 이루어져 있다고 가정하는 것이었어. 그러나 이 원자핵의 크기는 추정된 금 원자 전체 크기의 $\frac{1}{10,000}$보다 작아야만 했지. 이들의 상대적인 크기를 비교해보기 위해 완두콩을 원자핵이라 생각하면 이에 상응한 원자의 반지름은 미식 축구장 3배 정도의 길이가 될 거야."

"그렇다면 금속 내에 이웃한 원자들의 핵 사이의 엄청나게 큰—원자 수준에서—공간은 무엇으로 채워져 있나요?" 아내는 놀란 듯이 물었다.

"음전기를 띤 전자들이 원자핵의 양전기와 균형을 이루면서 원자핵 주위의 적당히 큰 궤도들을 따라 원운동 한다고 가정하는 여러 모형이 제시되었지."

"행성들이 태양 주위를 원운동 하는 것과 같은 방식의 운동을 말하는 건가요?"

"아주 흡사하지. 사실 그러한 행성 모형은 두 가지 중대한 문제점을 제외하고는 매우 그럴 듯했어."

"음전기를 띤 전자가 양전기를 띤 원자핵 쪽으로 끌려가지 않도록 억제하는 방법과 관계있나요?"

"당신은 통찰력이 매우 뛰어난 사람이야. 그것이 바로 톰슨이 원자 구조는 양전기를 띤 젤리로 둘러싸여 있다고 가정한 이유지."

"잠깐만요. 그렇다면 태양 주위를 원운동 하는 행성들은 분명히 만유인력에 의해 태양 쪽으로 끌리는데도 행성들은 안정된 궤도를 계속 돌고 있잖아요. 행성들의 선형적 관성—계속 직선운동을 유지시켜 주려는—과 태양의 만유인력에 기인한 구심력 사이의 조화 때문은 아닌가요?"

"놀라워! 구심력 역할을 하는 정전기력이 궤도운동 하는 전자의 선운동량을 이겨낸다는 당신의 생각은 아주 정확할 뿐만 아니라 뉴턴의 운동법칙과 딱 맞아."

아내는 다시 이야기를 시작했다.

"태양의 만유인력과 같이 구심력 역할을 하는 원자핵의 정전기력이 전자의 운동 방향을 변화시켜 원자핵을 중심으로 원운동을 하게 하는 거죠. 이제 첫 번째 문제점은 해결되었네요. 두 번째 문제점은 뭐죠?"

"실제로 당신이 첫 번째 문제점을 해결했던 것과 같이 아주 바람직한 방향으로 곧 해결될 거야." 나는 대답해 주었다. "맥스웰 방정식에 따르면 가속 운동을 하는 대전 입자는 반드시 에너지를 방출하게 된다는 거지."

"가속도가 왜 나와요?" 아내가 가로막았다. "전자들이 원둘레 위를 일정한 속도로 운동할 수 없는 이유는 뭐예요?"

"그것을 모르다니! 모든 힘은 속력의 크기를 변화시킬 뿐만 아니라, 속력은 일정하더라도 운동 방향을 변화시키는 가속도를 생기게 한다는 것을 상기해 봐." 나는 아내를 의아스런 표정으로 바라보았다.

"맞아요. 구심 가속도는 처음부터 곡선 궤도를 따라 운동하게 하는 구심력 때문에 생기는 거죠. 하지만 궤도운동을 하는 전자가 에너지를 방출한다면 전자는 원자핵을 향해 나선운동을 하면서 궤도 반지름이 줄어들게 되지 않나요?"

"그것이 1912년에 제기되었던 행성 모형에 관한 두 번째 문제점이야."

"1912년에 무슨 일이 일어났는지 얼른 이야기해 주세요." 아내는 눈을 반짝이며 졸라댔다.

"27세의 덴마크 물리학자인 닐스 헨리크 다비드 보어 Niels Henrik David Bohr(1885~1962)는 맨체스터 대학의 러더퍼드와 함께 연구하기 위해 케임브리지 대학의 톰슨 연구실을 떠났지. 보어는 러더퍼드의 연구실에서 원자의 행성 모형이 갖고 있는 결점들과 그 증거를 확인하게 되었어. 가장 간단한 원자인 수소를 생각해봅시다. 수소는 전하량이 $+e$인 양전기를 가진 원자핵과 그 주위를 도는 전하량 $-e$인 전자 1개로 구성되어 있지. 수소는 매우 간단한 원자지만 수소 원자에 적당히 에너지를 가하게 되면 모든 종류의 특유한 선스펙트럼을 방출할 수가 있지. 이것은 원운동하는 전자의 에너지 상태가 1개 이상이라는 것을 의미하는 거야! 그런데 이 모든 것이 맥스웰의 멋진 이론과 전체적으로 맞지 않는다는 거지."

"그것 참, 환상적인 딜레마네요!" 아내가 외쳤다. "보어는 실험적 사실에 잘못된 점이 없고, 또 당시의 원자이론도 실험적 사실을 설명할 수 없다는 것 말고는 잘못된 점이 없다는 것을 알았죠!"

"보어는 이 모든 것을 알고 있었기 때문에, 그는 두 가지 간단한 가설에 기초를 둔 수소 원자모형을 발전시켰지. 첫 번째 가설은 수소 원자 내의 전자는 에너지를 방출하지 않고 여러 개의 궤도 중 하나의 궤도에서 원자핵을 중심으로 원운동 할 수 있다고 생각하는 것이었지!"

"전자는 하나밖에 없는데 원운동 할 수 있는 여러 개의 궤도가 존재한다는 거예요?" 아내는 놀란 듯이 말했다. "그러면 한 궤도에서 다른 궤도로 어떻게 이동하나요?"

"조금만 기다려봐. 수소 단 한 개의 전자가 에너지를 전혀 방출하지 않고 원운동 할 수 있는 여러 개의 궤도가 존재하지(그림 38). 당신은 그가 이 가설을 처음 제안했을 때 이는 잘 들어맞는 가설이었는데 이것이 사실이라는 물리적 증거를 제시하지 못했다는 것을 이해할 거야. 그렇지만 보어는 이들 궤도에 1, 2, 3……의 번호를 매기고 이 정수에 주양자수라는 이름을 붙였지. 이 정수 n의 값들과 관련된 궤도들은 모든 수소 원자에 대해 똑같이 적용되었고, 그들은 확실히 안정된 궤도였기 때문에 보어는 이들을 정지한 궤도라고 불렀지. 보어가 제안한 두 번째 가설은 궤도운동 하는 전자의 각운동량과 관련된 거야. 선운동량을 가진 물체가 직선 궤도를 따라 운동하려는 성질을 갖고 있듯이, 곡선을 따라 운동하는 물체도 똑같은 방식으로 곡선 궤도를 따라 운동하려는 각운동량을 갖고 있다는 거지."

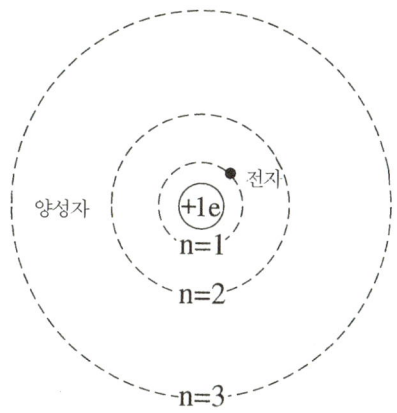

[그림 38] 보어의 수소 원자모형(실제로 원자의 크기는 양성자 1개만 있는 원자핵보다 10,000배 정도 크다). 수소 원자의 전자는 주양자수로 지정된 궤도 중의 하나에 존재할 수 있다.

"물체의 운동량이 물체의 관성의 원인이라는 거예요?"

"바로 그거야! 각운동량은 관성과 직접적으로 연관이 있지. 보어는 여기서 임의로 결정을 내린 것이 있는데, 그것은 각각의 원 궤도를 도는 전자의 각운동량은 플랑크 상수 h를 2π로 나눈 값의 배수가 된다는 거야(여기서 π는 3.147……). 당신, 기하학에서 어떤 종류의 곡률을 계산하더라도 π가 빠지지 않고 나오는 것을 기억할 거야. 보어는 가능한 배수로 0보다 큰 양의 정수를 선택했는데, 이것은 그의 두 번째 양자수*가 되었어."

"보어는 왜 이 값들을 플랑크 상수와 연관시켜 결정했을까요?"

"여러 가지 요인이 보어의 생각을 정리해주었지. 당신, 쿨롱이 이미 대전 입자의 에너지는 다른 대전 입자 사이의 거리에 반비례한다는 것을

---

* 전자가 가질 수 있는 허용된 에너지준위를 결정하는 데 사용될 수 있는 양자역학적 방정식의 해에서 생기는 상호 관련된 수의 집합이다.

이미 밝혔다는 것을 기억할 거야. 그들이 멀어지면 멀어질수록 그들의 상호 에너지는 낮아지게 되지. 이는 양성자(전하량은 전자와 같고 전하의 부호가 반대인 수소 원자핵) 주위를 도는 전자에도 똑같이 적용되어야만 하는 거야. 보어는 수소 원자에 허용된 궤도 반지름이 주양자수 n의 제곱에 비례하여 증가한다고 생각했어. 따라서 일련의 궤도 반지름은 n의 제곱에 비례하여 증가하지만 전자의 에너지는 감소하게 된다고 생각했던 거야. 보어가 이 가설들을 어떻게 설정했는지 당신이 궁금해한다면, 이 가설들이 스위스의 여고 교사였던 요한 야코프 발머 Johann Jakob Balmer가 이미 25년 전에 발견했던 것과 아주 잘 들어맞는다는 사실을 알아야 할 거야. 발머는 실험적으로 관찰한 들뜬 상태의 수소 원자가 방출하는 스펙트럼선의 진동수들이 작은 수들의 제곱식을 포함한 간단한 공식과 서로 관련되어 있다고 추론해냈지. 또한 보어는 광전 효과에서 광자의 에너지는 광자의 진동수에 플랑크 상수를 곱한 양과 같다는 아인슈타인의 발견과 플랑크 자신이 (플랑크 상수)×(진동수)의 정수배인 에너지만이 흡수될 수 있다고 가설을 세웠던 것을 알고 있었어."

"이 모든 설명이 정확하고 논리적인 것 같아요. 그렇다고 보어가 무엇을 했는지, 그가 그것을 왜 했는지에 대해서 이해한다는 말은 아니에요."

"그러면 다른 방향으로 접근해보기로 하지. 보어가 고정된 또는 정지한 궤도들을 가정할 권리를 인정합시다. 또한 궤도 반지름들은 양자수가 증가함에 따라 그것에게 부여된 양자수 n의 제곱에 비례하여 증가하는 것도 인정하고(그림 38), 또한 에너지가 h에 비례하는 기본적인 양의 배수만큼만 변한다는 플랑크의 생각과 광자들의 에너지가 h의 배수와 동일하다는 아인슈타인의 결론을 우리가 받아들인다면, 보어의 수소 원자모형은 1885년에 발머가 발견한 수식과 일치하면서 실험적으로 관측된 선

스펙트럼과 정확히 들어맞게 되는 것이지."

"어째서 그렇게 되나요?"

"먼저, 수소의 하나밖에 없는 전자는 보어가 정한 안정된 궤도들 중의 하나를 차지하고 있어야 되지. 전자의 에너지는 그 궤도의 특성이므로 각 궤도와 관련된 특정한 에너지는 수소의 전자만이 가질 수 있는 유일한 에너지가 되는 거야. 따라서 수소의 전자가 에너지를 얻거나 잃으면, 기존 궤도에서 다른 궤도로 이동해야만 하는 거야. 이것은 전자가 오직 허용된 궤도 사이의 에너지 차이만큼만 얻거나 잃을 수 있고 다른 양은 존재하지 않는다는 것이지!"

"그것 때문에 원자에는 허용되는 에너지와 허용되지 않는 에너지 값이 생기는 거군요!" 아내는 의기양양하게 말했다.

"맞아!" 나도 아내만큼 기뻤다.

"그래서 양자이론은 현대 물리의 기초가 되는 거군요."

"그것도 맞는 이야기야! 내가 방금 말한 것들을 기억할 수만 있다면, 다음번에는 좀 더 많은 이야기를 나눌 수 있을 거야!"

열네 번째 아침 식사

데니시 페이스트리

파동방정식이란 무엇인가?

"'보어의 원자모형*'에 대한 지난번 이야기에 고무되어서 지난주에 문을 연 제과점에서 데니시 페이스트리를 좀 샀어요." 다음 날 아침, 아내가 명랑한 목소리로 말했다.

"한 겹씩 벗겨지는 페이스트리를 내가 얼마나 좋아하는지, 또 다이어트를 하고 있지만 의지가 약해서 그리 성공적이지 못한 걸 잘 알면서 페

---

* 양성자 주위를 도는 전자는 에너지준위가 불연속적인 특정한 궤도에만 존재할 수 있다는 수소 원자에 대한 행성 모형이다.

이스트리를 샀다니, 당신은 참 짓궂은 사람이야. 그래 보어의 원자모형에 대해 무엇을 더 이야기해줄까?"

"보어에 대해 이야기도 듣고 또 많이 읽어봐서 그의 원자모형이 현대 물리학의 발전에 커다란 기여를 했다는 걸 알게 되었어요. 그렇지만 당신 말을 들어보면 그 모형은 임의로 선택한 가정에 기초를 두었다고 하는데, 어떻게 실험 결과와 일치할 수가 있죠?"

"흑체복사에 대해 플랑크가 제안한 가설인 에너지 양자 개념이 전적으로 임의로 정한 것이긴 하지만, 실험 사실과 정확히 일치하잖아. 어떤 사람들은 보어의 원자모형도 이와 비슷하다고 말하지. 즉, 보어의 가설은 실제로 존재하는 실험 사실을 설명하기 위해 임의로 선택된 거라고. 보어는 그의 가설을 수소 원자에만 적용시켰는데, 수소 원자는 하나의 전자만 가지고 있기 때문에 그의 가설만 가지고도 실험 데이터를 충분히 해석할 수 있기 때문이었지. 전자 수가 더 많은 다른 원자에는 몇 가지 가설이 필요해. 그것은 양자선택규칙quantum selection rules이라 부르는데, 보어의 양자수에 두 가지 지수를 더 포함해. 결국, 원자 내의 전자 수가 증가할수록 점점 복잡한 양상을 띠게 되지."

"잠깐, 지금까지 이야기한 것을 좀 확실히 하죠. 잘 이해되지 않는 점도 있고요." 아내는 내 말을 막고 말했다. "플랑크는 흑체복사의 열역학적 계산을 할 때 관측된 데이터와 일치시키기 위해 양자이론을 도입했는데, 그는 흑체에서 나오는 복사선의 에너지가 양자화된 값을 가진다는 아주 임의적인 가정을 했다는 거죠? 거기에는 오로지 실험에서 얻은 곡선에 맞추는 것 이외의 물리학적인 이론적인 바탕은 없다는 거죠? 지금까지 한 말이 맞아요?"

"맞아. 확실해."

"마찬가지로 보아도 수소 원자 내의 전자가 안정되게 돌 수 있는 궤도에 관해 임의로 정한 가설을 세웠죠. 그런데 그것도 플랑크의 가설과 마찬가지로 아무런 이론적인 바탕이 없었고, 더군다나 그 가설은 그때까지 인정 받아오던 전통적인 맥스웰의 전자기 방정식을 부정하는 것이라는 거죠? 지금까지 한 말도 맞아요?"

"정확히 맞아!"

"이론적 바탕은 없어도 실제 실험 결과를 해석할 수 있으니까 맞는 가설이라는 거죠? 그런 행복감에 젖어서 유럽을 휩쓴 세계대전도 무시하며 물리학자들은 실험 자료에 좀 더 맞추기 위해 이런 기초도 없는 가정을 기꺼이 적용시켰다는 거죠? 아무도 이상하게 생각하지 않았나요? '아니, 이것은 좀 웃기는데. 이게 정말 물리학이야?' 하고 말이에요."

■ 루이 빅토르 피에르 레몽 드 브로이 드브로이는 물질파 개념을 주창하여 양자역학의 입자와 파동 이중성 개념에 도움을 주었다.

"당신 말이 모두 맞아. 그래서 1920년대에 몇몇 물리학자는 합리적이고 자기모순이 없는 물리학의 개념 체계를 제공하는 새로운 철학적 배경이 필요하다는 걸 느꼈어. 독일에서 이러한 이론 과학자들이 고생하는 동안, 파리 대학의 한 졸업생이 전혀 예상치 못한 도움을 주었어. 프랑스 공작의 아들인 루이 빅토르 피에르 레몽 드브로이 Louis Victor Pierre Raymond de Broglie(1892~1987)가 바로 그 사람인데, 당시 그는 광자가 가진 파동 즉 입자의 이중성*에 대한 아인슈

---

* 광전 효과를 설명하기 위해 파동인 전자기파가 입자적인 성질을 갖는 광자로 이루어져 있다는 아인슈타인의 해석과 전자와 같은 입자가 파동적인 성질을 갖는다는 드브로이의 해석을 말한다.

타인의 이론과 보어의 원자모형을 연구하고 그 둘 사이의 연결 고리를 찾으려고 노력했어."

"공작의 아들이라면, 그가 남긴 공적으로 왕자가 되진 않았나요?" 아내가 흥미롭게 물었다. "나는 백마 탄 프랑스 왕자가 나를 위기에서 구출해 주는 상상을 좋아해요."

"상상에서 나온 가공의 멋진 이야기들과 달리, 우리의 매력적인 왕자에게도 극복해야만 할 장애물이 있었어." 나는 잠시 뜸을 들이고 말했다. "톰슨이 음전하를 띤 입자라고 밝힌 전자가 파동처럼 행동할 수도 있는가? 이 생각은 이미 오래전에 헤르츠가 음극선 실험을 통해 잘못되거나 가능하지 않은 생각이라고 결론지었던 것인데, 어쨌든 이런 정통에서 벗어난 전제가 받아들여질 수 있는 것이라면, 드브로이는 보어의 원자모형이 가진 수많은 수수께끼 같은 양상이 한 번에 풀리고 물리학적으로 대단한 의미를 지닌 발견이 될 거라고 주장했지."

"내가 기억하는 것이 맞는다면 광자는 질량이 없어요." 아내가 확인하듯 말했다. "아인슈타인은 그것을 입자 또는 파동처럼 행동하는 에너지의 다발 같은 거라고 했어요. 1920년대의 프랑스 교수들이 빛을 파동처럼 행동하는, 그렇지만 질량이 없는 '입자'라는 견해를 피력하기도 했지만, 질량을 가지고 있으면서 파동처럼 행동하는 실제 입자의 개념이라는 것이 그들을 얼마나 당황스럽게 했을지 상상할 수 있겠어요. 드브로이는 그들의 의심을 어떻게 덜어 주었나요?"

"보어의 원자모형에서 전자의 안정된 궤도인 원주 길이가 전자가 가진 물질파 파장의 정수배가 된다고 가정해봅시다(이때의 정수 n은 그 궤도에 해당하는 양자수다). 그러면 전자의 물질파는 이 궤도에 정확히 일치할 테고 (그림 39), 안정되게 돌 수 있겠지."

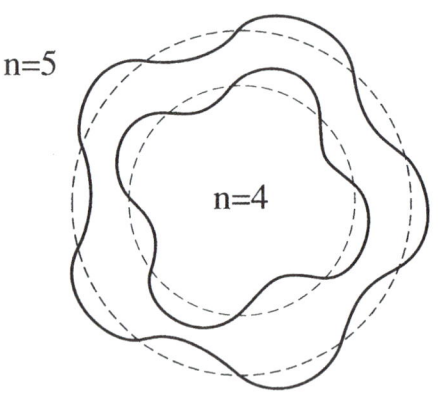

[그림 39] 수소 원자의 두 개의 안정된 궤도(원)와 드브로이의 물질파 파장

"전자의 물질파 파장이 원주 길이에 맞게 되리라고 드브로이는 어떻게 알았을까요?"

"아인슈타인의 질량-에너지 등가원리($E=mc^2$)와 플랑크의 에너지 양자에 대한 정의에 영향을 받아서 드브로이는 전자의 운동량과 파장의 관계를 나타내는 간단한 식을 가정했어. 당시의 프랑스 과학자들의 사고방식인 순수한 논리만을 적용해서 끌어낸 것이지만, 드브로이의 가정은 모든 면에서 플랑크나 보어의 방식과 마찬가지로 상상력을 총동원한 일종의 모험이었지."

"나는 아직도 드브로이가 파리 대학의 교수에게 그의 개념을 어떻게 이해시켰는지 의심스러워요."

"물론 쉬운 건 아니었지. 교수들이 그 개념을 받아들이게 된 건 아인슈타인이 드브로이의 논문을 읽고 동감을 표시한 후이고, 파리 대학은 그 공로로 드브로이에게 박사 학위를 수여했지. 또 5년 후에는, 노르웨이의 학술원은 같은 공로로 그에게 노벨물리학상을 수여했어."

"보어의 원자모형에 적용되는 것 말고 전자들이 파동과 같은 성질을 나타낸다는 독립적인 증거는 없나요? 또 철저한 개념적 기초를 갈망하는 이론 물리학자들에게 현재까지는 임시방편적인 드브로이의 가정이 어떤 도움을 줄 수 있었죠?"

"과학 혁명에서 흔히 일어나듯이, 미국의 벨연구소에서 진공관을 연구하던 물리학자들이 전자의 파동적 성질을 실질적으로 목격했는데, 정확히 말하면 그들은 그 의미를 인지하는 데는 실패했어. 그들은 진공관 안의 전자들이 고체 결정에 충돌할 때, 일정한 각도로 산란되는 것을 목격했는데 그들이 목격한 것을 인용한 독일 물리학자들은 그것이 전자들이 파동처럼 회절현상을 일으켜 나타나는 것이라는 증거임을 밝혀냈어."

"노벨상은 누가 탔어요? 미국 사람들인가요, 독일 사람들인가요?"

"실제로는 탐험가 정신을 가진 미국 물리학자 중 팀장이 수상했는데, 그 후 그는 이전의 발견을 확인하고 확충하는 더 발전된 실험을 주도해야 했지. 더 중요한 것은 이 발견이 당시에 새로운 이론적 구조를 만들려고 노력하던 몇 명의 독일 학자에게 직접적인 도움을 준 거야. 그 이론은 결과적으로 양자역학(원자와 아원자 수준에서 물질의 운동에 대해 파동함수로 확률적인 묘사를 하는 학문)과 전자의 행동을 기술할 수 있는 파동함수를 이끌어내게 했지."

"파동함수란 게 특별히 중요한 의미가 있는 건가요?"

"양자이론이 발전한 초기에 중요한 이론이 오스트리아의 에어빈 슈뢰딩거 Erwin Schrödinger(1887~1961)에 의해 개발되었어. 그는 드브로이의 물질파 이론과 파동방정식을 이용하여 진동하는 시간에 따른 현의 변위를 나타낼 수 있었지. 그 파동방정식의 해解는 파동방정식과 비슷한 모양을 갖게 되는데, 그래서 파동함수라고 이름 지어졌어."

"그게 다예요? 새로운 양자역학이론에는 뭔가 있을 거 아녜요."

"수학적으로 깊게 따져보기 전에, 무엇이 있을 것이라고 예상하다니 당신은 참 대단해. 슈뢰딩거의 파동방정식의 가능한 해들은 전자가 갖는 특정한 에너지 값과 일치해. 각각의 허용된 해들은 세 개의 지수를 포함하는데, 그 지수는 전에 보어와 그의 동료들이 수소 원자모형을 다른 원자들로 확장시킬 때 사용한 양자수와 같다고 밝혀졌어. 슈뢰딩거 방정식은 이 양자수들을 적용함으로써 원자들의 관측 가능한 모든 스펙트럼을 가시광선뿐 아니라 X선 영역까지도 설명할 수 있는 말끔한 이론적 배경을 제공하고 있어. 그것은 19세기 말 러시아의 드미트리 이바토비치 멘델레예프Dmitrii Ivanovich Mendeleev(1834~1907)가 제안한 원소의 주기율표[*]에 대해 물리적 이론을 제공하기도 했지."

"과거에 했던 것에 새로운 이론을 적용시켜 의미를 부여하는 걸 보니, 마치 아이들의 그림 맞추기 퍼즐처럼 들리는군요. 그런데 결국 다시 생각하면 그런 양자역학은 슈뢰딩거 방정식의 허용된 해와 관련 있는 세 개의 양자수에 기초를 두는 것 같군요. 내가 당신 말을 제대로 이해한 건가요? 그런데 파동함수는 전자의 행동에 대해서 우리에게 무엇을 알려주는 거죠?"

"당신은 실제로 서로 다른 두 가지 질문을 단숨에 하는군." 내가 불평하듯이 말했다.

"엄밀하게 말하면, 원자에서 나오는 모든 스펙트럼과 원자의 성질을 설명하려면 위 세 개의 양자수에 더해서 네 번째 양자수가 필요해. 네 번

---

[*] 멘델레예프가 원자 번호에 따라 원소들을 주기적인 배열로 그룹화한 것이다. 원자 번호는 원자 내의 총 전자 수와 같다.

째 양자수가 필요하다는 것을 미국에서는 실험적으로 알아냈고, 거의 같은 시기에 이론적으로는 독일에서 알게 되었지. 파동함수에 대해 말하면 그것은 우리에게 전자가 어디에 있는지 알려주지. 그렇지만, 명확히 어디에 있다는 것이 아니라 좀 분명치 않은 작은 구름이나 솜털 모양의 범위 안에 전자가 존재할 가능성이 있다는 거야. 어떠한 전자의 파동함수라도 모든 공간으로 퍼져 나가려는 성질이 있어. 전자의 파동함수는 보어가 가정했던 전자 궤도에서 정확히 최댓값을 가지는데, 이 말은 보어가 가정했던 궤도에 전자가 존재할 가능성이 가장 크다는 거지."

"잠깐만요!" 아내가 동요된 듯 소리쳤다. "이것은 무슨 새로운 요술 같은 거예요? '어떤 사람이 전자를 본다. 그런데 실제로는 보는 것이 아니다'라니요? 파동함수는 안정된 궤도를 도는 전자의 위치를 기술할 수 있는데 또, 그 궤도가 아닌 다른 장소에서도 그 전자가 존재할 수 있는 가능성이 있다는 거예요? 어떻게 그럴 수 있죠?"

"혼란스럽기는 하지만 그것이 자연을 정확히 표현하는 거야. 그 문제가 발생한 건 전자가 과연 어디에 존재하는지를 물리학자들이 밝히려고 노력하는 과정에서였어." 나는 명쾌하게 설명하려고 노력했다. "긴 줄이 흔들릴 때, 우리는 파동방정식을 풀어 파동함수를 구하고, 파동함수가 예측하는 대로 줄의 변위─줄이 어디에 있는지를 나타내는─를 알 수 있어. 그런데 그것을 관찰하려면 광선을 그 줄에 비추고, 매 순간마다 많은 광자가 줄에서 반사되어 우리 눈으로 들어와야 줄이 어디에 있는지 알 수 있겠지. 그렇지만 전자 한 개에 광자 한 개를 보냈다고 하면, 그 광자는 전자와 필연적으로 상호작용할 테고, 그 상호작용은 전자의 위치, 운동 상태, 에너지를 변환시키게 될 거야. 우리가 전자와의 상호작용이 있은 후의 광자를 관찰할 수 있는 어떤 방법을 찾았더라도, 그 정보는 상호

작용 전의 전자 자체의 정보를 나타내는 건 아니겠지."

"그래서 우리가 또 하나의 딜레마를 안게 되었군요." 아내가 점잖게 한 마디 했다. "전자들이 하는 움직임을 계산할 수는 있지만 그 움직임을 실제로 정확히 관찰할 수는 없다는 거죠? 물리학자들은 이런 혼란을 어떻게 알아냈지요?"

"물리학자들은 우리가 사는 이 물리적 우주의 본질을 정확히 기술하려고 노력한다는 사실을 다시 한 번 상기해주었으면 좋겠어. 그렇지만 우주 자체를 이론적으로 얻은 수식에 맞게 수정하거나 변경시킬 능력은 없지. 그 이론이 아무리 훌륭한 것이라 해도. 당시는 원자 정도의 수준에서는 우주가 400년 전의 뉴턴 이론과는 사뭇 다르게 작용한다는 것을 우리는 점차 깨달아 가고 있던 중이었어."

보른과 하이젠베르크가 해답을 갖고 있다

"충분히 이해하는 것은 아니지만, 나는 새로운 양자물리의 세계에 많은 호기심이 생겼어요. 전자들이 보여주는 불가사의한 본질에 대해 좀 더 이야기해줘요."

"슈뢰딩거는 자신의 파동방정식에서 얻은 해와 실제 입자인 전자의 작용을 조화시켜야 하는 문제를 충분히 인식하고 있었어. 전자와 같은 실제 입자의 파동적 성질은 드브로이뿐만 아니라 슈뢰딩거를 포함한 모든 과학자를 어리둥절하게 했어. 슈뢰딩거가 자신의 이론을 발표하면서부터 물리 개념에 파격적 변화가 점차 이루어지게 되었지. 하이델베르크 대학의 막스 보른 Max Born(1882~1970)은 어떤 공간에서든 파동함수를 제곱하면, 전자가 특정한 공간에 실제로 있을 확률을 구할 수 있다고 주장했지. 확률밀도함수라 부르는 파동함수를 제곱한 이 값은 특정 위치에서 전자가 발견될 확률을 말해주는 거지."

"슈뢰딩거 방정식의 해인 파동함수를 제곱한 값은 전자가 있을 확률의 최댓값을 나타낸다는 것이고, 그 값은 보어가 주장했던 전자의 안정된 궤도 중 하나라는 거죠? 그리고 전자 궤도가 있는 이 특정한 값 이외의 곳에서도 파동함수의 값이 0이 아니기 때문에 아주 작은 값이지만 전자가 있을 확률은 있다는 거죠?"

| 막스 보른 보른은 전자가 에너지를 가지는지는 알 수 없지만 그것을 가질 확률이 얼마인지는 알 수 있다고 했다.

"당신은 정말 막스 보른의 분석을 정확히 파악하고 있군. 이제 우리는 보어의 '전자 하나의 궤도'라는 개념보다는 전자의 궤도(그림 40) 개념을 유용하게 생각하지. 실제로 전자를 직접 관찰할 수는 없으므로, 전자가 존재할 확률밀도야말로 가장 유용한 양이라고 말할 수 있어. 우리는 전자 하나를 무수히 여러 번 반복 측정하는 것이고, 그럴 때 파동함수에서 계산한 확률과 관찰 사실이 정확히 일치하는 것을 알 수 있었어."

"열역학에서 이미 개개의 경우보다는 많은 수의 물리량을 전체적으로 다루는 방법을 쓰지 않았나요? 양자역학에서 쓰는 방법은 뭐가 다르죠?"

"막스 보른이 제시한 확률밀도는 전자가 존재할 것 같은 가장 그럴듯한 장소를 예상하는 거야. 이 과정에서 필연적으로 전자가 실제로 어디에 존재하는지는 알 수가 없어. 고전 역학은 우리에게 결정론적 세계관을 심어준 데 반해, 양자역학은 반대로 개연론적 세계관을 제공했다고 할 수 있지. 뉴턴은 어떤 사건의 원인을 알면 그 결과를 예측할 수 있다고 했고, 막스 보른은 결과일 것이라고 믿어지는 것만 예측할 수 있다고 했지."

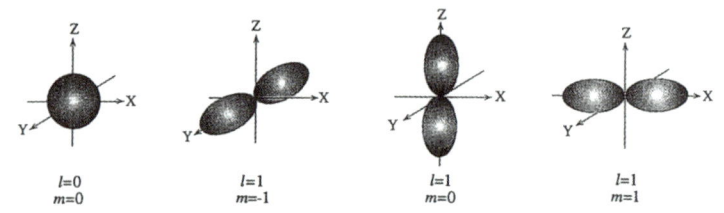

[그림 40] 원자에서 전자가 있을 몇 개의 궤도. 검은 영역이 전자가 있을 가능성(확률 밀도)이 큰 영역이다. 각각의 파동함수는 서로 다른 양자수 l과 m를 나타낸다. 궤도는 주양자수^n, 각운동량양자수^l, 자기양자수^{m}로 결정되고 각운동량양자수^{l}에 따라 궤도 모양이 달라진다.

"행운으로 우리에게 전자들에 관한 더 정확하고 좀 더 결정론적인 이론을 제공할 수 있는 사람은 없을까요?"

"슈뢰딩거 자신도 더 정확하게 전자의 위치를 나타낼 수 있는 이론이 가능하지 않을까 하는 의문을 가졌지. 그렇지만 당신도 아인슈타인의 '하나님은 위험을 무릅쓰지 않는다'는 말을 들어봤을 거야. 그 말처럼 자연의 원리는 하나라는 거지. 아인슈타인도 양자이론이 내포한 어떤 사건을 관찰할 경우에 관찰자가 관찰 대상에 영향을 미칠 수 있다는 사실을 싫어했어. 이 우주가 확률에 의해 지배되고 있을지라도, 현재로서는 원자 규모의 세계에서 결정론적인 기술이 가능할 것 같지는 않아."

"당신은 그 확률의 세계에 무게를 두는 거죠? 그렇죠?"

"그런 셈이지. 몇 명의 이론가는 슈뢰딩거가 사용한 것과 근본적으로 다른 접근 방식을 사용해서 양자역학적 이론을 이끌어냈어. 그 결과는 원래의 파동방정식보다 포괄적이지만, 파동방정식이 예측하는 바와 대단히 일치하는 것이었어. 베르너 카를 하이젠베르크Werner Karl Heisenberg(1901~1976)는 우리가 물리량을 측정할 때, 그 정확도에 어떤 한계가 있다고 했어. 그것은 널리 알려진 불확정성 원리야. 그는 우리가 서로 관련 있는 두 개의 물리량을 동시에 측정할 때, 그 측정값에는 최소한의 한계가 있다고 했어. 그 최소 한계는 플랑크 상수를 2π로 나눈 거야."

"나도 그전에 하이젠베르크의 불확정성 원리라는 말은 들어보았어요. 그렇지만 그것이 실질적인 관측에 어떻게 적용되는지는 잘 모르겠어요."

베르너 카를 하이젠베르크 하이젠베르크는 닐스 보어의 지도 아래 원자 구조론을 검토하여 양자역학의 시초가 되는 연구를 하여 불확정성 원리를 발견했다.

"어떤 특정한 시간에 전자가 갖는 에너지라든지, 어떤 위치에서 전자의 운동량처럼 서로 관련 있는, 쌍으로 된 두 물리량에 대해 생각해봅시다. 두 물리량을 측정할 때, 그 두 물리량의 실험적 불확실성을 곱한 값은 항상 플랑크 상수인 h보다 크다는 거야."

"오! 알겠어요. 두 물리량 중 하나의 불확실성을 줄이면 다른 하나의 불확실성이 커진다는 거군요. 그 둘의 불확실성을 곱한 값은 플랑크 상수보다 작을 수 없으니까요."

"그래, 맞아. 우리가 어떤 전자의 속력을 어떤 값으로 명확히 가정하고 그 전자의 위치가 어딘가를 묻는다면, 전자의 위치에 대한 불확실성은 매우 커져서 원자 자체의 크기만큼이나 되지. 원자를 구름이나 솜털과 같은 것처럼 생각해야 하는 것이 자연의 본질이라는 거지."

"이야기가 참 어렵네요. 전자가 어디 있는지에 대한 그런 고차원적이고 뜬구름 잡는 것 같은 이야기는 그만하죠. 그런데 광자나 물질 입자들의 이중적 성질을 조화시킬 수 있는 이해할 만한 방법은 없나요?"

"아인슈타인이 주장한 광자의 파동-입자에 관한 이중성과 드브로이가 이야기한 전자의 이중성을 물어보는 거야?"

"그래요."

"광전효과는 금속 내의 전자를 광자가 때릴 때, 광자가 입자처럼 튀어나온다는 것을 보여준다고 했지? 빛의 회절 현상을 보면 광자가 파동의 성질을 갖고 있다는 것도 자명해지지. 그래서 우리는 광자의 이중적 성질을 받아들일 수밖에 없어. 마찬가지로 질량을 알고 있고 음전하를 띤 전자가 입자성을 가진다는 것을 이해하기는 어렵지 않겠지. 전자선이 회절 현상을 일으킨다는 사실을 과학자들이 관측했기 때문에 전자가 파동의 성질도 가지고 있다는 것도 밝혀졌지. 전자 현미경은 전자가 갖는 파동성을 이용한 단적인 예가 되겠지."

"그 말을 다 받아들인다 해도 광자처럼 질량이 전혀 없는 입자나 질량이 아주 큰 입자가 파동처럼 행동한다는 건 이해하기가 힘들어요. 나나 당신이 움직일 때도 파동성이 있다는 건가요?"

"그래. 우리도 각자 파동성이 있지. 그렇지만 그 파동의 파장은 너무나 작아서 감지할 수 없을 뿐이야. 이런 사실을 확인할 수 있는 실험에 콤프턴 효과*를 들 수 있어. 세인트루이스의 대학원 학생이었을 때 아서 홀리 콤프턴Arthur Holly Compton(1892~1962)은 X선의 산란에 대한 연구를 하고 있었어. 당신도 알다시피 X선은 전자기파의 일종이잖아. 그 실험에서 콤프턴은 X선이 물질에서 산란될 때, 맥스웰의 고전적 전자기파 이론과 일치하게 파장의 변화가 없이 예측한 각도로 산란되는 것을 발견할 수 있었어. 여기까지는 문제가 없는데, 실험에서 그는 전혀 이해하기 어려운 결과도 함께 얻었어. 그것은 같이 산란시킨 일부의 X선이 이론적으로 예상한 각도와 다른 각도로 산란되며, 그때 파장이 변해서 나온다는 거야(그림

---

* 파라핀과 같은 물질에 입사한 X선이 2개의 각도로 다른 진동수(파장)로 산란되는데, 하나는 입자적인 성질을 갖고, 하나는 파동적인 성질을 갖는 현상이다. 즉, X선의 입자성을 밝힌 것이다.

41). 그때까지의 어떤 이론도 이 실험 사실을 설명해줄 수 없었어."

"산란된 일부 X선의 파장이 변하는 것을 이론적으로 설명할 수 없었단 말인가요?"

"맞아. 콤프턴은 그때부터 계속 주장했지만, 그 후 10여 년이 지난 1923년에 그는 놀랄 만한 설명을 내놓았어. 파장이 변하지 않는 X선은 맥스웰의 고전적 이론과 부합되는 산란을 하며 산란 후 파장이 변하는 X선은 입자처럼 행동한다는 거야. 즉, 당구공이 서로 충돌할 때처럼 입자인 X선 광자가 전자와 충돌한다는

┃아서 홀리 콤프턴 콤프턴은 전자와 충돌할 때 X선 파장이 변한다는 사실을 발견했다. '콤프턴 효과'로 불리는 이 효과는 광자에서 전자로 에너지 전달에 의해 일어난다.

거지. 뉴턴 역학에서 입자끼리의 충돌처럼 X선 광자가 전자와 충돌해 그 에너지와 운동량이 변한다는 거야. 결국 X선은 파동처럼 행동하기도 하고 입자처럼 행동하기도 하는데, 그 계산은 고전 이론과 일치한다는 거야. 이 계산을 하는 데 필요한 것은 단지 X선 광자와 전자가 각각 투과할

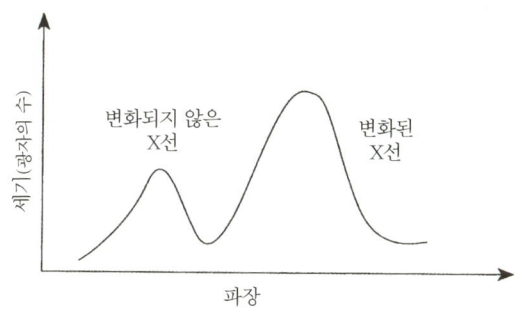

[그림 41] X선은 탄소에 의해 두 개의 각으로 산란된다. 강도가 약한 첫 번째 각에서는 X선 광자의 에너지가 입사할 때와 같고(파장의 변화가 없고), 좀 더 강도가 큰 두 번째 각에서는 콤프턴의 계산과 일치하도록 X선 광자의 에너지에 변화가 생긴 것(입사 X선보다 파장이 길어짐)이다.

수 없는 입자라는 사실만 인정하면 되는 거지."

"1923년은 여러 가지 양자이론이 발견된 중요한 해였겠군요. 그 이론들이 X선 산란 같은 예상치 못한 현상들을 잘 설명할 수 있었다는 거죠?"

"그래. 그 이론들은 거의 대부분 아주 만족할 만한 것이었지. 당신에게 수수께끼를 하나 낼까? 콤프턴의 실험에서 탄소와 같은 물질에 X선을 쪼이면, 두 가지 각도로 산란된다고 말했지(그림 41). 한 각도는 X선이 전자기 파동이라고 설명할 수 있는데 반해, 다른 각도를 보면 X선이 입자처럼 보인다는 이야기도 했어. 그렇다면 우리가 검출기의 각도를 변화시키면 두 각도가 서로 반대의 위치가 되어 X선의 본질이 서로 뒤바뀌는 결과가 되지 않을까? 이에 대해 설명할 수 있겠어?"

"당신이나 다른 물리학자들은 단지 관찰만 하는 사람인가요?" 아내는 곧바로 자신 있게 말했다. "광자에는 파동과 입자의 성질이 동시에 있잖아요. 아인슈타인은 정말 탁월한 식견을 가진 사람이었다고 생각해요. 전자의 이중성을 말한 드브로이도 마찬가지고요. 그 두 각도를 바꿀 때, 파동성을 나타냈던 각도는 입자의 성질을 나타내는 경우로 생각하면 되고, 그 반대도 마찬가지로 생각하면 되죠. 광자는 입자인 동시에 파동이니까요. 구별할 필요가 없죠. 나는 현명한 물리학자들의 용기 있고 헌신적인 노력에 감사해야 한다고 생각해요."

"당신 말대로 그들과 같은 분야에서 연구했던 다른 사람들도 결국 노벨상을 탔어."

열다섯 번째 아침 식사

벌집 모양의 바삭한 와플

흥미로운 원자의 세계

"딸기와 거품 크림을 얹기 전에 어떻게 와플의 표면이 큰 사각형으로 나누어지며, 그것이 다시 가장 규칙적인 방식의 더 작은 사각형으로 나누어지는지를 보세요." 아내가 식탁에 김이 나는 와플을 놓으면서 말했다. "고대 그리스 철학자들은 모든 물질은 궁극적으로 아토모스 atomos(원자 atom 의 어원)라 불리는 동일하지만 눈에 보이지 않는 실체들로 쪼갤 수 있다고 믿었죠?"

"고대 그리스에는 서로 경쟁하는 두 학교가 실제로 있었어." 나는 눈부시게 빛나는 와플 위에 시럽을 부으면서 대답했다.

"아리스토텔레스가 다니는 학교에서는 물질은 연속적인 것이라고 주장했어. 데모크리토스의 학교는 '다만 원자들과 빈 공간만이 존재하고 그 밖에는 모두 생각일 뿐이다'고 주장했어."

"원자에 대해 갖고 있는 오만한 믿음을 현대 과학자들에게 전승시킨 것은 어느 쪽이었나요?" 아내는 기분 좋은 표정으로 물었다.

"데모크리토스는 원자에 대해 흥미 있는 생각을 많이 했지." 나는 와플을 맛보며 계속 말했다. "철로 만든 주전자는 왜 그렇게 단단하고, 반면에 주전자 안의 물은 어떻게 흐를 수 있는지를 궁금해하다가 그는 철 원자들은 서로 갈고리로 걸려 있고 물 원자들은 본래 미끄럽다고 추측했어. 그는 또한 원자들의 수는 아마도 무한할 것이고, 그것들은 일정한 운동을 할 것이라고 믿었지. 이러한 생각은 그 후에 에피쿠로스에 의해 발전되었는데, 그는 원자들이 다양한 크기를 갖는 것이 아니라 하나의 유한한 크기를 갖는다고 가르쳤어. 그 이유는 원자들의 크기가 다양하다면, 어떤 것은 눈에 보일 만큼 클 수도 있기 때문이라고 했지."

"에피쿠로스는 여성의 입학을 허용한—기원전 306년에는 생각하기 힘들었던—학교를 아테네에 세웠던 그리스의 철학자 맞죠? 어쨌든 많은 과학자 가운데에서 물질의 원자모형을 발견한 것은 화학자예요, 물리학자예요?"

"오늘날과 같이 과학자들이 전문화가 된 것은 19세기야. 그 이전의 과학자들은 그들의 흥미를 자극하는 자연에 대한 모든 문제에 주저하지 않고 대답했어. 그 이전에 로버트 보일 Robert Boyle과 다른 사람들이 세운 기체 법칙들은 개별적인 기체 원자들이 존재한다는 사실을 토대로 한 거야. 남들이 흔히 말하듯이 나도 보일을 '물리학자'라고 생각하는데, 당시에 이런 용어는 있지도 않았어. 날씨를 이해하려고 연구하던 존 돌턴은 어떤 두 가지 원소가 화합물을 만들 때, 똑같은 무게 비율로 결합한다는 배수 비례의 법칙을 발견했지. 현대 화학자들은 돌턴을 원자 화학의 아버지라고 주장하고 있어."

"배수 비례의 법칙이 뭔가요?"

"돌턴은 산소와 탄소만을 포함한 서로 다른 두 기체를 분석할 때, 한 기체는 그 무게 비율이 탄소 28퍼센트와 산소 72퍼센트이고 한 기체는 탄소 44퍼센트와 산소 56퍼센트라는 것을 알아냈어. 이러한 두 가지 퍼센트의 비율은 2.57과 1.28이야. 1.28이 탄소 원자 1개에 대한 산소 원자 1개의 무게 비율을 정확하게 나타내는 것이라면, 2.57의 비율에서 다른 기체에는 탄소 원자 1개에 대해 산소 원자 2개가 존재한다는 것을 의미하겠지. 수많은 다른 기체에 대해 이런 종류의 분석을 반복해서 돌턴은 원자들이 간단한 정수 비율로 결합하여 합성물로 결합한다는 것을 보여줄 수 있었어."

"이것은 개개의 원자가 여러 가지 정수 비율로 결합하여 지구상의 모든 화합물을 구성한다는 의견을 지지하는 증거가 되기도 하죠." 아내는 자신의 발견에 기뻐했다.

"영국의 한 식물학자에 의해 물질의 원자론은 뜻밖의 힘을 얻게 되었어. 1827년에 로버트 브라운 Robert Brown은 액체에 떠 있는 꽃가루 입자들이 연속적이고 제멋대로 지그재그 운동을 하고 있는 것을 현미경으로 관찰했어. 액체가 다른 속력으로 끊임없이 운동하는 원자나 분자로 구성되어 있다고 믿는다면, 우리는 그러한 '브라운 운동'을 이해할 수 있지. 떠 있는 먼지나 꽃가루 입자들에 가하는 충격이 제멋대로의 운동을 일으킨다는 정식 이론은 1905년에 아인슈타인에 의해 발표되었어."

"그것 때문에 원자론은 확고한 발판을 마련했겠군요."

"실제로 양자론과 보어의 수소 원자모형이 발전된 후에야 물질의 원자론은 확실히 인정받았어."

"초기에는 물리학적으로 원자가 무엇인지라는 점보다는 화학 반응에 어떤 영향을 주는지에 관심을 갖고 원자론이 발전했다는 것에 당신도 동의하지요? 페테르부르크 주립대학의 화학 교수였던 멘델레예프는 원소들의 상대적 무게를 기초로 한 규칙적인 주기로 분류하여 발표했다고 당신이 말하지 않았나요? 그런데 멘델레예프는 어떻게 원자 하나의 무게를 잴 수 있었을까요?"

"원자의 무게를 잰 것은 아니야. 멘델레예프와 동료 화학자들은 물을 이루는 수소와 산소처럼 두 원소의 무게 비율만을 결정했어. 그들이 일단 그것들의 무게 비율이 2대 1이라고 설정하면 변하지 않았어. 그런데 그때 화학자들이 가장 가벼운 원소인 수소의 상대적 질량이 거의 1이고 산소 원소는 16이라는 명석한 생각을 해냈어."

"1이 얼마만큼인데요? 1밀리그램, 1그램, 아니면 1킬로그램?"

"아니야. 이 숫자는 원자 질량 단위 atom mass unit, 즉 간략하게 amu로 나타내지. 산소의 무게가 16amu라고 한 번 고정되면 주기율표를 이루는 모든 다른 원소도 역시 그 비례 무게가 amu 단위로 정해지거든."

"멘델레예프는 주기율표에 원소를 배치할 때 무엇을 기준으로 삼았나요?"

"원소가 화합물을 형성하기 위해 서로 결합하려는 성향이지. 표의 각 족(열)에 있는 원소들은 다른 족들에 있는 원소들과 동일한 비율로 결합하려는 성향이 있어." 나는 불충분하지만, 설명을 쉽게 하려고 노력했다.

"멘델레예프의 분류 작업에서 그는 자신이 만든 표에 있는 동일한 족에 속한 원자들이 보여주는 유사성을 알아낼 수는 있었지만(그림 42), 왜 원자들이 제시된 형태로 나누어지는지는 설명하지 못했네요. 그래서 그것의 실제적 가치는 많지 않다고 생각해요."

"그 당시의 다른 사람들도 당신 의견과 같았어. 주기율표의 진정한 가치를 당신에게 보여주지. 처음에 그 주기율표는 아직 발견되지 않은 원자들을 위해 남겨둔 빈 칸이 있었지. 그는 이 일 때문에 동료들에게 조롱당했지만, 15년 만에 그의 예측대로 갈륨Ga 원소와 게르마늄Ge 원소가 발견되었기 때문에 그를 조롱하던 자들은 입을 다물었고 주기율표의 확실성이 확인되었지. 아마도 주기율표의 가장 중요한 면은 원소들을 연속된 숫자로 나타낸 것인데, 현재 우리는 그 수를 원자 번호 Z라고 부르지."

"수소H에 대해 Z=1, 헬륨He에 대해 Z=2, 리튬Li에 대해 Z=3 등을 의미하지요? 그것은 수열과 같은가요?" 아내가 물었다. "저는 그 숫자들이 규칙적으로 증가한다는 것 외에는 특별히 중요한 점을 찾을 수가 없네요."

[그림 42] 원소의 주기율표. 각 족(열)의 원자들은 원자들의 구성이 같아서 같은 성질을 갖는다.

"이 연속된 숫자들의 진정한 중요성은 얼마 동안 불명확한 채로 남아 있었어. 슈뢰딩거, 하이젠베르크, 폴 에이드리언 모리스 디랙 Paul Adrien Maurice Dirac 의 양자역학 이론조차도 그 주기적인 분류에 대한 합리적인 근거를 제시하지는 못했지. 그 후에 각 원자를 이루는 전자들에 할당되는 에너지 값은 더 제한되어야 한다는 것을 오스트리아의 물리학자 볼프강 파울리 Wolfgang Pauli(1900~1958)가 보여주었어. 그것을 파울리의 배타 원리*라고 부르는데, 원소의 주기율표를 설득력 있게 잘 설명해주고 있지. 한편 이것은 원자가 서로 결합하는 방법을 이해하는 열쇠를 제공해서 양자 화학 분야를 출현시켰어."

"이 양자이론을 이해하기가 어려운가요?" 아내는 궁금해했다.

볼프강 파울리 파울리는 상대성이론을 전개하는 데 공헌하는 한편, 양자론의 체계화에 힘썼으며 '파울리의 배타 원리'를 발견했다. 이것은 당시의 원자 구조론에 크게 공헌함과 동시에, 전자의 스핀을 해명하는 데 기여했다. 현대물리학 개척자의 한 사람으로 1945년 노벨물리학상을 받았다.

"사실 전혀 어렵지 않지만, 몇 가지 간단한 규칙을 배워야 하지. 그런 후에는 일종의 놀이가 되는데, 십자낱말풀이보다 쉽지는 않아도 그것만큼 쉬워져. 사실 주기율표에 있는 원소들의 유형이 변해가는 방법과 자연에서는 특별한 원자들끼리만 결합하려고 하는 이유와 그 결합하는 방법들을 이해하고 나면 당신도 재미있다는 것을 알게 될 거야."

"그럼 놀이를 시작해요. 그런데 규칙들이 어떤 것이지요?"

"양자역학 방정식의 해는 양자수라 불리는 정수들

---

* 다수의 전자를 포함하는 계系에서 둘 이상의 전자가 절대로 같은 양자 상태(4가지 양자수가 같은 상태)를 취하지 않는다는 법칙이다.

의 묶음을 포함한다고 당신에게 말했지? 그런데 이 수들은 다음 식에 따라 서로 연관된 값을 갖고 있어."

주양자수 $n=1, 2, 3\cdots\cdots$ 임의의 정수 값을 가진다.
제2 양자수 $l=0, 1, 2\cdots\cdots n-1$.
제3 양자수 $m=0, \pm1, \pm2\cdots\cdots \pm l$.
제4 또는 스핀 양자수는 $\pm\frac{1}{2}, -\frac{1}{2}$의 값만을 가질 수 있다.

"그런데 이 수들은 위에서 언급한 내용 이외의 뜻은 지니지 않았어. 우리가 그것들을 이용하여 셈을 하는 데에 이용하는 것이 아니라 단지 슈뢰딩거 방정식의 여러 가지 해를 구별하기 위한 부호로 사용한다는 뜻이야. 특정하게 허락된 에너지에 대해 처음 3가지 양자수의 가능한 한 조합들로 서로 다른 해를 나타낼 수 있지."

"내가 당신 말을 이해했는지 보세요. 주양자수가 $n=3$일 때 가능한 해를 생각해보기로 해요. 이 경우에 l은 0, 1, 2(=3-1)의 값들을 가질 수 있지요. 그러면 $l=0$일 때 m은 0의 값만을 가질 수 있지요. 하지만 $l=1$일 때 은 0, +1, -1의 값을 가질 수 있지요(그림 40 참고). 마지막으로 $l=2$일 때 m은 0, ±1, 또는 ±2가 되지요. 따져 보면 하나 더하기 셋 더하기 다섯이므로 전체 9개의 조합이 가능하군요. 그렇지요?"

"당신이 계산한 양자수들의 각 묶음에 대해 네 번째 양자수, 다시 말해 스핀 양자수가 $+\frac{1}{2}, -\frac{1}{2}$로 존재할 수 있다는 것만 빼고는 아주 정확해."

"아직까지는 어렵지 않네요." 아내는 약간 자신 없는 목소리로 말했다. "이제 원소의 주기율표에 대해 이야기해요."

"좋아. 당신에게 파울리의 배타 원리의 완전한 의미를 가르쳐줄 수 있지. 단일 원자 내의 어떤 두 전자도 4가지 양자수를 동일하게 가질 수 없다는 원리야. 그것을 황금률로 받아들이면, 당신도 논리적인 방법으로 주기율표 전체를 만들 수 있을 거야. 한 원자의 원자번호 Z는 그 핵 안의 +Ze의 전하와 균형을 이루기 위해 필요한 전자수를 나타내. 자, 이제 당신이 조심히 해봐."

"좋아요, 연필과 종이를 사용하는 것이 좋겠네요." 아내가 좀 더 자신감 있는 소리를 냈다. "$n=1$부터 시작하면 l과 m은 0이어야 하네요. Z=1에 대해 수소 안의 전자 하나는 $+\frac{1}{2}$, $-\frac{1}{2}$의 어느 스핀 양자수도 가질 수 있네요. Z=2에 대해 헬륨 안의 전자 2개는 처음 3개의 양자수는 동일하게 갖고 나서 스핀 하나는 +이고 하나는 -이어야 하겠네요."

"이렇게 맛있는 와플을 만든 것만큼이나 계산도 잘 하는군!"

"제발 조용히 하세요." 아내는 스스로 즐기고 있었다. "$n=1$에 대해 모든 가능한 한 조합을 끝냈으니까, $n=2$일 때의 가능성을 생각해보겠어요. 여기서 다시 $l=m=0$이고 그 스핀은 +인 것과 -인 2가지 조합이 가능해요. 그래서 Z=3인 리튬은 $n=1, l=m=0$에 대한 전자 2개를 갖고 세 번째 전자는 $n=2, l=m=0$과 스핀 양자수 $+\frac{1}{2}$를 갖지요. 이것은 이용할 수 있는 2개의 스핀 양자수 중에서 하나를 썼으므로 Z=4인 베릴륨$_{Be}$에 있는 네 번째 전자는 $n=2, l=m=0$이고, 두 번째 스핀 양자수 $-\frac{1}{2}$를 사용해야 하네요. 다음에는 $n=2, l=1$의 경우인데, m은 0일 수도 있고 +1, -1일 수도 있어서 전자 6개를 수용할 수 있는 준위가 있어서 우리는 네온$_{Ne}$의 원자번호인 Z=10까지 채울 수 있어요. 제 설명이 어때요?"

"아주 잘 했어!"

"그러면 한 줄만 더 해볼게요. $n=3$일 때, l은 0, 1, 2일 수 있지요. 우리는 이미 l이 0일 때와 1일 때는 어떻게 되는지 알아보았잖아요. 여기서 8

개의 조합이 가능하므로 우리는 아르곤의 원자번호인 Z=18까지 생각한 거예요. $l=2$일 때는 10개의 조합이 가능한데 주기율표에는 단지 8개의 원소만 있네요. 왜 그런가요?"

"간단히 대답해줄까? 아니면 자세히 설명해줄까?"

"저도 많이 알게 되었어요. 자세하게 설명해줘요."

"원자의 스펙트럼은 각 원자마다 독특하지만, 어떤 유사성도 갖고 있다는 것을 분광학자들은 알았지. 그래서 그들은 관찰된 스펙트럼선spectral line을 날카로운sharp, 명백한pronounced/principal, 널리 퍼진diffuse, 더욱 먼further 종류로 분류했어. 양자역학 이후에 이 선들을 전자들의 양자수와 관련지을 수 있게 되었는데, 문자 s로 표시된 날카로운 선은 $l=0$에 해당하는 것이었어. 명백한 p선은 $l=1$에 해당하는 것이었지. 널리 퍼진 d선은 $l=2$에 해당하고, 더욱 먼 f선은 $l=3$에 해당하지."

"그 다음 이어질 내용을 알겠네요. 한 원자에 들어 있는 처음 두 전자는 $l=0$이므로 2개 모두 s 전자이지요. 다음 두 전자는 $n=2$에 해당하고 유사하게 $l=0$이므로 역시 s 전자이지요. 그러므로 s 전자들은 날카로운 스펙트럼선을 만들고 이것은 수소H와 리튬Li이 마치 헬륨He과 베릴륨Be처럼 주기율표에서 같은 열의 위와 아래에 놓이는 이유이기도 하다는 것이 짐작되네요."

"재미있을 거라고 내가 말했지! 당신의 분석은 아주 정확하군. 사실은 처음의 두 전자는 간편한 약자로 나타내면 $1s$ 전자라고 하고, 다음 두 전자들은 $2s$ 전자라고 부르지."

"내가 계속 설명할게요." 아내는 완전히 빠져들었다. "다음 전자 6개가 $2p$ 전자에 해당하고, $n=2$에 대해서는 가능한 한 l값은 다 사용했으므로 우리는 더 생각할 것이 없어요. 이것은 한 행에 들어갈 수 있는 원자의 수에 한계가 있는 이유이지요?"

"주기율표에 있는 열은 원자들이 공통적으로 갖는 성질을 편리하게 나타내기 위해 고안되었는데, 각 행의 마지막 원자들은 정상 상태에서는 다른 원자들과 반응하지 않는다는 특징이 있지. 사실 그것들은 서로 쉽게 결합해서 액체를 만들지도 못하고 다른 원자들과 함께 화합물을 이루지도 못하기 때문에 불활성(비활성)기체*라고 부르지. 이런 특성을 갖는 근본 원인은 그러한 원자들은 특정한 주양자수 값 n에 대해 가능한 한 모든 에너지 준위를 다 채웠기 때문이지."

"알겠어요. 헬륨$_{He}$은 $n=1$에 대한 2가지 준위를 다 채웠고, 네온$_{Ne}$은 $n=2$에 대한 8개의 준위를 다 채웠기 때문에 두 원자는 불활성 기체라는 뜻이지요? 다음 행은 어떤가요? $3s$에 대한 전자 2개와 $3p$에 대한 전자 6개를 고려하고 나서도 $l=2$에 대해 10개의 전자가 더 있잖아요? 그런데 표에 있는 셋째 줄에는 18개 대신에 단지 8개의 원자들만 있는 이유가 무엇이지요?"

"한 원자에서 전자의 수가 증가하면, 그것들의 상대적인 에너지는 함께 있는 다른 전자들의 영향을 점점 더 받게 되지. 그러한 상호작용 때문에 $4s$ 전자의 상대적인 에너지는 $l=2$에 해당하는 $3d$ 전자보다 실제로 낮아지게 되는 거야. 그러므로 칼륨의 19번째 전자는 $3d$ 상태로 $n=3$에 대한 준위를 계속 채워 나가게 되는 대신에 $4s$ 전자가 됨으로써, 더 낮은 에너지를 가질 수 있지. 물론 열역학 제2법칙에서도 모든 물질은 가장 낮은 에너지 상태를 찾아간다고 했지."

---

* 주기율표의 마지막 열에 있는 18족 원소를 말한다. 최외각 전자가 모두 차 있는 이러한 원소들은 전자를 주거나 받기 힘들기 때문에 화학 결합을 하기 어렵다.

"방금 다른 것을 알아냈어요." 아내는 여전히 상기되어 있었다. "주기율표의 첫 번째 열에 있는 원소는 모두 새로운 행을 시작하는 s 전자들을 하나씩만 갖고 있네요. 유사하게 두 번째 열에 있는 원소는 한 쌍의 s 전자를 갖고 있고, 세 번째 열의 전자는 p 전자 한 개를 갖고······."

"당신이 방금 찾아낸 것은 멘델레예프가 실험적으로 유도해낸 체제를 이루는 기초가 되었어. 우리는 한 단계 더 나아가 분광 사진학적인 표시법을 알게 되면, 원소를 분류하는 전체 과정이 거의 다 저절로 명백하게 되지. 동일한 s, p, d 상태에 함께 존재하는 전자들은 부호의 오른쪽 위에 써서 나타내지. 따라서 수소의 전자 하나는 $1s^1$ 이고, 헬륨의 전자적 구조는 $1s^2$ 이고, 리튬은 $1s^2 2s^1$ 이지."

"내가 2가지만 해 볼게요." 아내는 정말 즐거워했다. "Z=13인 알루미늄은 $1s^2 2s^2 2p^6 3s^2 3p^1$ 의 전자 구조이고, Z=18인 아르곤은 $1s^2 2s^2 2p^6 3s^2 3p^6$ 이군요."

"정말 잘하는군!"

"다음 줄에서는 어떻게 되는지 확신이 안 드네요." 아내가 낙심한 듯이 말했다.

"당신이 말한 대로 $4s$ 전자의 에너지는 $3d$ 전자의 에너지보다 낮으므로 아르곤의 18개 전자를 배치한 후에 칼륨K과 나트륨Na은 각각 $4s^1$, $4s^2$ 을 갖겠군요. 하지만 Z=21인 스칸듐Sc은 어떻게 되나요? 다음 전자는 $4p$ 전자인가요, 아니면 $3d$ 전자인가요?"

"$3d$ 전자의 에너지는 $4p$ 전자의 에너지보다 훨씬 낮아서 다음 10개의 원소는 10개의 $3d$ 상태를 차례대로 채워 나가지. 그 과정은 Z=28인 니켈Ni까지 계속되어 그것의 전자 구조는 아르곤의 전자 구조에 $4s^2 3d^8$ 을 합한 것이 되지. 예외일 때만 빼고는 말이야."

"그것은 혼란스럽지 않겠지요, 그렇죠?" 아내가 애처롭게 물었다. "내가 정말 잘 해내고 있는 건가요?"

"당신에게 자세히 말하지는 않겠지만, 그것은 매우 중요한 결론을 가져오지." 나는 참을성 있게 대답했다. "한 전자의 $3d$전자의 수가 증가할수록 $3d$와 $4s$전자의 에너지 차이는 더 작아지게 돼. 그렇기 때문에 망간 Mn부터 니켈 Ni까지는 최외각 전자들이 두 상태 중에 아무데나 같은 정도로 들어가지. 그래서 각 니켈 원자의 마지막 10개의 전자는 바로 $4s^1 3d^9$ 상태가 되는 것을 선호하지. 고체 내에서 이러한 외각 전자들은 역시 이웃한 전자구름의 영향을 받으므로 이 2가지 가능한 상태 사이의 전자 분포는 더욱 수정될 수도 있어. 실제로 우리는 이러한 이유 때문에 망간 Mn, 철 Fe, 코발트 Co, 니켈 Ni을 전이 금속이라고 부르고 있어. 이 모든 것의 중요성은 전자 각자가 자신의 상태를 쉽게 변화시킬 수 있다는 데에 있어. 전이 원소들이 보여주는 다양한 성질은 이것으로 설명할 수 있어. 예를 들면 이러한 원소들은 강자성強磁性을 띤다는 것을 당신이 기억하는지 모르겠어. 또한 전이 금속들은 다른 대부분의 금속 원자보다 다양한 비율로 다른 원소들과 결합할 수 있어."

"실제로 한 원소가 다른 원소를 만나면 어떻게 되지요?" 아내는 원자들을 짝짓는 게임에 다시 관심을 보였다.

원자를 서로 끌어당기는 것은 무엇일까?

"원자 결합을 이해하기 위해 주기율표(그림 42)를 보면 각 행의 마지막 원소는 그 마지막 주양자수 n에 대해 모든 상태가 꽉 찬 전자 구조를 가지고 있어. 이것은 한 원자에 대해 매우 안정된 상태라서 그 마지막 열에 있는 원소들은 어떤 다른 원자들과 상호작용을 하고 싶어하지 않지. 두 번째 주기(행)의 마지막에 있는 네온Ne이 이런 경우야. 그 다음 원자인 나트륨Na을 보면, 그 내부 구조는 네온의 구조에 $3s$ 전자가 하나 더 있는 형태이지."

"나트륨이 그 전자를 내버리고 네온과 같은 안정된 상태로 변할 수도 있나요?"

"원자가 외각 전자 하나를 잃으면, 이온화되었다고 하지. 그리고 전자가 부족해지면 그 원자는 양이온이 되는 거야."

"원자의 핵이 갖은 전하는 $+Ze$이고 그것을 둘러싼 음전하인 전자수가 $Z-1$로 감소했기 때문에 양전기를 띠는 거지요?" 아내는 깊이 생각했다. "그 다음 원자인 마그네슘Mg은 2개의 $3s$ 전자를 내버리면 2배의 전하를 띤 이온이 된다는 뜻이지요?"

"정확해. 우리는 양전하를 띠는 이온을 양이온이라 하고 그들의 전하량은 원자가와 관련이 있어. 그래서 나트륨은 +1의 원자가를 갖고 마그네슘은 +2의 원자가를 갖는 거야. 이와 같은 방식으로 주기율표의 각 행의 오른쪽 끝에 있는 원소들은 부근의 불활성 기체와 같은 외각 전자 구조를 만들기 위해 1~2개의 전자를 받아들일 수 있지. 그런 일이 일어날 때, 그 원자들은 음전하를 띠는 이온 즉 음이온anion이 되는 거야. 그래서 염소Cl 이온은 전자 1개를 더 갖게 되어 -1의 원자가를 갖고, 황S은 전자 2개를 가져가서 -2의 원자가를 갖지."

"나트륨 양이온이 염소 음이온을 만나면 어떻게 되지요?" 아내가 자문자답했다. "내가 답해 볼게요. 그것들은 염화나트륨 분자를 이루지요?"

"물리학을 배우지 않았지만 대단하군." 나는 살짝 놀려 주었다. "원자가 불활성 기체와 같은 전자 구조를 가지면, 그 바깥 면이 음이나 양으로 균일한 전하를 띤 구$_{sphere}$를 형성하게 되지. 결과적으로 각각의 양이온은 그 둘레에 채울 수 있는 한, 많은 음이온을 끌어당기려 하고 반면에 각각의 음이온은 가능한 한 많은 양이온으로 둘러싸이려고 하지. 이러한 이유로 분자는 따로 떨어진 모임보다는 연속적인 고체의 형태를 이루게 되는 거야"(그림 43).

"양이온이 음이온에 작용하거나 음이온이 양이온에 작용하는 정전기력(쿨롱의 힘)이 아주 강하기 때문에 이것이 가능할 거예요." 아내는 큰 소리로 이유를 말했다. "반대 전하들은 서로 잡아당기는 것을 우리는 알잖아요. 그래서 1개의 양이온과 1개의 음이온이 결합하고, 전하를 띤 다른 이온이 가까이 접근하면 순간적으로 처음 쌍의 어느 이온에 끌리게 되는 것이지요. 전하는 각 이온 둘레에 균일하게 퍼져 있기 때문에, 이 과정은 그림 43의 배열이 만들어질 때까지 계속 일어나지요."

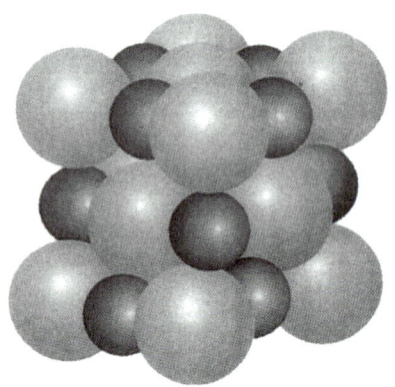

[그림 43] 염화나트륨 결정 속의 염소(큰 것) 이온들과 나트륨(작은 것) 이온들의 원자 배열의 일부. 각 이온은 반대 전하를 띤 6개의 이온으로 둘러싸여 있어서, 각각의 전하는 전기적으로 중성이다. 실제로 소금 결정에서 이 배열은 3차원 방향으로 1,000만 회 정도 반복된다.

"그 말대로야. 그리고 그것을 이온결합*이라고 부르지."

"이온들은 일부일처 관계를 가질 수 없으니 안됐군요." 아내가 또 우스갯소리를 했다.

"실제로 어떤 원자들은 바로 그렇게 하기도 해. $1s$ 전자를 가진 수소 원자를 생각해봅시다. 다른 수소 원자에 접근하면 어떤 일이 일어날 거라고 생각해?"

"그것들의 각 스핀이 같거나 다른 정도에 따라 달라질 것 같은데요. 스핀이 같다면, 파울리의 배타 원리에 의해 그들은 서로 피할 것으로 짐작되는데요. 하지만 그들이 반대 방향의 스핀을 갖고 있다면, 두 수소 원자는 서로 끌어당겨서 하나의 수소 분자를 만드나요?" 아내가 궁금해했다.

"정말로 그렇게 돼!" 아내가 어떻게 그런 추상적인 개념을 깨달았는지 나는 놀랐다. "$1s$ 전자는 각 수소 핵을 구형의 구름 모양으로 둘러싸고 있는 것을 기억할 텐데, H_2 분자 안에 결합되어 있는 2개의 수소 원자는 두 핵 사이에 전자 밀도가 집중된 아령 모양(그림 44)을 하고 있어."

"수소 분자의 전자 구조는 $1s^2$라고 하면 옳은 말인가요?"

"분자 안의 각 수소 원자들은 '평균적'으로 $1s^2$의 전자 구조를 갖는다는 말은 옳지. 각 원자는 유일하게 갖는 전자를 공유하여 전자쌍 결합을 함으로써 안정된 상태가 되는 것이야."

"전자쌍 결합의 세기를 반대로 대전된 이온 사이에 일어나는 이온결합의 세기와 비교하면 어떤가요?"

"실제로 전자쌍 결합은 우리가 알고 있는 원자 사이의 결합 중 가장 강

---

* 이온 결정체 내부에서 연속적인 형태로 방향성이 없이 음이온과 양이온으로 형성된 결합이다.

[그림 44] 2개의 수소 원자는 서로 반대의 스핀을 갖는 각자의 전자를 공유하는 방법으로 결합하여 분자를 형성한다. (a) 2개의 수소 핵을 싸고 있는 전자구름들은 사실상 아령 모양이라고 여겨진다. (b) 전자 공유 결합을 도식적으로 나타내는 다른 방법이다.

해. 이것을 공유결합*이라고 부르기도 하는데, 이것의 발견은 양자역학의 또 하나의 승리야. 당신도 알다시피, 처음의 세 가지 양자수가 동일한 전자들은 한 원자 내에서 서로 쌍을 이루려 하는 경향이 강하다는 것이 분명하잖아. 그러므로 한 원자 내에서 쌍을 이루지 못한 전자들은 다른 원자 내의 쌍을 이루지 못한 짝을 자유롭게 찾아 공유결합을 이룰 수 있는 거야."

"수소 외에도 공유결합을 이룰 수 있는 원자가 있다는 소리로 들리네요." 아내는 불확실한 어투로 말했다. "그것들은 어떤 방법으로 그런 결합을 하게 되나요?"

"주기율표로 다시 돌아갑시다. 플루오르$_F$ 원자는 불활성 기체인 네온의 배열에 비해 전자 하나가 부족하지. 2개의 플루오르 원자가 서로 접근한다고 가정합시다. 각 원자 내의 쌍을 이루지 못한 외각 전자 하나씩이 쌍을 이루면, 2개의 플루오르 원자는 공유 결합을 하여 F_2 분자를 이룰

---

* 전자쌍 결합으로 불리며, 이웃하는 두 원자가 전자쌍을 공유함으로써 아주 강한 정전기력이 생기는 원자 사이의 결합이다.

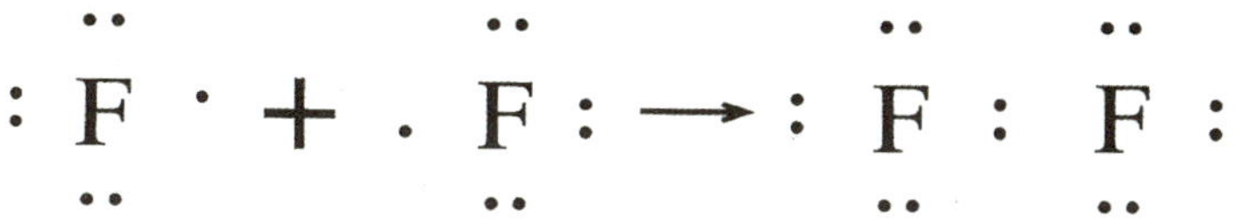

$$:\!\overset{..}{\underset{..}{F}}\!\cdot\;+\;\cdot\overset{..}{\underset{..}{F}}\!:\;\longrightarrow\;:\!\overset{..}{\underset{..}{F}}\!:\!\overset{..}{\underset{..}{F}}\!:$$

[그림 45] 플루오르 원자 2개는 따로 분리되어 있을 때는 짝을 이루지 못하고 있던 $2p$전자 한 개씩을 가지고 쌍을 이루게 함으로써 플루오르 분자를 만든다. 그럼으로써 각 원자는 $2s^2 2p^6$의 통계적 배열을 이룬다.

수 있지(그림 45). 이런 방법으로 양쪽의 플루오르 원자는 통계적인 의미로 네온과 같은 전자 구조를 갖는 것이지."

"원자가 외짝 전자 unpaired electron 를 가질 때는 어떻게 될까요? 그것은 하나 이상의 공유결합을 이룰 수 있나요?"

"절대적으로 옳은 말이야. 전자 구조가 $1s^2 2s^2 2p^4$인 산소O를 생각해봅시다. 그 안의 $2p$전자 2개가 외짝이라면, 그것들은 다른 원자 안에 있는 외짝 전자들과 전자 공유결합을 이룰 수 있겠지. 두 산소 원자는 전자 공유결합 2개를 이루어 산소 분자를 만들 수 있어. 그렇지 않으면 다른 종류의 원자 2개와 각각 하나씩의 전자 공유결합을 이룰 수도 있겠지. 주기율표에서 주기(행)의 중심으로 갈수록 그러한 가능성은 매우 급격히 증가해."

"2개의 수소 원자가 1개의 산소 원자와 공유결합하여 H_2O 분자를 만드는 과정이 그렇지요?" 아내는 이렇게 말하고 흐뭇해했다.

"아주 좋아!" 나는 아내의 열성에 웃을 수밖에 없었다. "많은 전자를 가진 원자들을 고찰할수록 일은 점차적으로 더 복잡해져. 또한 원자간의 결합도 불분명하게 이루어져서 일부의 이온결합과 일부의 공유결합이 섞여 있는 형태가 되지."

"개개의 분자는 어떻지요? 그것들은 서로 결합하여 고체를 이루는 방법이 있나요?" 아내의 호기심은 여전했다.

"공유결합된 원자들도 이온결합한 이온들과 마찬가지로 커다란 결정을 이룰 수 있어. 탄소 원자들은 거대한 망상 조직으로 결합하여 다이아몬드 결정을 이루지(그림 46). 다이아몬드의 강도(가장 강함)와 그 외의 성질들은 이웃한 탄소 원자들의 전자 공유로 이루어지는 결합력의 세기로서는 예외적이야. 반면에, 구성 원자들 내부에 불활성 기체와 같은 배열을 갖게 된 작은 분자들은 쉽사리 고체를 이루지 못해."

"물속의 H_2O 분자들처럼!" 아내의 기쁨을 지켜보며 내가 즐거워하듯이 그녀도 자신의 예민한 지각력에 매우 즐거워했다.

"한 원자나 분자 내의 모든 전자가 일단 짝을 이루고 나면, 자신들이 닮은 불활성 기체 원자들처럼 다른 원자나 분자를 피하려고 하기 때문에 대부분의 작은 분자들은 상온 1기압에서 기체 상태로 있으려 하지."

"H_2O 분자들은 상온에서 액체 상태인데요." 아내는 재빠르게 지적했다.

"그 말은 옳아. 그 이유는 물 분자의 독특한 구조에 있어. 2개의 수소

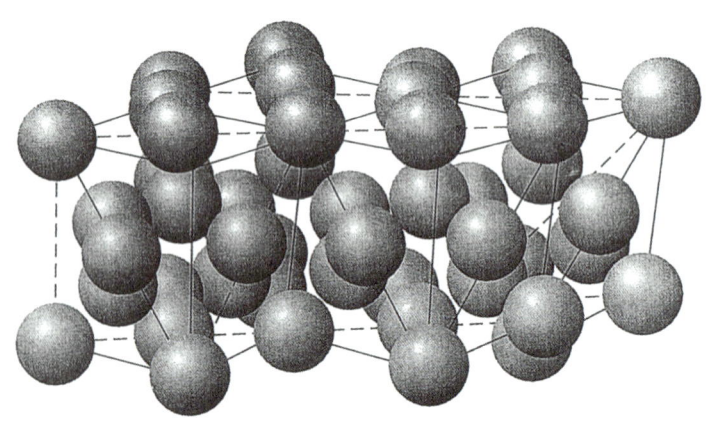

[그림 46] 다이아몬드 결정을 이루는 탄소 원자 배열의 일부분이다. 각 원자는 4개의 다른 탄소와 전자가 공유결합을 하고 있다. 반지 크기의 다이아몬드가 되려면 그 배열은 각 방향으로 수천만 배로 확장되어야 한다.

원자들이 공유결합으로 일종의 물렁한 구$_{sphere}$인 산소 원자에 붙어 있는 그림을 상상해봐. 그 안의 전자가 일부에 편중되어서 각 수소 원자는 그 반대편으로 나와 있게 돼. 이것은 양전하인 수소 원자핵들이 부분적으로 산소의 반대쪽 끝에 있고, 반면에 분자의 반대쪽 끝에는 음전하가 다소 남아돈다는 것을 의미하지. 그래서 물 분자는 양 끝이 양과 음으로 각각 대전된 전기 쌍극자가 되는 거야."

"자기 쌍극자처럼 전기 쌍극자도 서로 끌어당길 수 있겠군요." 아내는 언제나 옳았다. "그렇다면 왜 그것들은 고체가 아니지요?"

"당신도 알다시피 물은 화씨 32도 또는 섭씨 0도에서 얼잖아. N극과 S극이 영구적으로 고정된 자석과는 달리, 물 분자 속의 수소 핵의 위치는 상온에서 단단히 고정되지 않아서 이웃하는 물 분자들 사이의 결합은 영구적이지 못하지. 이 때문에 액체 상태에서 더 자유로이 움직일 수 있는 거야."

"결국 데모크리토스가 소크라테스보다 옳은 생각을 했군요. 물 원자는 미끄럽고 철 원자는 고리가 붙어 있다는 생각 말이에요. 우리가 양자역학에서 알게 된 것은 이러한 고리들은 공유결합이었다는 것이네요."

"그것이 나의 양자역학이라면 얼마나 좋을까!" 나는 아쉬운 듯이 말했다. "어쨌든 당신과 내가 자연에 대해 점점 이해하는 수준이 높아져 가는 것은 고무적이야."

열여섯 번째 아침 식사

오렌지 주스와 도넛과 커피

지구는 유체로 둘러싸여 있다

"오늘은 좀 늦었어요. 그래서 아침 식사는 도넛과 커피로 해야겠네요. 오렌지 주스도 좀 드릴까요?"

"오렌지 주스는 내가 만들게. 오늘은 아쉽지만 물리에 관한 대화를 생략해야 할 것 같아."

"그럴 필요는 없어요. 당신이 간단히 설명해주실 수 있다면 물 분자에 대해 더 알고 싶어요." 아내는 호기심이 매우 강했다.

"당신도 알고 있겠지만 지표면의 대부분은 물로 덮여 있지. 마찬가지로 당신과 나도 대부분 액체로 이루어져 있어. 게다가 우리를 둘러싸고 있는 공기와 지구도 유체로 되어 있고."

"공기가 유체라고요? 나는 공기를 기체라고 생각했는데."

"지금 상황에서는 모든 물질을 고체와 유체로만 구분해봅시다. 고체는 일정한 크기와 모양을 갖고 있는데, 그것은 원자들이 고체 내부에 단단하게 묶여 있기 때문이지. 반면에 유체는 용기의 모양을 띠는 것이 그 특징이야."

"그런데 액체 속의 원자들과 분자들은 서로 묶여 있잖아요." 아내는 이의를 제기했다. "그렇지 않으면 기체 원자처럼 날아가 버리지 않아요?"

"그것은 틀림없는 사실이야. 액체 내의 원자들은 물처럼 비교적 느슨하게 결합되어 있지. 또한 액체는 고체처럼 압축될 수는 없어. 그래서 액체는 자신의 모양을 갖지 못하고 액체가 담겨 있는 용기의 모양을 갖게 되지. 액체를 구성하고 있는 원자나 분자는 기체 원자들처럼 끊임없이 운동을 하며 용기 내부의 벽과 충돌하고 있어. 그런데 기체 원자들은 한 순간도 서로 묶여 있지 않다는 당신 이야기는 맞아. 기체 원자들은 그들과 비슷한 액체보다 훨씬 빠른 속력으로 자유로이 운동을 하게 되지."

"나는 그런 식으로 생각해본 적은 한 번도 없어요. 우리를 둘러싸고 있는 공기가 유체라면 우리는 그 유체 속의 바닥에 살고 있나요?"

"그렇지. 지면에서 대략 10킬로미터까지를 대류권이라 하고 그 위쪽을 성층권이라 하지. 그 위로 올라갈수록 공기는 점점 희박해지는데, 대기의 99퍼센트가 지면에서 약 40킬로미터 이내에 존재하고 있어. 그런데 당신이 탄 비행기가 13킬로미터의 고도를 유지하고 있다면 당신은 대기의 80퍼센트 위를 날고 있는 셈이야."

"와!" 아내는 밝게 웃었다.

"지상으로 내려오게 되면 당신은 엄청난 양의 공기를 짊어지게 되지.

다시 말해 공기가 우리를 누르고 있는 거야! 이렇게 공기가 누르는 압력을 대기압이라 하지. 사람들은 폐나 혈액 내부의 공기와 같이 우리 몸속에 존재하는 모든 기체가 대기압과 같기 때문에 이를 느끼지 못하는 거야. 그러나 잠수부가 물속으로 들어가면 잠수부 위에 있는 물이 몸속의 공기를 더 세게 누르기 때문에 잠수부는 압력을 느끼게 되지."

"그래서 잠수부들은 물 위로 천천히 올라와야 되는구나. 그렇지 않으면 공기색전증의 위험을 무릅써야 되니까. 맞죠?" 아내는 자신 있게 말했다. "우리가 물고기와 비슷하게 유체의 바닥에 살고 있다는 것을 언제 알게 되었죠?"

"그리 오래되지 않았어. 갈릴레오가 죽기 얼마 전, 토리첼리Torricelli가 그의 조수로 일하게 되었는데 갈릴레오는 토리첼리에게 피렌체Firenze의 감압(물) 펌프가 어떻게 작동하는지를 연구하도록 지시했지."

"이탈리아에서 내가 제일 좋아하는 도시! 피스톤을 이용하여 수도관 위쪽에 진공을 만든 다음 진공 속에 물을 채우는 방식으로 물을 끌어올리지 않았나요?"

"그 당시엔 모두 그렇게 생각했지. 그러나 토리첼리는 진공이 물을 끌어올리는 것이 아니라 10.3미터의 물기둥에 해당하는 대기의 압력이 물을 밀어올리는 것이라고 추론했던 거야."

"그가 갈릴레오의 문하생이었다면 그것을 증명하기 위해 과학적인 방법을 사용했겠군요."

"물론 그렇게 했어. 토리첼리는 수은의 밀도가 물보다 13.6배 크다는 것을 알고 있었기 때문에 대기압은 수은주의 높이를 높이가 10.3미터인 물기둥의 $\frac{1}{13.6}$ 정도로 유지시켜야 한다고 생각한 거지."

"과학 실험실에서 이를 실험한 것이 기억나요. 한쪽 끝이 막힌 긴 유리

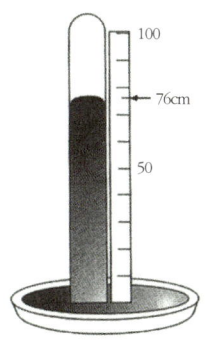

[그림 47] 한쪽 끝이 막힌 유리관에 수은을 넣고 거꾸로 세우면 간단한 기압계가 된다. 해수면에서 수은주의 높이는 76센티미터다.

관을 준비하여 수은으로 가득 채운다. 끝이 열린 쪽을 손으로 막은 상태에서 유리관을 거꾸로 하여 수은이 들어 있는 용기에 세워 놓는다. 유리관 내의 수은이 약간 흘러내리지만 유리관 내의 수은은 76센티미터의 높이를 유지한다(그림 47). 정확한가요?"

"정확해. 기억력이 아주 좋은 편이야." 나는 싱글벙글했다. "토리첼리는 대기압은 76센티미터의 수은주 기둥이 작용하는 압력과 같다는 것을 증명했지. 이 때문에 그는 최초로 기압계를 발명하게 되었는데, 이것은 후에 보일과 그 밖의 과학자들이 기체를 연구하는 데 매우 소중하게 활용되었어."

"좀 더 기억해볼까요?" 아내는 혼자서 즐거워하고 있었다. "아르키메데스는 유체 속에 잠겨 있는 물체가 받는 부력은 물체의 부피와 같은 양에 해당하는 유체의 무게와 꼭 같다는 것을 발견했잖아요. 그가 이 사실을 알았을 때 진짜로 목욕탕에서 맨몸으로 뛰어나와 '유레카'라고 크게 외쳤잖아요?"

"나는 그 이야기가 얼마만큼 사실인지는 모르겠지만 그 당시 사람들은 요즘보다는 그다지 수줍어하지 않았기 때문에 실제로 일어났는지 모르겠어. 그러나 아르키메데스의 원리는 기체와 액체 둘 다 왜 유체로 분류되는지를 잘 설명해주고 있지. 풍선을 하나 가져와서 공기를 불어넣어 부풀려 봐. 풍선을 가만히 놓으면 풍선은 곧 땅에 떨어질 거야. 이번에는 풍선에 같은 양의 헬륨 기체를 넣어 부풀린 후 가만히 놓으면 풍선은 순식간에 공기 중으로 높이 올라가게 되지. 그 이유를 말해줄 수 있겠어?"

"풍선이 부풀면 그만큼 공기가 채워지게 되죠." 아내는 아주 자신 있게 말했다. "풍선에 공기를 채우면 더 무거워지고 풍선 속의 공기와 풍선의 무게가 더해져서 더 무거워지므로 풍선은 곧 땅으로 떨어지게 되죠. 그러나 공기보다 훨씬 가벼운 헬륨을 풍선에 넣으면 풍선은 공기의 부력을 받아 공기 중으로 높이 올라가게 되죠."

"나는 당신만큼 완벽하게 설명할 수 없었을 거야."

"조금 더 이야기할게요. 토리첼리는 운전자가 자동차의 브레이크 페달을 밟으면 브레이크 내의 유체를 통해 같은 압력이 4개의 바퀴에 전달되는 것처럼 밀폐된 용기 안의 유체를 밀면 유체에 작용한 압력이 유체를 통해 균일하게 분배된다는 것도 발견했죠?"

"그것을 발견한 사람은 파스칼이야. 유체에 관한 파스칼의 원리(유체정역학적 원리)는 아주 중요한 결과를 갖고 있지. 첫째는 액체는 항상 그들 자신의 높이를 찾아간다는 사실이고, 둘째는 압축할 수 없는 유체와 적당한 크기의 공기 압축기만 있으면 우리는 수 톤의 자동차도 들어올릴 수 있다는 사실이야"(그림 48).

"오늘 아침에는 고체에 관해 조금만 더 이야기하고 끝내도록 합시다."

"궁금한 게 있는데, 지금 액체가 반 정도만 들어 있는 컵은 반이 채워

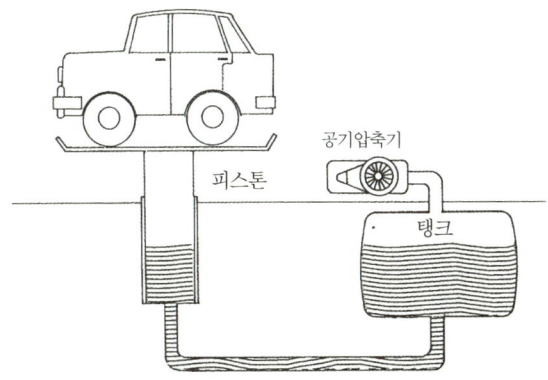

[그림 48] 파스칼의 원리를 이용하여 자동차도 들어올릴 수 있는 유압 승강기를 작동시킬 수 있다.

진 건가요, 아니면 반이 비워진 건가요?"

"먼저 그 액체가 보통 물인지, 최고급 와인인지 알아야 되겠는데."

고체가 없으면 살 수 없다

"커피는 컵이 있기 때문에 테이블 위로 흐르지 않죠. 도넛은 중간에 구멍을 가진 모양을 유지하고 있죠. 그런데 둘 다 풍선에 들어 있는 기체와는 달리 외부 공기압에 의한 압축을 견뎌내고 있어요. 그들 원자 사이의 결합은 무엇 때문에 달라지나요?"

"고체 원자들은 서로 영구적인 결합을 하고 있지만 액체 원자들은 일시적인 결합을 하고 있어서 원자들의 움직임에 따라 결합이 끊어졌다 다시 이어졌다 하는 거지."

"당신이 다이아몬드 결정 내부의 탄소 원자의 배열(그림 46)을 보여주었을 때, 그것은 당신과 같이 X선 결정학자들이 연구한 것에 근거를 두었나요?"

"그렇지. X선을 결정들에 입사시켰을 때 결정이 X선을 어떻게 산란시키는지를 연구해서 고체 내부의 원자 배열 상태를 알 수가 있지. 이를 가장 최근에 발전된 양자역학과 결합시켜서 전에는 완전하게 고찰하지 못했던 물리적·역학적 성질을 알 수 있게 되었어. 이 때문에 트랜지스터가 발견되었고 삼극 진공관의 발견으로 시작된 전자공학 시대에 대변혁이 일어나게 되었지."

"아, 그 진공관들 생각나요! 텔레비전이 고장 나면 텔레비전 본체에서 진공관을 모두 떼어내어 동네 골목의 약국에 가서 진공관 시험기로 그것을 시험했죠. 그래서 진공관을 교체했더니 텔레비전을 다시 볼 수 있게 되었지요. 지금은 나의 영리한 물리학 교수인 남편은 텔레비전을 고치기 위해 서비스센터에 전화로 사람을 부르는데요. 그것이 트랜지스터가 만들어낸 대변혁인가요?"

"그것이 진보라는 이유 때문에 우리가 치러야 할 대가야. 내가 MIT 대학의 대학원생이었을 때, '회오리바람whirlwind'이라 부르는 고속 컴퓨터의 내용물인 진공관으로 가득 찬 빌딩이 있었지. 요즘은 조그만 전자계산기로 그것과 같은 수학적 계산을 할 수 있으며, 그보다 훨씬 빠른 속도로 처리할 수 있지. 그것은 발전의 다른 측면이라 할 수 있어."

"당신 말이 옳다고 생각해요." 아내는 마지못해 받아들였다. "트랜지스터가 계산 능력이 뛰어나므로 통신과 이와 유사한 분야는 엄청난 발전을 할 수 있었죠. 당신이 말하는 트랜지스터가 혹시 그동안 사람들이 이야기하던 '칩'이 아닌가요?"

"맞아. 트랜지스터는 대부분 원자 구조가 다이아몬드와 꼭 같은 작은 실리콘 칩들로 이루어져 있지(그림 46). 하나의 실리콘 결정이나 칩에는 1해(100,000,000,000,000,000,000) 개의 실리콘 원자가 들어 있는데, 그 수를 보면 왜 칩 하나가 수많은 진공관이 했던 모든 일을 똑같이 할 수 있는지를 알 수 있을 거야. 칩을 만드는 실리콘이 다른 물질보다 풍부하고 상대적으로 값이 비싸지 않지만 오늘날 많은 사람은 다른 물질들을 찾고 있어. 새로운 물질과 이미 알고 있는 물질을 사용하는 새로운 방법에 대해 끝이 없어 보이는 연구가 진행되었어. 고체 물리학자, 화학자, 야금학자와 이와 관련된 과학자들의 재능과 기술을 결합하기 위해 물질과학이라는 완전히 새로운 분야가 발전하게 되었지."

"당신이 고체 물리학이 미국 물리학회에서 가장 큰 그룹이 되었다고 말하지 않았어요? 폴리머(중합체, 10만 개 이상의 원자로 이루어진 큰 분자이며 고분자의 한 종류)과학은 물리학의 한 분야인가요, 아니면 물질과학의 한 분야인가요?"

"당신도 알다시피 중합체란 1만 개나 10만 개 이상의 원자가 이루어져 단일 중합 분자를 이루는 거대한 분자들이야. 그래서 중합체를 만드는 일은 화학자들의 영역에 속하지. 중합체 물리학은 확실히 중합체 물리학자들의 영역이지만 중합체의 특성화와 이용은 중합체 과학자들과 공학자들의 영역이지. 많은 학문 분야와 관련 있는 세계에서는 그들 모두 물질과학에서 그 근원을 찾고 있지."

"어떻게 해서 우리가 실리콘 칩에 대해 이야기하다가 중합체에 대해 이야기하게 되었죠?" 아내가 큰 소리로 물었다.

"간단하지. 트랜지스터의 발견은 고체 물리학자들의 많은 관심을 불러일으켰지. 소련의 유인 위성 발사에 자극을 받은 미국은 물질과학 연구에 엄청난 투자를 하게 되었고, 과학자들은 이런 기회를 재빨리 활용했지. 과학자들의 공동 노력을 통해 자연을 이용하는 새로운 방법을 발견하였어. 지난 30년 동안 이룩한 발전은 실로 놀랄 만한 것이야. 최근에 발견된 몇 가지를 살펴봅시다. 고체레이저와 광섬유가 통신에 활용된다든지, 고체 초전도체가 거의 실온에 가까운 온도에서 활용된다든지……."

"잠깐! 내가 잘못 물은 것 같은데, 나는 중합체에 대한 관심이 왜 그렇게 많아졌는지 알고 싶어요."

"그것은 소형화 때문이지. 처음에는 우주로 발사된 물체들의 무게를 줄이기 위해서였고, 나중에는 지금의 작은 실리콘 칩에 보다 많은 기능을 부여하기 위해서였지. 그런데 우리의 신경계와 몸의 다른 부분을 이루는 폴리머 분자들은 이미 통신망을 구성하는 요소의 많은 부분을 포함하고 있어. 우리가 지금 해결하려고 하는 것은 외부에서 그것의 움직임을 조절할 수 있는 상태로 이용하는 방법이야."

"그렇지만 일반적으로 플라스틱으로 알려져 있는 폴리머는 실리콘 칩처럼 단일 결정이 아니죠? 트랜지스터는 단일 결정으로 만들어져야 한다고 생각했는데."

"그건 맞아. 그렇지만 폴리머 분자들은 아주 커서 그 속에 들어 있는 무수히 많은 원자의 양전기와 음전기가 정전기력을 발생시켜 이웃한 분자들을 아주 강하게 끌어당기게 되지. 레이온과 나일론, 합성섬유나 플라스틱 접시를 생각해봐. 자동차 범퍼조차도 플라스틱으로 만들어져 있어. 이러한 물질들의 분자들은 실리콘 결정에서 볼 수 있는 고도의 주기적인 배열을 하고 있지 않은데, 정확히 말해서 그러한 고체를 유리라 부르지. 그런데 결정에 속하는 성질의 대부분이 규칙성이 덜한 배열을 가진 유리로 전달되고 있다는 사실이 입증되고 있어. 이 사실이 고체 소자를 이용한 장치에 응용할 수 있도록 폴리머와 다른 유리 물질들이 주목 받고, 이에 대한 관심이 높아지고 있는 이유지."

"당신이 방금 말한 것을 설명해달라고 하면 저녁때까지 여기서 계속 이야기를 나누어야 할 것 같네요. 오늘 설명도 고마워요."

"도넛과 커피, 정말 맛있었어. 나도 고마워!"

열일곱 번째 아침 식사

쌀 과자

누가 방사능을 겁내나?

"지난밤에 드라마틱하게 핵물리에 대한 이야기를 해야겠다는 생각이 갑자기 떠올랐어. 당신 생각은 어때?" 어느 날 아침, 아내에게 물었다.

"1945년 8월 6일 아침 10시 45분경, 백악관은 '16시간 전, 미 공군기 한 대가 일본 군수 산업의 중심지인 히로시마에 원자탄 한 발을 떨어뜨렸으며……'라는 성명을 발표했어. 전쟁에 지친 세계는 제2차 세계대전을 종식시키려는 트루먼 대통령의 중대 결심을 따랐던 거야."

"전 세계의 시청자들을 사로잡았겠군요. 약간 역설적이긴 해도, 그 주제는 오늘 아침에 먹을 쌀 과자의 부서지는 소리와 어울리겠는데요."

"반세기 전에 내린 트루먼의 결정을 우리가 지금 어떻게 받아들일 것인지는 상관없이, 그 기원이 어찌 되었든 지난 한 세기 동안 폭탄의 발전이 걸어온 길은 아무래도 잘못 인도되어 왔던 것 같아. 어쨌든 물리학자들의 아들이자 손자였던 앙투안 앙리 베크렐Antoine Henri Becquerel(1852~1908)은 우라늄염을 함유한 인광성 광물을 검은 종이에 싸서 책상 서랍 속에 있는 사진 건판 가까이 놓아두었어. 그리고 햇빛이 그의 연구실 창문을 비출 때까지 기다렸지."

▌ **앙투안 앙리 베크렐** 베크렐은 우연히 우라늄 화합물을 연구하던 중에 방사능 물질을 발견했다.

"그 실험은 광물의 인광성에 햇빛이 어떤 역할을 하는지 알아보기 위한 건가요?"

"그렇지. 어느 날 햇빛이 그날 하루밖에 비치지 않았지만, 여러 날 서랍 속에 있던 사진 건판이 감광되었는데, 그 무늬는 같은 양의 햇볕을 쪼였던 그 전의 것보다 훨씬 검은색이었지. 이것은 햇빛이 원인이 아니라는 사실을 확인시키는 것이었어. 그 때문에 무언가 다른 것이 사진 건판을 감광시킨 것이라는 결론을 얻었지. 그것은 인 때문이었을까? 광물을 가열, 동결, 분쇄, 용해시키는 방법도 사용했지만 그 복사선의 원인은 아닌 것을 알았어. 베크렐은 결국 광물 속의 우라늄염이 사진 건판을 감광시키는 원인이라는 결론에 도달할 수밖에 없었지."

"당신 이야기와 비슷한 경우가 같은 시기에 파리에서 있었다고 들었어요. 폴란드 유학생인 마리 퀴리Marie Curie(1867~1934)는 그의 프랑스 교수인 피에르 퀴리

▌ **피에르 퀴리(위)와 마리 퀴리(아래)** 이들은 방사능을 발견하여 노벨물리학상을 수상했다.

Pierre Curie(1859~1906)와 결혼했잖아요? 그들이 베크렐선의 발견에 대해 공부할 때, 자신들의 고유한 연구에도 착수했죠. 그것은 나중에 퀴리 부인이 '방사능'이라고 이름 붙인 연구였죠."

"그래. 퀴리 부부는 방사능의 방출을 우라늄의 존재와 연결 지어 생각했어. 광물 속의 인광 성분이 아니고 방사능에 대한 발견으로 1903년에 그들 부부는 베크렐과 함께 노벨물리학상을 수상했지."

"퀴리 부인이 실제로 남편보다 유명한 사람이잖아요."

"그것은 순전히 기회가 많았기 때문인지도 모르지. 마리 퀴리와 결혼했을 당시, 피에르 퀴리는 이미 물질의 자성에 대한 연구로 물리학자들 사이에서는 잘 알려진 인물이었어. 실제로 어떤 물질이 상자성체로 변하는 전이점을 피에르 퀴리를 기념해서 '퀴리 온도'라 부르는데, 그것만 봐도 그가 유명한 물리학자라는 것을 알 수 있잖아. 그가 트럭에 치어 죽지만 않았다면, 얼마나 많은 업적을 남길 수 있었을지 누가 알겠어? 어쨌든 마리 퀴리는 피에르 퀴리가 죽은 후에도 연구를 계속해서 방사능을 가진 라듐이나 그 밖의 다른 물질을 찾아냈어. 그 공로로 그녀는 1911년에 두 번째 노벨상을 수상했는데, 이번에는 화학 분야였지. 당신이 자랑할 만도 해. 그녀는 노벨상을 수상한 첫 여성일 뿐만 아니라, 남녀를 불문하고 두 번의 노벨상을 탄 최초의 인물이었으니까."

"라듐에 오랫동안 노출되었을 텐데, 그것 때문에 그녀가 병을 앓진 않았나요?"

"우리가 예상할 수 있는 것처럼, 초기의 방사능 연구자들은 새로 발견된 방사능이 사람들에게 위험할 것이라는 생각을 하지 못했어. 그녀는 67세에 백혈병으로 죽었다고 하는데, 당시의 의료 기술은 방사능에 의한 질병을 제대로 진단할 수준이 아니었으니까 실제로 그녀가 방사능 때문에 병을 앓았는지는 알 수 없어. 단지 지금 우리는 그녀의 실험 노트에 남겨 놓은 방사능 지문이 그녀의 사후 몇 년 동안에도 보존되어 있었다는 것을 알고 있는 정도지."

"방사성 물질에서 방출되는 방사선의 본질은 뭐예요?"

"베크렐이 처음으로 방사선의 투과력을 실험해 보았는데, 그는 두 종류의 방사선이 있다는 것을 알았지. 하나는 몇 겹의 종이나 2.5센티미터 정도의 공기에도 흡수되는 것이고, 하나는 좀 더 투과력이 강해 어느 정도 두께의 금박에도 흡수되지 않고 투과되는 것을 알았어. 그것들을 각각 알파선과 베타선으로 불렀어."

"그 방사선에 이름을 붙인 사람은 러더퍼드 아닌가요? 그는 캐나다의 몬트리올로 가서 다른 방사성 원소인 토륨에 대해 연구하지 않았나요?"

"그래. 우리가 지금 방사성 물질의 반감기라고 부르는 것을 발견한 사람도 바로 어니스트 러더퍼드야."

"아, 그게 뭔지 나도 알아요. 방사능은 어느 정도의 시간이 경과한 후에 그 세기가 반으로 줄어들고, 그 다음 같은 시간 후에는 그 양이 또 반으로 줄어들죠. 이 과정이 되풀이되는데, 그 시간을 반감기라고 하는 거죠. 그런데 알파선과 베타선의 같은 점과 다른 점은 뭔가요?"

"베크렐은 좀 더 투과력이 강한 베타선이 전기장이나 자기장에서 진로가 휘고, 그 휘는 정도가 일찍이 톰슨이 음극선의 성질을 조사한 결과와 같다는 것을 관찰했어. 이 사실은 러더퍼드에 의해서도 확인되었고 베타선이 고속의 전자들이라는 것을 알 수 있었지. 러더퍼드는 알파선도 강한 자기장에서는 진로가 휘고, 알파선은 입자이며 그 전하량이 수소 원자핵의 2배라는 사실도 밝혀냈어. 이러한 모든 사실에서 그는 알파선이 헬륨 이온의 모임이라는 것을 확신했지. 좀 더 확실한 증거는 8년 후에 나타났지만 말이야. 끝으로 러더퍼드는 세 번째 방사선을 발견했는데, 이것은 전자기장의 영향을 받지 않는 방사선이었어. 이 방사선은 투과력이 매우 강해서 몇 센티미터의 납판도 투과할 정도였어. 그리스 문자의 순서에 따라 그는 이 방사선의 이름을 감마선으로 지었지."

"그 세 가지 방사선을 비교해서 설명해 주겠어요? 그것들 중 X선처럼 전자기파인 것은 없나요?"

"이 종이에 직각으로 자기장이 형성돼 있고, 방사성 원소가 아래 부분에 있다고 생각해봐(그림 49). 양전하를 띤 헬륨 이온인 알파 입자는 왼쪽으로, 고속의 전자인 베타선은 오른쪽으로 휘어지겠지. 그렇지만 고속의 광자인 감마선은 휘어지지 않고 직진하겠지."

"감마선만 전자기파이겠군요." 아내는 자신이 했던 질문에 스스로 대답했다. "이런 입자들을 방출한 원래의 방사성 원소는 어떻게 되지요?"

"그것은 1903년에 러더퍼드와 프레더릭 소디 Frederick Soddy의 '원자 붕괴설'에 의해 밝혀졌어. 그들은 토륨의 방사능이 약해지는 정도를 관찰하여

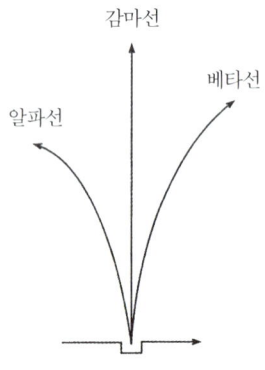

[그림 49] 세 종류의 방사선. 알파선은 알파 입자라고도 하며 헬륨의 원자핵이고, 베타선은 속도가 매우 빠른 전자이며, 감마선은 에너지가 매우 큰 광자다.

방사성 원소가 방사선을 방출할 때, 여러 종류의 방사선을 방출할 뿐만 아니라 원래의 '모' 원자가 다른 '딸' 원자로 변환되는 것도 알아냈어. 이 딸 원자는 방사선을 방출하고 제3의 원자로 변화될 수도 있다는 것도 알아냈지."

"모든 방사성 원소는 각각 고유한 반감기가 있어요. 그렇죠? 그런데 반감기는 왜 원소마다 그렇게 다르죠?"

"음, 어렵고 정곡을 찌르는 질문이군. 그 이유는 복합적이고 매우 복잡해. 어쨌든 반감기가 긴 원자는 안정적이라고 할 수 있지. 어떤 한 원소가 어떤 순간에 어떤 변환 과정을 거치는지는 알 수 없어. 제멋대로니까. 우리가 알 수 있는 것은 반감기 동안에 그 양의 절반이 다른 원소로 변한다는 사실뿐이야."

"그 원자들이 방사선을 방출하며 변화될 때, 실제로 어떤 일이 일어나죠?" 아내의 호기심은 끝이 없었다.

원자핵 안에는 무엇이 있을까?

"우리가 점점 방사능에 대해 알게 될수록 원소의 변환이 원자핵 내부에서 일어난다는 사실이 확실해졌어. 소디는 같은 원소인 2개의 원자가 전하량을 나타내는 원자번호는 같으면서 질량은 서로 다를 수 있다는 것을 보여주었지. 방사성 원소가 아닌 원소도 이건 마찬가지야. 이러한 원소들을 그는 '동위원소'(중성자 수가 달라서 질량 수가 다른 원소)라고 이름 붙였어."

"그것 때문에 소디가 노벨화학상을 탔나요? 또 몇 가지 동위원소가 하나의 원소로 불린다는 걸 책에서 읽어본 것 같아요. 그 전에 나는 주기율표에 92개의 원소만 있는 줄 알았어요."

"처음에는 방사능 붕괴 과정에서 생겨난 새 원소 때문에 사람들은 주기율표를 의심하기도 했어. 그렇지만 소디는 동위원소가 자연계의 일반적 현상이고, 멘델레예프의 분류와 다르지 않다는 것을 밝혔어. 네온을 보면, 자연계에 존재하는 네온의 91퍼센트는 질량이 20인 원자이고, 9퍼센트는 좀 더 무거운 질량이 22인 원자지."

"우라늄238과 같은 식으로 말하는 것을 들었는데, 원소의 이름 뒤에 붙는 숫자는 무슨 뜻이에요?"

"원자의 질량은 원자 질량 단위 u 또는 amu로 표시하는데, 원소 뒤의 숫자는 그 원자의 질량을 u로 표시한 값이야. 우라늄238은 원자의 질량이 238u인 원자이고, 우라늄234는 원자의 질량이 우라늄238보다 4u 적은 우라늄이지."

"그 숫자들과 원자핵의 무게는 서로 관계가 있는 건가요?"

"원자핵의 질량은 그 숫자의 u라고 할 수 있어. 러더퍼드는 원자핵은 핵자(원자핵을 구성하는 입자로 양성자와 중성자가 있다)로 구성되는데 핵자는 질량이 1u이고 원자에 붙는 숫자는 핵자의 수를 의미한다고 했지. 방사능 붕괴에서는 예를 들면 라듐226은 라돈222로, 또 폴로늄218로 변환되었다가 마지막으로 안정적인 납214로 변환되는데, 각각의 과정에서 헬륨4인 알파 입자를 방출하는 거야."

"그래서 그 계열의 원자 무게가 4u씩 감소하는 거군요. 그 원자핵은 처음에 어떤 상태였죠?"

"수소부터 시작하면, 질량이 1u와 거의 같은 원자핵이 있는데, 그 전하량은 양전하인 점만 제외하면 전자와 같아. 우리는 그 핵자를 양성자라고 부르지. 두 번째 원소인 헬륨은 전자가 2개이므로, 원자 전체가 중성이 되려면 전자 2개에 해당하는 양전하를 가져야 하고, 결국 양성자가 2개 있는 거라고 생각할 수 있어."

"그렇지만 헬륨의 질량은 2u가 아니고 4u잖아요? 마찬가지로 산소 원자의 원자번호는 8u이지만 질량은 16u 아니에요? 산소 원자핵이 전자 8개를 묶어 두기 위해 8개의 양성자를 가지고 있다면, 나머지 8u의 질량은 무엇 때문에 그렇지요?"

"처음에 러더퍼드는 산소 원자핵의 질량이 16u이고 전체 전하량이 +8e이므로, 16개의 양성자와 8개의 전자를 포함하는 것으로 생각했지. 그렇지만 보어가 그에게 8개의 전자를 원자핵 크기의 공간에 가두어 두려면 상상할 수 없는 크기의 에너지가 필요하다는 점을 지적했어. 결국 그들은 나머지 8개의 핵자는 틀림없이 전하를 띠지 않은 입자라는 결론을 내렸고, 그 핵자들의 이름을 중성자(전기적으로 중성이고 양성자보다 질량이 약간 큰 핵자)라고 지었어."

"물리학자들이 중성자를 찾아내는 데는 얼마나 시간이 걸렸죠? 또, 처음 찾아낸 사람은 누구예요?"

"당신도 예상할 수 있겠지만, 중성자를 예측하고 바로 그것을 찾아내기 위한 실질적인 프로그램이 러더퍼드 실험실에서 시작됐어. 실제로는 그곳에서만 실행된 건 아냐. 검출 장치의 조잡함 때문에 그 당시엔 감지하지 못했지만, 퀴리 부인의 딸인 이렌 졸리오퀴리 Irène Joliot-Curie 와 그녀의 남편 장 프레데리크 졸리오퀴리 Jean Frédéric Joliot-Curie 도 중성자를 검출했어. 그렇지만 그들은 그 복사선이 투과력이 강한 감마선인 줄만 알았지. 결국은 러더퍼드의 제자였던 제임스 채드윅 James Chadwick (1891~1974)이 그들의 관측을 재해석해서 그 복사선이 중성자의 흐름이라는 것을 밝혀냈

▎제임스 채드윅 채드윅은 원자를 이루는 제3의 알갱이인 중성자를 발견한 공로로 노벨물리학상을 받았다.

지. 그것으로 많은 방사성 변환을 해석할 수 있게 되었어."

"그게 언제인가요?"

"질소 기체에 알파 입자를 강하게 때릴 때, 양성자가 방출되는 것을 러더퍼드가 알아낸 게 1919년이고, 보어와의 대화는 그 후였어. 중성자를 발견하여 노벨물리학상을 수상하게 한 채드윅의 논문이 나온 건 1932년이야."

"당신은 원자가 축구장 크기만 하다면 원자핵은 작은 완두콩만 한 거라고 말했죠? 그런데 그 작은 공간에 8개의 양성자와 8개의 중성자가 들어 있다고요? 그게 가능해요? 내 생각에는 양성자 사이의 반발력이 아주 커서 각각 흩어져 버릴 것 같은데요."

"생각 잘했어. 그때까지는 전자기적 힘이 물체 사이에 작용하는 힘 중에서 가장 강한 힘으로 생각했으니까. 그래서 물리학자들은 그 작은 공간에 양성자들과 중성자들을 묶어 두자면 양성자들 사이의 정전기적 반발력을 극복할 수 있는 매우 강한 핵력이 있어야 할 것이라고 생각했지."

"잠깐만요. 당신 말 중에 강한 핵력이라는 것이 있다면, 약한 핵력이라는 것도 있나요?"

"사실 그래. 약한 핵력은 핵변환 시 붕괴 과정에서 나타나는 힘이야. 그럼 약한 핵력은 전자기적 힘의 1조 분의 1 정도지만, 만유인력보다는 10^{23}만큼 크다고 하지. 강한 핵력은 전자기력보다도 100배나 강한데, 이 힘은 아주 작은 거리에서만 작용해. 핵의 크기보다 거리가 멀어지면, 강한 핵력은 거의 사라져 없어지지."

"당신은 벌써 내가 할 질문까지 대답했군요." 아내가 약간 불만스러운 듯이 말했다. "그런데 핵 안의 이 핵력이 원자력 발전에서 나오는 에너지와 관계있는 건가요?"

"우라늄238 같은 무거운 핵이 100u 정도의 더 가벼운 2개의 원자핵으로 붕괴할 때 핵자마다 결합 에너지만큼의 에너지가 방출되는데, 그 에너지를 유용하게 사용하는 것이 원자력 발전이야."

"그리고 대비도 없는 한 도시를 날려 버릴 수도 있고요. 이제 핵에너지가 어떻게 발생되는지 이야기해줘요."

유용하거나 불행하게 사용될 수 있는 핵에너지

"우라늄238 원자핵은 1개의 알파 입자를 방출하고, 토륨234 원자핵으로 변해."

"그럼 그 원자핵의 양전하는 어떻게 되죠? 헬륨 원자핵이 나오면 2개의 양성자가 없어지니까 핵 안의 양전하도 2만큼 감소되는 건가요?"

"그렇지. 원자핵의 전하량은 그 핵의 원자번호와 같은데, 우라늄의 92에서 토륨의 90으로 변하겠지. 또 토륨234 원자핵은 반감기인 24.1일 동안에 1개의 전자를 방출하고 팔라듐234로 변하는데, 팔라듐의 원자번호는 91이야."

"알겠어요. 음전하인 전자를 방출해도 핵의 질량은 거의 변하지 않지만 그 전하량은 +1만큼 증가해서 +91만큼의 전하량을 띤다는 거죠?"

"팔라듐234의 반은 약 1분 안에 전자 하나를 방출하고, 그 전하량이 +92가 되지. 즉, 우라늄의 다른 동위원소인 우라늄234를 얻게 돼. 이 우라듐234는 아주 안정되어 그 반감기는 25만 년 정도 되지."

"그런데 보어가 러더퍼드에게 원자핵 안에는 전자가 없다고 한 것을 당신이 말했는데, 그것을 어떻게 설명했죠? 원자핵 안에서 베타 입자* 가 방출된다고 했는데, 그렇다면 그것은 어디서 나오는 거죠?"

"그것은 물리학자들도 한동안 수수께끼로 생각하던 문제야. 항상 그렇지만 자연계에 대한 어떤 설명을 부정하는 새로운 데이터가 얻어지면, 새로운 설명이 필요하게 되지. 이 경우에는 핵 안의 1개의 중성자가 양성자로 변하면서 동시에 전자 1개가 방출된다고 생각하면 돼. 즉, 토륨234의 원자핵에서 중성자 1개가 양성자로 변하면서 전하량은 +90에서 +91로 늘고, 전자 1개를 베타선 형태로 방출하는 거지."

"아! 알겠어요. 그것은 대기권에서 고에너지의 감마선이 전자-양전자 쌍을 생성하는 것과 같은 종류의 현상으로 볼 수 있겠군요. 그런데 이 모든 과정에서 질량-에너지 보존법칙은 어떻게 되나요? 그대로 성립하는 건가요?"

"그래. 이제 당신은 좀 전에 질문했던 핵에너지가 어떻게 방출되는지에 대한 대답을 알 수 있을 거야. 알파 입자가 방출될 때, 방출 전과 후의 질량-에너지 값을 면밀히 계산하면, 모 원자와 딸 원자의 질량 차이는 정확히 헬륨 핵과 방출되는 알파 입자의 운동 에너지를 합한 것만큼 차이가 나. 그렇지만 베타 입자가 방출될 때는 수수께끼 같은 일이 생겼어. 이 현상은 베크렐이 처음 발견한 것으로 베타 입자가 방출될 때에는 반응 전후의 질량-에너지가 완전히 같지 않았던 거지."

---

* 베타선. 방사성 원소에서 방출되는 전자로 불안정한 원자핵이 안정된 원자핵으로 변환되면서 방출되는 전자다.

"양쪽의 질량-에너지가 같지 않았다는 것은 기본적인 에너지 보존법칙에 어긋나는 것 아니에요?"

"사실 그래. 그런 문제점 때문에 보어는 핵반응 시 에너지는 통계학적인 의미로만 보존되는 것이라고 제안했지. 이 경우에는 평균 에너지만 에너지 보존법칙에 의미가 있다는 거야. 이러한 제안은 베타선이 방출될 때 정확한 측정을 한 측정치와 어떤 면으로는 일치하는 점이 있긴 하지만, 볼프강 파울리의 마음속에 있던 질서정연한 물리적 개념을 충족시키지는 못했어. 그래서 그는 어떤 미지의 다른 입자가 '잃어버린 에너지'를 가지고 나가는 것이라고 주장했지."

"당신 말은 '알려진' 모든 입자의 질량-에너지를 더한 값이 에너지 보존법칙에 어긋나기 때문에 '알려져 있지 않은' 입자가 있다고 가정했다는 말인가요? 그것은 좀 부자유스럽지 않아요? 더군다나 이론 물리학자들에게는."

"에너지 보존법칙이 어떠한 경우라도 원칙을 어기는 것을 허용하지 않는다고 굳게 믿는다면 그럴 수밖에 없지 않겠어? 어쨌든 이 이야기 속에는 후일담도 있지. 파울리의 이러한 가정은 채드윅의 중성자 발견보다 앞서 일어난 일이기 때문에 그는 그 미지의 입자를 중성자라고 불렀지. 그 입자는 전하를 띠지 않았으니까. 몇 년 후, 이론 물리학과 실험 물리학을 겸비한 엔리코 페르미 Enrico Fermi(1901~1954)가 로마에서 채드윅의 발견에 대해 강의를 할 때, 한 학생이 채드윅의 중성자와 파울리의 중성자가 같은 것인지 질문했어. 페르미는 '아냐, 파울리의 중성자는 훨씬 작아'라고 대답했어. 이탈리아어로 중성자의 축소형을 중성

| 엔리코 페르미 페르미는 파울리의 중성미자 가설을 포함한 베타 붕괴의 완전한 이론을 만들려고 노력했다.

미자*라 하는데, 그 이름이 그대로 신비의 입자 이름이 되었지."

"물리학자들은 정말 대단하군요! 어떤 사람이 실험을 했는데 자신이 가지고 있는 이론으로는 그 실험 결과를 설명할 수 없었다. 그래서 할 수 없이 상상의 입자가 있어야 하고, 그 사람은 마음이 매우 편하게 되었다는 건가요?"

"당신이 항의하는 것도 일리가 있어. 그렇지만 심리학을 전공하니까 어떤 개념을 강화시키는 힘에 대해서는 당신도 잘 알잖아. 과감하고 상상력이 풍부한 그 가설은 필수적인 것으로 생각되었고, 당시에는 증명되지 못했지만 나중에 옳았다는 것이 밝혀졌지. 그래서 그를 뒤따르는 많은 물리학자가 비슷한 시도를 했으니 그 가설이 이룩한 업적이 놀랄 만하지."

"중성미자가 실제로 관측되었다는 이야기를 하는 건가요?"

"사실은 약간 시간이 걸렸어. 1955년에 중성미자를 관측하려고 배열한 몇 개의 큰 관측기구와 탐측기가 그 교묘한 입자가 통과한다는 사실을 기록했어."

"로스앨러모스 국립연구소 Los Alamos National Laboratory의 과학자들이 질량을 가진 중성미자를 관측했다는 주장을 한 게 최근의 일 아닌가요?"

"그랬지. 그것은 우주론적으로 중요한 의미를 내포하고 있어. 그렇지만 1955년에 중성미자가 처음으로 발견되기 훨씬 전부터, 로마에서는 그 뒤로 오래도록, 페르미는 파울리의 중성미자를 포함한 베타 붕괴의 완전한 이론을 만들려고 노력했어. 그 노력으로 1938년에 노벨물리학상

---

* 처음에 베타 붕괴가 일어날 때 생기는 에너지 손실을 설명하기 위해 도입된 질량이 매우 작고 전기적으로 중성인 입자다.

을 수상했지. 페르미는 그 밖에도 많은 실험을 했는데, 그 중에는 무거운 입자에 중성자를 때려 핵변환을 일으키는 것도 있어. 그 실험에서 페르미는 저에너지의 중성자가 고에너지의 것보다 효율적이라는 것도 밝혀냈어. 그는 그 발견으로 몇 년 후 시카고 대학의 미식 축구장에서 있었던 연쇄 핵반응 실험을 지휘하기도 했지."

"잠깐. 핵에 입자를 충돌시켜 핵변환을 일으킨다는 생각은 어디서 나왔죠? 핵변환은 방사성 원소에서 자연 발생적으로 방사선을 방출하면서 일어나는 현상으로만 알았는데요."

"이제야말로 당신이 원자 폭탄이 출현하게 된 이유를 알겠군. 졸리오 퀴리 부부가 그것에 대해 실험을 했는데, 충분하고 적합한 장소에서 실험을 했지만 실험 결과를 충분히 이해하지는 못했어."

"나는 지금 내 선천적인 호기심과 원자 폭탄에 대한 의심 사이에서 갈등하고 있어요. 그래서 퀴리 부인의 딸이 간과한 건 뭐지요?"

"채드윅이 분석한 그 실험은 베릴륨9 원자핵이 알파 입자를 흡수하는 것에 대한 거야. 채드윅은 그 충돌 결과 나온 것들이 탄소12와 감마선, 1개의 중성자라는 것을 정확히 설명했어. 이러한 주장은 약간 후에, 페르미는 중성자가 핵변환을 일으키는 데에 탄환과 같은 역할을 할 수 있다는 것을 밝혀냈지. 그는 실험을 계속해서 결국에는 저에너지 혹은 느린 중성자가 안정된 원자에 흡수가 더 잘된다는 사실을 깨닫게 되었어. 또 이 실험 과정에서는 불안정한 동위원소의 핵이 전자를 방출하면, 주기율표상 바로 다음의 무거운 원소의 원자핵이 된다는 것도 밝혀졌지."

"전자가 방출될 때 흡수된 중성자가 양성자로 변하는 거군요." 아내가 자랑스럽게 말했다.

"그래. 더 나아가서 페르미는 자신의 실험 결과를 조심스럽게 분석해서 전자가 방출되는 과정을 설명하기 위해서는 '약한 핵력'이 존재해야 한다는 가정을 내놓았어. 이 과정을 베타 붕괴라고 하는데, 중성자를 충돌시킬 때 대부분의 원소에서 나타나는 현상이야."

"원자탄의 생성에 대해 이야기하면, 나는 왜 이 이야기를 해야 하는지 몰라요. 단지, 당신이 아침을 먹기 위해 자리에 앉았을 때부터 우리가 이 이야기를 시작했다는 것밖에는."

"한 여성이 제시한 길이 촉매 역할을 했다는 것을 알면 당신도 흥미를 느낄 거야."

"그녀도 노벨상을 탔나요?" 아내가 의심스러운 듯 물었다.

"사실 그녀는 노벨상을 못 탔어. 많은 사람이 그럴 자격이 있다고 믿었지만."

"노벨물리학상이 아니라면, 노벨평화상이라도 주면 어때요?" 아내가 빈정거리듯이 덧붙였다.

"리제 마이트너 Lise Meitner(1878~1968)가 바로 그 여성이야. 그녀가 연구실 책임자인 오토 한 Otto Hahn(1879~1968)과 함께 페르미의 핵변환을 반복 실험하고 있을 즈음에, 독일에서는 히틀러가 권력을 잡고 있었어. 그녀는 나치 독일을 떠날 결심을 하고, 연구를 자유롭게 하기 위해 환경이 좀 더 나은 스웨덴으로 옮겼지. 오토 한은 그녀를 높게 평가하고, 그녀에게 그의 연구 과정에 대한 정보를 알려주었어. 우라늄 원자핵이 크립톤과 바륨으로 핵변환을 할 때, 변환 전후의 질량 차이가 에너지로 방출된다는 것을 처음으로 밝혀낸 건 그녀야."

"과학 분야, 특히 물리학에서는 여성들이 별로 없

| 리제 마이트너 마이트너는 오토 한과 함께 핵분열을 발견했지만, 노벨화학상은 스승 오토 한에게만 수여되었다.

잖아요. 그래도 참고 인내한 여성들은 자신을 다른 사람들과 구별 짓게 하는 방법을 알죠."

"마이트너가 밝혀낸 것을 조카이자 물리학자인 오토 프리슈Otto Frisch를 통해 보어에게 알렸어. 프리슈는 그녀의 분석을 확신하고 있었어. 보어는 워싱턴 D.C.에서 개최된 이론 물리학자들의 회의에 참석하러 가는 길에 그녀가 보낸 정보를 받아 보았어. 그 회의에서 일어났던 일들에 대한 상세한 기억은 참석했던 사람들마다 약간씩 달라. 하지만 이것은 명백했어. 즉, 그 회기의 의장을 맡았던 조국 러시아를 등진 미국의 조지 가모프George Gamow 박사가 보어를 초청해서 그 독일 과학자의 실험과 그에 대한 마이트너의 해석을 설명하도록 부탁했지. 그래서 회의에서 논의하기로 했던 원래의 주제는 사라졌어. 흥분한 물리학자들이 전부 우라늄 원자핵이 붕괴하여 2개의 핵과 중성자로 변환되며 에너지를 방출한다는 사실이 주는 중대성을 분석하는 일에 매달렸으니까."

"회의 참석자들은 그 발견이 함축하는 의미를 전부 이해한 건가요?"

"그들은 그 에너지가 평화를 위한 일이나 악의에 찬 목적으로 다 같이 이용될 수 있다는 것을 깨달았지. 그들은 우라늄238보다 효율적인 원소가 필요하다는 것에도 동의했어. 그 회의에서 동위원소인 우라늄235가 안정적인 우라늄238보다 효율적이라고 결정을 내린 것은 대단히 중요해. 또 우라늄235는 현존하는 우라늄 중 그 비율이 0.7퍼센트 밖에 안 된다는 사실도 알았지. 이 동위원소를 나머지 99.3퍼센트의 우라늄 원자에서 분리해내는 일이 넘을 수 없는 장벽으로 다가섰지."

"분리하기 어려운 것이 유일한 난관이었겠군요."

"우라늄235의 양을 증가시키는 방법을 발견하기 위한 최초의 실질적인 모임이 1939년에 있었어. 참석자들은 이 우라늄 동위원소를 연쇄반응*시키는 것이 가능하다는 것을 깨달았는데, 그것은 안정된 우라늄238에서는 적용될 수 없었던 거지. 그렇지만 보어가 나중에 '그 프로젝트는 미국 전체를 거대한 공장으로 만들지 않는 한' 아주 실현 가능성이 없는 것이라고 한 말은 주목할 만하지."

"연쇄반응이 정확히 뭐죠?"

"우라늄235가 중성자를 흡수하면 우라늄236으로 변해. 우라늄236은 바로 바륨141과 크립톤92로 나누어지지. 이 반응에서 원래의 우라늄과 바륨과 크립톤 원자의 질량 차이는 2~3개의 중성자와 여분의 에너지를 만들어내."

"아! 알겠네요. 이 중성자들은 다른 우라늄235에 흡수되어 같은 반응을 일으키고, 또 중성자를 방출하는 것처럼 이 과정이 연쇄적으로 계속 일어나는 거죠? 그런데 연쇄반응을 일으킬 만큼 양이 충분해도 왜 어떤 우라늄 덩어리인 우라늄 파일pile(우라늄을 여러 겹으로 쌓아 놓은 것)로는 목적을 달성할 수 없는 거죠?"

"전체 우라늄의 양에서 우라늄235는 1퍼센트도 안 된다는 걸 생각해 봐. 더군다나 우라늄238도 중성자를 흡수하잖아. 우라늄235를 우라늄238에서 분리해내는 것이 그렇게 중요한 문제가 되는 거야. 그런데 연쇄반응을 계속 유지시켜 에너지를 얻을 수 있다는 생각은 미국에서 핵에너지를 연구하다 망명한 몇몇 헝가리 과학자 중 한 사람이 생각해낸 거야. 레오 실러드Leo Szilard는 실제로 러더퍼드와 격렬한 논쟁을 벌이기도 했는데, 러더퍼드가 핵 연쇄반응을 유지시킬 수 있고 거기서 에너지를 방출

---

* 하나의 반응이 일어날 때 그 반응생성물(우라늄에서 방출된 중성자)이 다시 다음 반응의 원인이 되어 순차 생성물이 소멸·생성을 되풀이하면서 연쇄적으로 진행하는 반응을 말한다.

시킬 수 있다는 생각을 받아들이지 않았기 때문이지. 미국으로 돌아와서 실러드는 연쇄반응에 대한 특허를 냈고 제2차 세계대전이 끝난 후 미국 정부는 그 특허에 대한 권리를 사들이기 위해 그에게 2만 달러를 지불해야 했어."

"그런데 우라늄 원자핵이 여분의 중성자를 흡수할 때, 핵에서는 실제로 어떤 일이 일어나는 거죠?"

"가모프가 처음으로 주장하고 나중에 보어가 좀 더 정교하게 만든 모형에 의하면, 무거운 원자핵의 핵자들은 서로 단단하게 모여 있어 엄청나게 밀도가 높은 공 모양을 하고 있어. 따라서 이 공 안쪽의 각각의 핵자는 사방에서 둘러싼 다른 핵자들에서 모든 방향으로 강한 핵력을 받아 (그림 50). 그렇지만 바깥쪽 표면에 있는 핵자들은 마치 물방울의 물 분자들처럼 안쪽 방향으로만 강한 핵력을 받겠지. 우리는 이 힘을 표면장력이라고 부르는데, 이 힘 때문에 물방울이나 원자핵이 응집된 모양을 하고 있는 거야. 다른 물 분자가 물방울에 부딪치는 것처럼 원자핵에 다른 핵자가 빠른 속도로 충돌하면, 그 핵자는 다른 핵자와 충돌하고 이 충돌

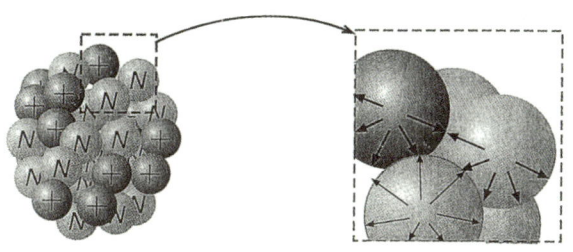

핵자가 받는
힘의 모형

[그림 50] 원자핵은 양성자들과 중성자들이 강한 상호작용에 의해 결합된 매우 밀도가 높은 공 모양의 덩어리다. 물방울에서와 유사하게 가장 바깥쪽의 핵자는 접선 방향으로 표면장력을 받는다. 핵의 크기는 반지름의 세제곱에 비례하여 커지는데 반해, 표면장력은 반지름의 제곱에 비례하므로 핵의 반지름이 임계값을 넘으면, 표면장력으로는 핵의 모양을 유지할 수 없게 되어 결국 모양이 깨지게 된다.

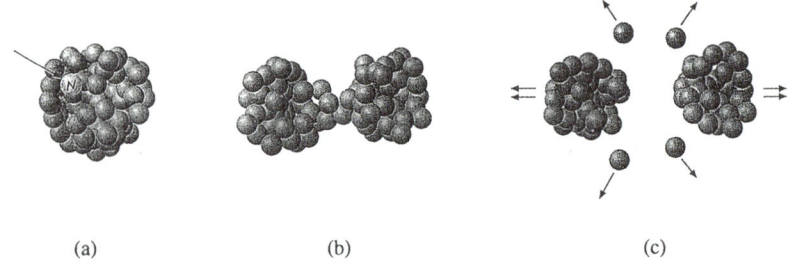

[그림 51] (a) 중성자가 무거운 원자핵에 충돌한 후, (b) 에너지가 커진 핵자들이 동요하고, 들뜬 핵은 거의 비슷한 크기의 두 부분으로 쪼개짐으로써 핵자들의 결합 에너지가 작아져 안정될 수 있다. (c) 각각의 반쪽은 핵자 당 결합 에너지를 크게 하기 위해 여분의 중성자와 에너지를 방출하고 서로 멀어진다.

은 주변의 핵자들로 퍼지며, 원래의 핵자가 가지는 에너지는 줄어들게 되지. 결국 이 원자핵 전체가 얻은 에너지 때문에 원자핵이 방사능 붕괴 때처럼 하나의 입자를 외부로 내보내거나, 핵 안의 모든 핵자가 들떠서 동요되거나 해. 그렇게 들뜬 원자핵은 두 조각으로 분열되는데, 분열된 부분의 핵자들은 분열 전보다 결합 에너지가 커져서 매우 안정되게 되지"(그림 51).

"아하! 그러면서 핵 분열시의 질량 차이가 에너지로 변한다는 거죠? 그런데 핵반응이 일어날 때, '임계 크기'라는 것이 있다고 들었는데요. 그건 뭐죠?"

"핵분열*이 일어날 때, 각각의 우라늄235는 평균 2.5개의 중성자를 내보내는데, 각각의 중성자는 다른 우라늄235에 흡수될 때까지 약 9센티미터를 이동하게 돼. 그러므로 우라늄 원자 덩어리가 이 크기보다 작으

---

* 무거운 원자핵이 2개 또는 그 이상으로 갈라지면서 빛의 복사와 에너지 방출이 일어나는 현상이다.

면 대부분의 중성자가 새로운 분열을 생성하지 못하고, 이 덩어리 밖으로 빠져나가겠지. 우라늄235 덩어리를 크게 할수록 중성자를 잡기가 쉽겠지. 그래서 연쇄 핵분열 반응을 유지시키기 위한 최소한의 크기를 임계 크기라 하는 거야."

"우라늄235 원자핵 덩어리가 이 크기보다 훨씬 크면 어떻게 되죠?"

"각각의 분열 시마다 2~3개의 중성자가 생기므로, 덩어리가 크면 반응 속도가 비약적으로 빨라지겠지. 연쇄반응의 속도를 조절하려면 반응이 진행되는 영역의 크기를 조정해주는 것이 필요해. 1950년대 말 내가 오크리지 국립연구소를 방문했을 때, 우라늄 파일에 대한 영역의 크기나 모양에 대한 것은 일급비밀로 보호되고 있더군."

"그 영역이란 건 어떻게 조절하는 거예요?"

"붕소나 카드뮴은 중성자를 매우 잘 흡수해. 그래서 카드뮴 막대를 핵 파일에 일정 간격으로 찔러 놓으면, 활성화된 영역의 크기를 결정하는 역할을 해. 이 막대를 제어봉이라 하는데, 이 막대를 삽입하면 핵분열의 진행을 제한함으로써 핵 반응기의 운영을 조절할 수 있지."

"처음으로 핵 파일을 그렇게 작게 구분 지어서 실제로 이용한 사람은 누구예요?" 아내가 존경스러운 듯이 물었다.

"1942년 12월 2일 페르미와 실러드, 그들의 많은 공동 연구자가 시카고 대학의 미식 축구장에서 핵 반응기가 최초로 작동되는 것을 지켜보았지. 카드뮴 막대가 삽입되자 핵 파일이 각각의 활성화된 영역으로 나뉘고, 열에너지를 생성하기 시작했지. 일이 잘못될 경우를 생각해서 2명의 지원자가 핵 파일 위에서 카드뮴 용액이 든 양동이를 들고 서 있었는데, 핵에 의한 불이 날 때 모든 반응을 중지시키기 위해서였어. 다행히 2시간 동안 아무 문제없이 열을 생산해냈고, 카드뮴 막대를 더 삽입시켜 핵 반응기의 작동을 중단시킬 수 있었어."

"물리학자들의 말도 안 되는 모험이라니! 그 연쇄반응이 조절할 수 없는 거였다면 어떡할 뻔했죠? 생각만 해도 오싹해요!" 아내는 흥분하여 소리쳤다.

"다행히 그런 일은 없었어. 그날 전화로 워싱턴에 보고된 메모에 이 일이 '일급비밀'로 기록된 것만 봐도 얼마나 중요한 사건인지 알겠지. 이 일의 총괄 지휘자인 페르미는 '이탈리아 항해사(페르미 자신을 가리킴)는 마침내 새로운 세계에 발을 내딛었다'고 말했지."

"다시 말해 아메리카 대륙을 발견한 것과 비슷했다는 말이지요?" 아내가 맞장구쳤다.

"시카고 대학에서 실행된 연쇄반응의 목적은 이론 물리학자들의 예견을 확인하는 데서 그치는 건 아냐. 중요한 건 플루토늄239의 생성이야. 플루토늄239 역시 풍부하게 널린 우라늄238이 변환된 것으로 중성자를 흡수하면 분열반응을 일으키며 몇 개의 중성자를 방출하지. 플루토늄239는 우라늄과 화학적 조성이 다르기 때문에 우라늄235보다 모 원자인 우라늄238에서 훨씬 쉽게 분리할 수가 있어. 이런 이유로 최초의 원자 폭탄에 사용된 것도 플루토늄이야."

"원자 폭탄을 어떻게 만드는지 알아요?"

"핵폭발을 일으키기 위해서는 임계 질량 이하의 두 질량 덩어리를 급히 합쳐지게 해서 임계 질량을 넘게 하는 동시에 그 원자핵을 분열시켜야 해. 분열시키는 물질 주변의 정상적인 폭발을 눌러 막아서 이러한 일을 할 수 있다는 것은 알겠는데, 상세한 것은 연방 정부의 일급비밀이라 나도 잘 몰라."

"원자로에서 전기를 생산하기 위해 쓰이는 핵연료는 뭐죠?"

"플루토늄은 쉽게 분리해낼 수 있는 등의 많은 장점도 있지만, 기술적으로 처리하기 어렵고 받아들이기 싫지 않은 몇 가지 문제도 있어. 그 중에서 굉장히 심각한 문제는 플루토늄은 매우 독성이 강하다는 거야. 미 의회를 포함해서 일반 대중에게 잘못 알려진 이유로 이 분야의 발전은 거의 막혀 있는 상태야."

"당신은 그것이 좋은 일이라고 생각하지 않나요? 스리마일Three Mile 섬의 원전 고장이나 우크라이나의 체르노빌 참사를 어떻게 생각하죠?"

"물론 어마어마한 양의 에너지를 생산하는 일에는 필연적으로 심각한 위험이 따른다는 것을 과소평가하지는 않아." 나는 가능한 한 조용히 설명했다. "그렇지만 위험을 최소화하려면 우선 그 위험의 원인을 알아야 해. 미국에서 핵 발전이 운영된 지난 40년 동안 핵반응기의 오작동이나 작동 불량이 많이 있었지. 그러나 한 사람의 인명 손실도 없었고, 반응기 주변 지역에서 방사능 누출도 없었어. 이에 반해 우리는 매일 고속도로에서 참사를 접하잖아. 특별히 음주 운전이나 무면허 운전은 그 정도가 더 심한데, 그래도 할 수 있는 일이 아무것도 없는 것처럼 가만히 있는 걸 보라고."

"우리가 매일 쓸데없는 위험에 접한다는 말은 맞아요. 그런 일을 변명하기 위해 쓸모없는 논쟁을 하고 싶진 않아요. 핵분열 말고, 핵융합(가벼운 두 원자핵이 무거운 원자핵으로 결합되면서 에너지를 방출하는 현상)은 어때요? 그것은 어떻게 하는 거죠? 좀 더 안전한가요?"

"당신의 질문을 두 가지로 나누어서 하나씩 대답하지. 우라늄같이 무거운 원자핵을 결합 에너지가 더 작은 가벼운 2개의 원자핵들로 나누어서 그들의 질량 차이에서 생기는 에너지를 얻을 수 있었잖아. 이와 반대로 아주 가벼운 두 원자핵을 좀 더 무거운 핵으로 융합시키면, 무거운 핵의 질량이 융합 전의 두 핵의 질량보다 작아지기 때문에 그 질량 차이로 인해 에너지를 얻을 수 있어. 이러한 핵융합 반응은 핵분열보다 일어날 수 있는 경우가 많아. 태양에서는 수소의 원자핵들이 융합해서 헬륨 원자핵을 만드는데, 헬륨 핵의 질량은 융합에 참여한 4개의 양성자 질량의 합보다는 작아. 이 과정이 태양에서 계속 일어나기 때문에 태양의 온도가 그렇게 높은 거야. 태양보다 먼 별에서는 핵융합에 탄소 원자가 쓰이는 경우도 있어."

"별에서 어떤 일이 일어나고 있는지 안다면, 왜 융합 반응을 지구에서 그대로 실행하지 않죠?"

"몇몇의 연구팀은 그런 걸 연구하고 있어. 그런 융합 과정이 어려운 것은 수소 원자핵이 융합을 일으킬 정도의 에너지를 가질 수 있게 어마어마한 온도까지 가열시켜야 한다는 거야. 그리고 그 핵들을 서로 매우 가까운 거리까지 접근시켜야 하는 것이고. 수소 원자핵들을 물질의 네 번째 상태인 플라스마 상태가 될 때까지 엄청나게 고밀도로 만드는 것과 온도를 올려주는 일이 전부 다 비용이 많이 드는 일이지. 재정 지원에 대한 의회의 변덕스러운 결정 때문에 융합 반응에 대한 발전은 매우 더디게 진행되고 있어. 오늘날까지도 핵융합을 연구하기 위해 사용되는 에너지 소비량은 융합에 의해 생성되는 에너지의 양을 넘는 형편이야."

"에너지 보존법칙에 의하면, 우리가 안 되는 일에 많은 것을 소모하는 건 아녜요?"

"질량을 에너지로 변환시키는 일이 에너지 보존법칙에 어긋나는 것은 아냐. 핵융합 반응은 실제로 태양에서 일어나고 있으니까. 그것을 실행하는 것은 태양 아래서 살고 있는 우리의 능력에 관계된 문제지."

"워싱턴 의회가 관심을 가지는 것은 핵융합 반응에 필요악처럼 수반되는 위험성 때문은 아닌가요?"

"그건 좀 의심스러워. 매년 우주 정거장에 쏟아 붓는 엄청난 액수의 금액을 생각해봐. 우주 정거장은 그 일에 종사하는 사람들을 제외하고는 그 가치가 어느 한계 이상 될 수 없는데 말이야. 반대로 우리가 핵융합을 통해 융합 과정에서 소모되는 에너지보다 많은 에너지를 생산할 수 있으면, 남는 것은 상업적으로 이용하기 위한 기술적인 문제뿐이지."

"과학자들이 자신의 연구를 재정적으로 좀 더 지원해야 한다는 요구서의 서문처럼 들리는데요. 두말할 필요 없이 의회는 이 사업에 대한 열정이 모자란 거예요."

"핵융합은 자체의 문제점도 있고, 위험도 따르지. 그렇지만 핵융합 과정과 달리 핵분열 과정은 자동으로 계속되는 것도 아니고, 제어를 벗어난 연쇄반응으로 용광로의 노심이 녹을 수도 있는 등 위험성이 핵융합 과정보다 커. 그래서 더욱 핵융합 기술이 필요한 거야."

"방사능 누출에 대해서는 어떻게 생각해요?"

유산으로 물려줄 핵

"사람들은 매일 태양에서 오는 전자기파, 다른 별에서 오는 우주선 cosmic ray(우주에서 끊임없이 지구로 내려오는 매우 높은 에너지의 입자선을 통틀어 이르는 말), 지각의 방사성 광물에서 방출되는 방사선에 노출되어 있어. 의학용이나 치과용의 X선과 함께 모든 인공적인 방사능 공급원, 즉 핵발전소와 군사용 핵무기 등의 방사선에 의한 것도 자연적인 현상에 의한 노출과 비슷할 거야(그림 52). 그 노출의 효과는 누적되겠지만 이러한 복사선에

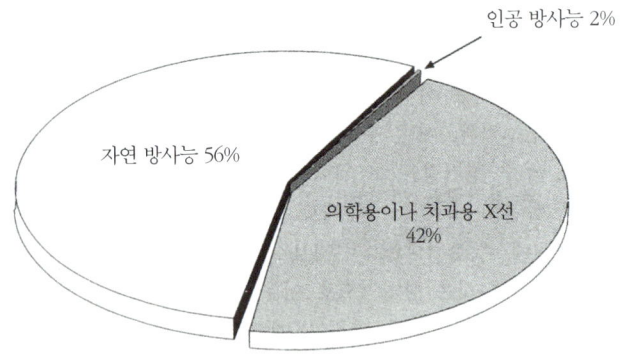

[그림 52] 전형적인 미국인의 방사능 노출 정도(인공적 방사능 공급원 가운데 원자력 발전소에서 나오는 방사선은 1퍼센트가 채 안 된다).

사람들이 노출될 때의 위험성은 아직 확실치는 않아."

"사람들이 이런 복사선을 쬘 때 괜찮은 정도를 어떻게 알 수 있죠?"

"그것은 어떤 복사선이 생체 조직에 어떻게 흡수되는지와 직접적으로 관련 있기 때문에 정확한 답변을 할 수는 없어. 일본의 히로시마나 나가사키는 의도하지는 않았지만, 핵 방사능에 노출되었을 때의 사후 효과를 측정할 수 있는 자료를 제공했어. 세계의 다른 지역에서 진행된 연구와 결부시켜서 우리는 여러 종류의 복사선에 대해, 그 복사선이 사람에게 주는 효과와 그 양을 측정하는 방법, 위험한 노출을 방지하는 방법 등에 관해 계속 연구해오고 있어."

"거기서 무슨 좋은 결과는 없나요?"

"당신 질문은 '방사능에 관한 연구에서 긍정적인 결과는 없었나요?' 하는 뜻인 것 같은데, 대답은 '예'라는 거야. 방사능 붕괴에 의해 생성된 물질과 방사성 동위원소의 반감기를 연구하여 우리는 고고학적 자료의 연대를 정확히 측정할 수 있게 되었어. 최근에 나는 어떤 글에서 디노사우

르라는 공룡의 뼈 속에 들어 있는 동위원소의 비율을 조사했더니, 그 공룡이 다른 파충류와는 달리 온혈동물이었다는 주장을 지지하는 결과가 나왔다는 기록을 읽은 적이 있어. 이처럼 과학자들은 끊임없이 방사능을 실질적으로 유용하게 이용하는 방법을 찾으려고 노력을 기울이고 있어."

"알 것 같네요. 의학계에서는 여러 인체 조직의 기능을 연구하기 위해 정기적으로 방사능 추적 장치를 사용하죠. 또 농부들까지 곡물 생산의 증대를 위해 방사선을 이용한다는 이야기도 들었어요. 과학자들이 발견한 다른 것과 같이, 방사능도 위험할 수도 있지만 사람들에게 유용하게 사용될 수도 있을 것 같아요. 방사능이 인체 조직에 손상을 입힌다면, 반대로 해로운 조직을 파괴하는 데도 사용될 수 있겠지요. 암세포 같이 말이에요. 내 생각에는 방사능을 유용하게 사용하는 것은 오로지 우리의 노력 여하에 달려 있는 것 같아요."

"그럴 거야. 그렇지만 방사능에 관한 한 우리를 짜증나게 하는 일이 한 가지 남아 있어. 그것은 에너지를 생산하는 등 유용하게 이용하고 남은 물질, 즉 핵폐기물을 어떻게 처리해야 할까 하는 문제야."

"그것은 정치적인 문제 아니에요? 법을 제정하는 의원들은 아마 그것을 해결할 과학적 지식이 부족할 것 같아요. 누군들 그것을 성공적으로 해결할 수 있겠어요?"

"사실 그래. 우리 주 정부는 의회에서 그런 일을 하도록 위임 받은 거야. 계속해서 일어나는 그런 종류의 일을 미뤄서는 안 되지."

"당신, 그것에 대한 해답이 있나요?"

"간단하게 생각하면, 대답은 '예'이지. 그렇지만 모든 사람에게 받아들일 수 있는 해답이어야 한다면 '아니요'라고 할 수 있어." 나는 힘없이 말했다. "첫째로 해야 할 일은 투과력이 강한 방사선을 방출하고, 상대적으로 반감기가 긴, 방사성 동위원소를 포함한 매우 위험한 폐기물과 주변에 큰 영향을 주지 않는 덜 위험한 폐기물을 분리해서 다루는 거야."

"국방성의 주 발전기가 매우 위험한 폐기물 아니에요?" 아내가 묻고 스스로 대답했다. "그들은 엄청난 양의 폐기물을 멀리 떨어진 군사보호구역에 단지 저장해두는 걸로 알고 있는데요. 그리고 연방의회의 현 임기 내에는 방사선 누출이 없기를 바라기만 하고 말이죠."

"사실이야. 의아하게도 언론은 핵발전소에서 나오는 훨씬 적은 양의 폐기물의 처리에 많은 관심을 보이고 있어. 이 문제도 실질적인 관심사이긴 하지. 그렇지만 핵폐기물의 문제가 기술적인 면에 있다고 잘못 알고 있는 일반 대중이 문제를 기술적으로 해결해야 한다고 믿고 있는 것도 큰 문제야. 그렇기 때문에 해당 담당자는 아무런 일도 하지 못하고 폐기물은 쌓여만 가고 있는 거야."

"사람들은 가끔 아무런 결정을 내리지 않는 것도 하나의 결정이라는 점을 간과하고 있는 것 같아요. 당신 생각에는 가능한 해결 방법이 뭐라고 생각하죠?"

"매우 위험한 폐기물을 처리하는 가장 적합한 방법은 폐기물 내의 방사성 동위원소들을 방사성 원소를 함유한 인조 광물과 합쳐 덜 위험하게 만드는 거야. 이 합성 광물을 '메타믹트'라 부르는데, 이 광물은 지질 연대 정도의 오랜 기간 동안에도 주변에 해를 주지 않아. 그것을 원통형 막대 모양으로 만들고 드릴로 뚫은 구멍 속에 넣으면 되는데, 미 대륙 전체에는 셀 수 없이 많은 구멍을 뚫을 수 있겠지. 이 방법은 호주에서 이미 사용하고 있어."

"왜 우리는 그런 방법을 쓰지 않는 거죠?"

"정부는 다행히 서남부 지역에 거대한 지하 저장소를 설치하는 비용이 많이 드는 계획을 추진 중이야. 내 생각에 미국의 과학자들은 의회에 도움을 주지 못하고 있는 것 같아. 그게 과학자가 할 일인데 말이지. 대신에, 그들은 다른 동료들을 비판만 하고 있어. 예를 들면 한 연구 팀은 폐기물을 유리로 만든 캡슐에 저장하는 방법을 연구하고 있는데, 다른 과학자들은 이에 대해 거머리처럼 달라붙어 논쟁만 하고 있어."

"호주의 사례를 그들에게 논쟁거리로 주면 어때요? 그것은 그렇고, 덜 위험한 폐기물들은 어떻게 처리하죠?"

"그런 폐기물들은 주로 병원이나 연구 실험실 등에서 나오는데, 많은 양이 축적되더라도 반감기가 짧기 때문에 방사능이 약해져서 쉽게 처리할 수 있어. 그것을 적당한 장소에 묻기만 하면 되는데, 과거에는 그런 장소를 제공하던 서부의 몇몇 주州가 지금 거부하고 있어 문제가 되지."

"그렇다고 방사선 치료나 연구를 포기할 순 없잖아요. 앞으로 어떻게 해야 되지요?"

"무엇보다도 폐기물 처리 과정에서 '내 집 뒷마당에는 안 돼'라는 식의 이기적인 태도를 바꿔야 해. 얼마 전에 한 창의적인 아이디어가 제안되었는데, 덜 위험한 핵폐기물을 독성이 있는 여러 가지 화학 폐기물과 섞어서 누출이 전혀 없는 컨테이너에 넣어 지하실에 저장하자는 것이었지. 컨테이너에서 방사능 누출은 간단한 탐측기로 검사할 수 있으니까."

"대단한 아이디어군요!" 아내가 낙관적인 표정으로 말했다. "나는 덜 위험한 폐기물은 오히려 독성이 강한 화학 폐기물보다 해가 없을 것으로 생각해요. 희망을 갖고, 우리가 뽑은 의원들이 지혜를 짜내어 이러한 제안을 행동에 옮기도록 용기를 주는 것이 좋겠군요."

열여덟 번째 아침 식사

옥수수 튀김

한 그릇의 입자들

"당신은 틀림없이 이 책을 거의 끝내고 있지요." 아내는 다음 날 아침 강한 어조로 말했다. "아직 몇 장이 남아 있나요?"

"당신 말이 맞아." 나는 집필을 진정 즐기고 있었기 때문에 다소 슬픈 듯이 대답했다. "바로 이 순간에도 연구 중인 핵 내부 구조를 기술하는 새로운 물리학이 끝나가고 있어. 그다음에는 미래의 물리학이 무엇을 다룰지에 대한 일종의 다른 주제를 계획 중이야. 하지만 그것이 끝이야. 거의 끝나가고 있어."

"당신을 격려하는 의미로 좋아하는 옥수수 튀김을 해 드릴게요." 아내는 즐겁게 말하려고 애썼다. "옥수수 알맹이를 당근과 여러 야채를 넣고 모두 밀가루 반죽으로 한 것 말이에요!"

"매우 반가운 소리군. 특별히 그 위에 뜨거운 메이플 시럽을 듬뿍 얹은 것으로 하지."

"오늘날 물리학에서 새로운 내용은 무엇이지요?" 아내가 장난스럽게 물었다. "나는 새로 발견된 쿼크quark(소립자를 구성하고 있는 입자로 여겨지는 기본 입자)에 대해 모두 다룬 신문의 앞면을 계속 읽고 있어요. 쿼크가 정확히 무엇인가요?"

"정확하게 파악하기 위해서 3,000년 전에 자연 철학자들이 물질이 연속적인지 아니면 따로 떨어지고 볼 수도 없는 아토모스atomos로 이루어져 있는지에 대해 논쟁했다는 사실을 기억해봅시다. 물리학이 생긴 이후 300년이 지날 때쯤에는 사람들은 모든 물질이 눈에 보이지는 않는 건축용 블록, 즉 원자로 이루어져 있다고 기꺼이 동의했어. 오늘날에 와서는 원자가 더는 쪼갤 수 없는 것도 아니고 볼 수 없는 것도 아니며, 양전하를 띤 하나의 핵과 그 주위에서 소용돌이치는 전자로 이루어져 있다는 사실을 받아들일 수밖에 없게 되었어. 또한 핵은 다시 핵자로 이루어져 있다는 것을 받아들일 수밖에 없었지. 가장 최근에는 핵자도 다시 쿼크로 이루어져 있다는 것을 알게 되었어. 그렇다면 이러한 쿼크는 무엇으로 이루어져 있을까?"

"그것은 내가 당신에게 질문했던 것이에요." 아내는 나의 기억을 강하게 상기시켰다.

"내가 그 질문에 완전하게 대답하지 못할까봐 걱정이군. 우리는 쿼크가 존재한다고 믿을 만한 근거는 있지만, 분리하여 직접 관찰할 수 없다는 것이 바로 쿼크의 성질이거든. 우리가 쿼크에 대해 알고 있는 것은 모두 희한한 배열을 하는 핵 내부 입자들의 특성을 조사함으로써 얻은 것이지.”

“내가 당신 이야기 때문에 머리가 아프게 된다면, 듣고 싶지 않아요. 아무튼 그러한 지식이 무슨 소용이 있나요?”

“미지의 세계에 대한 도전 말고도 우리는 핵자 nucleon의 구조 속에는 우주가 어떻게 생성되었는지에 대한 비밀이 담겨 있다고 믿지.”

“당신은 다음에는 우주의 모든 것이 어디에서 어떻게 시작되었는지를 알아낼 수 있는 방법이 이것일지 모른다고 말하려는 참이지요? 당신 같은 물리학자들은 확실히 뻔뻔해요!” 아내가 약을 올렸다. “그런데 핵물리학과 우주론이 어떻게 서로 관련이 있나요?”

“금세기가 시작할 무렵, 과학자들은 지구의 방사성 물질에서 나온 방사선들은 도대체 주변으로 얼마나 멀리까지 퍼져 나갈지 궁금했어. 그래서 그들은 이온 감지장치를 실은 기구들을 상층대기로 띄워 보냈지. 놀랍게도 고도가 높을수록 작기는커녕 오히려 더 많은 이온을 감지했지. 감지된 이온의 양은 낮과 밤에는 아무런 관계가 없었으므로 이온의 근원은 태양이 될 수가 없는 것이지. 결국 유일한 결론은 이온들이 태양계 밖에서 온다는 것이었어. 그래서 이것을 우주선이라고 이름 붙였지.”

“스타트랙! 이 우주선이 무엇인지 알고 있나요?”

“그럼 알지. 우주선은 주로 양성자와 알파 입자인데 탄소, 질소, 철이나 다른 원자의 원자핵도 조금은 들어 있지. 지상의 모든 생물에게는 다행스럽게도 대부분의 대전입자는 지구의 자기장에 의해 편향되고 말지.”

“혹시 그것들이 지구 주위를 두르는 원형의 거대한 한 쌍의 띠를 만들지 않나요? 이러한 띠들은 40년 전에 우주 공간으로 발사된 특별한 로켓과 위성이 조사한 자료에서 제임스 밴 앨런 James Van Allen이 발견한 것이 아

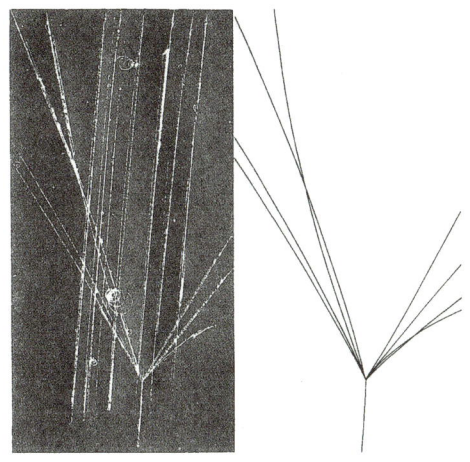

[그림 53] 고에너지 입자들이 어떤 매질을 통과할 때 주변의 원자들을 이온화시킴으로써(외각 전자를 떼어내기 때문) 자국을 남긴다. 수직선은 에너지가 큰 양성자의 궤적을 나타낸다. 입자들이 소멸하는 충돌이 일어나면, 충돌 시에 생성된 핵입자들이 만든 다른 궤적을 보면 오른쪽 그림에 잘 나타나 있듯이 충돌 점의 위치를 알 수 있다.

닌가요?"

"맞아. 그의 업적을 기리기 위해 우리는 그것을 '밴앨런대Van Allen Belt'*라고 부르지."

"극히 높은 에너지를 가진 여러 가지 우주선은 은하 밖에서 왔다고 알려져 있지 않나요? 우리가 우주에 대해 알고 있는 것의 대부분은 이런 방사선을 분석해서 알게 된 것이라고 읽었던 것이 기억나요."

"정말 그래. 우주선이 이렇게 초고에너지를 가졌기 때문에 사진 건판 속의 원자핵과 충돌할 때 아원자 핵입자들을 만들지(그림 53). 이것 중에

---

* 지구 자기장이 균일하지 않아 그곳에서 운동하는 대전입자가 나선운동을 거듭하면서 적어도 2개 이상의 분리된 구조 속에 갇혀 있는 영역을 말한다.

| 폴 에이드리언 모리스 디랙 디랙은 양자역학과 상대성이론을 통합한 '변화이론'을 전개했으며, 디랙 방정식을 도출하여 양전자의 존재를 예언했다. 양자역학 연구의 업적으로 1933년 슈뢰딩거와 함께 노벨물리학상을 받았다.

지금까지도 많은 것은 미지의 입자들이야."

"예를 들어 설명해주세요."

"1928년 영국 수리 물리학자인 폴 에이드리언 모리스 디랙Paul Adrien Maurice Dirac(1902~1984)은 잘 알려진 음전기를 띤 전자는 물론 양전기를 띤 전자가 존재한다는 것을 예견하는 양자이론을 기술한 책을 출판했어. 양전자(전자와 질량은 같고 $+e$의 전하량을 가진 입자이며 전자의 반입자다)라고 부르는 양전기를 띤 전자는 실제로 음전기를 띤 전자의 반입자(어떤 입자와 질량은 같고 전하의 부호만 반대인 입자로 전자와 양전자 등이다)지."

"나는 늘 반물질이 존재한다는 생각에 매료되었어요. 공상과학 소설에조차 말이에요. 전자가 양전자를 만나면 어떤 일이 일어나나요?"

"그래. 물론 쌍소멸하고 말지."

"그럼 그들의 질량은 어떻게 되지요?"

"질량은 에너지로 바뀌고 말지. 이 경우에 에너지는 높은 에너지를 가진 광자의 형태로 나타나지."

"당신이 나를 놀리는 건가요?"

"내가 종종 그러기를 즐기기는 하지만, 지금은 그렇지 않아. 디랙이 예견했던 것처럼 높은 에너지의 감마선과 다른 입자들은 양전자-전자쌍을 만들 수 있고, 양전자 중의 일부는 꽤 오랜 시간 동안 존재하게 되지. 때때로 2차 우주선이라는 것은 지구의 이온화된 입자 중의 10퍼센트 정도는 양전자들이야. 일반 비행기가 날아다니는 고도에서 그 비율은 20~30퍼센트까지 증가하는데 이것은 거의 전자들의 비율과 같은 거야."

"지상에는 다른 종류의 반물질도 존재하나요?"

"반양성자가 1955년에 관측되었어. 입자가속기 속에서 말이야."

"그럼 정말로 지상에도 반물질이 있는 것이군요! 그게 우리가 입자가속기를 건설하는 이유인가요? 반물질을 생성하고 그것을 연구하기 위해서?"

"꼭 그런 것은 아니야. 우주선을 추적하는 학생들은 더욱더 신기한 입자들을 발견하고 있어. 그러나 그것을 밝히기 위해서는 무지하게 많은 사진 건판을 찾아 헤매야만 하지. 예를 들면 양전자를 발견하기까지 1만 3,000장의 사진을 조사해야만 했어! 클리프 슈바르츠Cliff Schwartz가 내게 보내준 원자핵의 충돌을 보여주는 사진(그림 53)을 보면, 수직으로 위로 흘러가는 입자들은 사실 브룩헤븐Brookhaven 국립연구소에서 만들어진 반양성자들이야. 대부분의 반양성자는 그것들이 지나는 길에 있는 원자들을 이온화시켜 자취만 남기고 지나쳐 버리지(사실 더 많은 반양성자는 원자들과 상호작용도 하지 않고 지나치지만). 그러니까 양성자(반양성자의 반입자)와 충돌하여 쌍소멸하는 반양성자를 탐지하기 위해서는 이런 사진을 아주 많이 조사해봐야 할 거야."

"슈바르츠의 사진에 나온 것과 같은 자취를 만드는 다른 입자들은 어떤 것이 있지요?"

"역사적으로 살펴보면 최초로 규명된 입자 중에 어떤 것은 중간자meson*라고 불리는데, 그것의 질량은 전자와 양성자 질량의 사이 값을 가지지. 이 입자들을 베르너 카를 하이젠베르크Werner Karl Heisenberg의 아버지

---

* 핵 내부에서 양성자와 중성자를 결합시키는 매개체 역할을 하며 쿼크와 반쿼크로 이루어져 있다. 양전기나 음전기를 띨 수도 있고 전기를 띠지 않을 수도 있다.

인 고전 언어 교수의 제안대로 중간자$_{meson}$라고 다시 명명했어(그리스어 메소스$_{mesos}$는 '사이의'라는 뜻이다). 더욱이 두 종류의 중간자가 존재하므로 각각을 뮤중간자$_{\mu-meson}$와 파이중간자$_{\pi-meson}$라고 부르지."

"오늘날 그것들을 단순히 뮤온과 파이온이라고 부르지 않나요? 당신이 아인슈타인의 유명한 쌍둥이 역설이 서로 다른 속도로 운동하는 뮤온의 반감기를 비교함으로써 어떻게 증명되었는지 말할 때 뮤온에 대해서 이야기했어요."

"모두 맞아. 게다가 어떤 뮤온은 질량이 전자의 200배나 되지. 전자-양전자 쌍처럼 음전기를 띤 것도 있고 양전기를 띤 것도 있는데 이와 같이 반대 종류의 전기를 띤 뮤온이나 파이온의 쌍은 반입자 관계에 있는 거야. 그것 말고도 전기적으로 중성인 파이온의 존재도 이론적으로 예견되었고, 결국 발견되었지. 그런데 이것을 발견하기 위해 입자가속기가 사용되었어."

"입자가속기를 건설하는 주요 목적이 우주선이 만든 자취를 기록한 필름더미를 면밀히 조사하기보다는 통제된 충돌을 기록하는 것이라고 하는 것처럼 들리네요." 아내는 결론을 내리듯이 말했다.

"반드시 그렇지는 않아. 여전히 사진이나 다른 기록을 분류할 필요가 없는 것은 아니야. 찾고자 하는 사건을 만들기 위해서는 엄청나게 많은 충돌을 촬영해야 하기 때문이지. 입자가속기를 이용하면 충돌하는 입자들의 에너지를 조절함으로써 이런 과정을 개선할 수 있게 되지. 이렇게 하면 바람직한 상호작용이 일어날 확률이 증가하게 되는 거야."

"그래서 도대체 결론이 뭔가요?" 아내가 안달하기 시작했다. "전 세계에 걸쳐 수많은 입자가속기가 건설되었다고 알고 있어요. 어떤 것은 대전입자인 전자와 양성자를 가속시켜 고정된 표적에 충돌시키고, 다른 것은 두 입자선을 서로 반대 방향으로 운동하게 하면서 서로 더 잘 충돌하게 만들지요. 그런데 이런 충돌에서 알게 되는 것이 무엇인가요?"

"1960년대 초까지는 100가지 이상의 수명이 짧고 강하게 상호작용하는 입자들이 밝혀졌지. 수명이 짧다고 하는 것은 이런 입자들은 생성되자마자 곧 사라지고 말기 때문이야. 또 강하게 상호작용한다고 하는 것은 이런 입자들이 다른 입자들과 결합하거나 단순히 붕괴하여 다른 입자가 되기 때문에 그렇게 말하는 거야. 무엇보다도 어떤 일이 일어나고 있는지를 알려주는 것은 상호작용하는 입자들이 만든 자취뿐이지."

"세기의 전환점에서 선구적인 물리학자 러더퍼드는 '과학은 물리학이거나 그렇지 않으면 우표수집과 같은 것'이라고 간파하지 않았나요? 쿼크의 흔적을 찾는 물리학자들은 아무래도 우표수집가가 되어야만 할 것 같아요."

3가지 보존법칙

"고에너지물리학협회 High-Energy-Physics community(HEP)도 확실히 잠시 동안은 당혹해했지. 이것들은 정말로 소립자들이 탐지되고 있는 것이었을까, 아니면 단지 잠깐 동안 존재했다가 사라지는 다른 종류의 중간 상태였을까? 어떤 이론가들은 똑같이 확실한 입자라고 주장했어. 다른 사람들은 일부의 입자들이 다른 것의 소립자가 된다고 주장했지. 이런 다양한 견해를 '민주주의'와 '귀족주의'라고 부르지."

"제 생각에는 HEP 물리학자들이 더 강력한 가속기를 건설해야 한다고 주장했을 것 같군요. 확실히 더 큰 에너지를 좋아하는 물리학자들에게는 그것이 최고로 좋은 것이지요."

"HEP 회원이 된다는 것은 확실히 앞서 있는 거야. 그래서 총명한 물리학도들이 HEP의 구성원이라는 사실을 경력으로 제시하는 경향도 있었지. 그러나 더 큰 에너지의 입자가속기나 오늘날 충돌기collider(정면충돌에 의해 고에너지를 얻게 하는 입자가속기)라고 부르는 것을 건설한 것은 HEP 때문만은 아니지. 사이클로트론이라는 최초의 가속기가 건설된 이래로 입자선이 악성종양이나 암세포를 제거하는 데 아주 유용하다는 사실이 밝혀졌어."

"그럼 더 많은 충돌기가 있으면 더 많은 새로운 입자가 발견되겠네요." 아내가 생각에 잠긴 후 큰 소리로 말했다. "HEP 물리학자들은 어떻게 그 많은 자료를 해석하지요?"

"그들이 자료를 해석하는 데 주요한 지침은 물리학의 기본이 되는 보존법칙이지. 에너지와 운동량 보존법칙을 이용하면 어떻게 한 입자의 자취가 사라지면, 충돌 점을 떠나는 자취가 1개뿐일지라도, 적어도 2개의 다른 입자가 생겨나야만 한다는 것을 이해하는 것이 가능하지."

"다시 물어보겠어요. 필름에 지나간 자취가 보이지 않지만 두 번째 입자가 있어야만 하는 까닭은 무엇이죠?"

"수직 방향의 자취를 생각해봐. 내가 당신한테 보여준 양성자-반양성자 쌍소멸(그림 53)과 같이 말이야. 어떤 점에서는 자취가 끝나 버리고 새로운 자취가 왼쪽으로 뻗어 있지. 이러한 충돌에서 운동량이 보존되기 위해서는 수평 방향의 운동량 성분이 서로 상쇄될 수 있도록 어떤 다른 입자가 있어서 오른쪽으로 운동해야만 할 거야. 유사하게 충돌 후의 총 에너지도 충돌 전과 같아야만 되는 것이야."

"나도 이해한 것 같아요. 어쨌든 보이는 자취가 그런 자취를 남긴 입자들의 에너지를 나타낸다고 가정하면, 충돌 점을 떠나는 자취를 남긴 입자들의 에너지를 모두 더하는 것도 가능할 것이고, 그 합이 입사한 입자의 에너지보다 작으면 우리는 다른 보이지 않는 입자가 있어서 나머지 에너지를 가지고 갔다는 것을 아는 거죠. 이렇게 해서 중성미자의 존재를 가정한 거 아니에요?"

"정말 그래. 디랙의 멋진 공식에서 성장한 새로운 양자역학 이론에 의해 매우 큰 에너지를 가진 하나의 광자가 붕괴하면서 전자-양전자 쌍생성(그림 54)의 가능성이 예견되었지. 이런 두 입자의 전하는 정확히 크기는 같고, 부호는 반대여서 이들 입자의 전하량의 총합은 0이 되는 것이지. 물론 이것은 전하를 띠지 않은 광자, 즉 전하량이 0인 감마선과 같게 되는 거야. 이렇게 해서 우주의 모든 전하의 총합은 변하지 않는다는 새로운 보존법칙이 하나 생겨났지."

"물리학자들은 신속하고도 확실하게 보편적인 진리를 정리하고, 그것을 자연의 기본법칙이라고 부르는 선수들이지요!" 아내가 경외와 부러움이 섞인 목소리로 말했다. "어떻게 그렇게 확신할 수 있어요?"

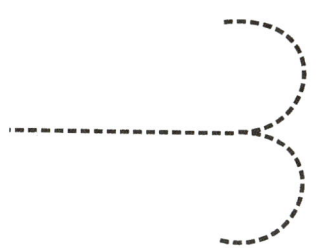

[그림 54] 감마선과 같은 높은 에너지를 가진 하나의 광자는 질량이 같고 전하량이 반대인 한 쌍의 입자를 생성하면서 자발적으로 붕괴할 수 있다. 이와 같은 사건이 두 개의 자극 사이에 놓인 사진건판에 기록된다면 서로 반대로 대전된 입자들은 자기장과 상호작용하면서 서로 반대 방향으로 동일한 형태의 곡선을 그리게 된다. 질량-에너지 등가 관계를 이용하면 질량-에너지가 보존된다는 것도 알 수 있다.

"전하량 보존법칙은 그 자체가 고체 상태를 이해하는 데 엄청나게 중요한 것이지. 이 법칙이 없으면 우리의 일상생활에 대변혁을 일으킨 기계 장치의 많은 것이 가능하지 않았을 거야."

"나도 그것에 대해 확실히 알고 있어요! 당신이 가끔 조그만 실리콘 칩이 어떻게 내 자동차의 작동을 제어하고, 휴대전화 안에서 목소리를 전송하며, 팩스에 들어오는 자료를 기록하는지 이야기했잖아요."

"전 우주를 통해 운동량, 질량-에너지, 전하량 보존이라는 3가지 법칙은 과학자들에게 커다란 도움이 되고 있지. 그래서 HEP 물리학자들이 전적으로 이와 같은 보존법칙을 이용했다는 것도 별로 놀라운 일이 못되지. 사실 그들은 당신이나 내가 본 적이 없는 수많은 소립자에만 적용되는 추가적인 보존법칙들을 계속 고안해왔지. 어떤 의미에서는 이것들이 우주의 보편적인 법칙이라기보다는 차라리 가설에 가깝다고 말할 수도 있을 거야. 그렇지만 사람들은 3가지 기본 법칙에 대해서만은 전적으로 믿고 받아들이는 거지. 어떤 경우이든 이와 같은 추가적인 보존법칙을 이용하여 HEP 물리학자들은 다양한 소립자들이 어떻게, 왜 생성되는지를 설명할 수 있으며, 심지어 아직 발견되지 않은 새로운 입자들의 존재를 예언할 수도 있는 거야!"

"추측하건대 아마도 뉴욕에 있던 물리학자들이 깨어 버린 패리티 보존법칙이란 것도 이런 법칙 중의 한 가지죠? 그런데 패리티Parity가 정확히 무엇이지요?"

"이제 우리가 추상적이고 난해하며 심오한 현대 물리학의 세계로 들어가는군. 현대미술이나 현대음악과 같은 것은 초심자라면 '왜 사람들이 저것을 예술이라고 생각하지' 하고 의아해하는 반면에, 그것을 이해하려고 노력하는 과정에서 고통을 겪어본 사람들에게는 아름답게 보일 수 있는

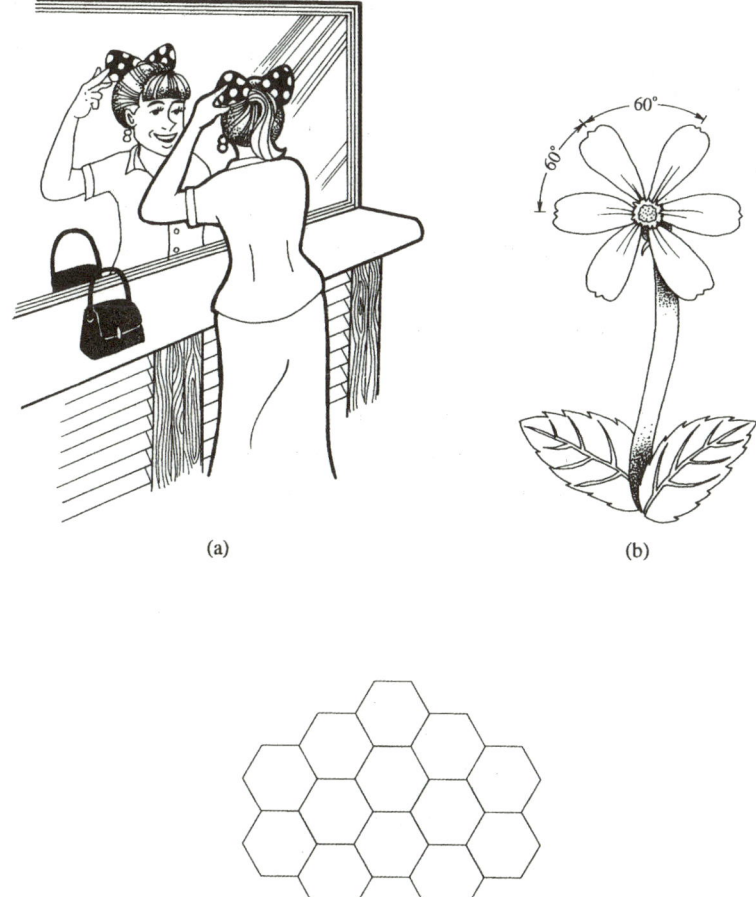

[그림 55] (a) 거울 대칭 (b) 회전 대칭. 꽃의 줄기를 축으로 60도 회전시키면 다시 그대로 일치하게 된다. (c) 평행이동대칭. 각각의 6각형 셀은 어떤 방향으로 평행이동해도 반복적으로 나타난다. 이런 배열에는 또한 회전 대칭과 거울 대칭도 있다.

거야."

"알았어요, 이제 그만하고 패리티가 무엇인지 알려줘요, 선생님?" 아내가 비꼬듯이 말했다.

"당신은 내가 자연에 존재하는 대칭성에 대해 말하는 것을 들은 적이 있어. 당신이 거울을 들여다볼 때 보는 상은 당신 자신의 거울 대칭이지. 한 송이 꽃은 축 둘레로 회전 대칭을 이루고 있는(그림 55) 반면에, 벌집은 평행이동을 시켰을 때 반복되는 대칭성과 거울 대칭성이 있고, 각각의 6각형 셀의 중심을 통과하는 축에 대해 회전 대칭성이 있지."

"게다가 물리적 과정에서는 잘 볼 수 없는 대칭성도 있는 거죠. 2개의 당구공이 충돌할 때 서로 되튀어 나가며, 에너지와 운동량이 보존된다는 것은 일종의 대칭성을 유지하는 과정으로도 볼 수 있는 것이죠. 내가 설명을 맞게 했나요?"

"정말 잘했어. 당신이 거울 앞에 설 때, 거울 속의 상도 당신이 하는 행동과 똑같이 행동한다는 걸 알잖아. 보이지 않는 물리적 과정이 일어날 때도 대칭성이 유지된다는 것을 보이는 것이 가능하지. 양자역학에서 이런 대칭성을 패리티라고 부르는 거야."

"예를 좀 들어주세요!"

"좋아. 원자핵이 베타 붕괴를 할 때, 방출된 전자가 날아가는 정도는 어느 한 방향과 반대 방향이 서로 같은 정도이지. 이런 동일 확률성을 패리티라고 말하는 이유지. 그러므로 물리적 과정에서 패리티의 법칙은 여전히 대칭성, 물리학에 내재하는 아름다움의 다른 예일 뿐이지."

"그러면 어떻게 이렇게 사랑스런 법칙이 깨졌지요?"

"지난 번 아침 식사 때에 말한 것처럼 각각 강핵력과 약핵력이라고 불리는 2가지 핵력이 있다는 것을 기억할 거야. 콜롬비아 대학에서 리정다오李政道와 양전닝楊振寧이 수행한 계산에 따르면 약핵력이 관여하는 경우에 패리티는 보존되지 않을 수도 있다는 거야. 더욱 특별하게도 그들은 코발트-60이 베타 붕괴할 때는 패리티가 보존되지 않을 수 있다는 결론을 내리기도 했지. 이런 생각은 그들의 동료 우젠슝吳健雄에 의해 채택되었는데, 그는 이웃한 연구소에서 여러 가지 원자핵의 방사성을 연구하고 있었어. 아주 신속하게 그녀는 베타 붕괴의 패리티는 코발트-60에서는 관측할 수 없다는 것을 확인했어. 다른 사람들에 의해 다른 증거가 제시되어 리정다오와 양전닝은 1957년에 노벨물리학상을 받게 되었어."

"그 사람들 또 상을 탔어요! 내 생각에는 일단 약핵력이 관여하는 반응에서 깨어질 수 있음을 보였으니, 다른 대칭성이 깨지는 것도 머지않을 것 같아요."

"사실 약핵력과 연관 있는 전하 공액이라는 다른 법칙이 있지. 그것은 순전히 양자역학의 결과이고, 시각적으로 나타낼 수가 없으니 당신에게 그것에 대해 말로 설명하지 않겠어. 이 법칙 또한 깨질 수 있지만 패리티와 전하 공액을 합친 것, 즉 C-P대칭성은 유지되어야만 하지."

"아유! 당신은 정말 나를 근심스럽게 만드는군요."

"그런데, 당신은 여유롭게 웃고 있네. 프린스턴의 물리학자들이 약 7년 후에 이런 대칭성이 깨지는 사례를 제시한 사실이 없다면, 당신과 내가 여기서 이 점에 대해 토론하지도 않을 거야."

"어서 설명해줘요!"

"대칭성이 있는 삼라만상 중에서 우주의 '빅뱅'이 일어날 때 똑같은 양의 물질과 반물질이 생성되었을 거야. 지금 이전에는 이 2가지가 서로 잘 쌍소멸했을 거야. 그런데 불완전한 C-P대칭성 때문에 반물질보다 물질이 많이 남게 된 것이지. 우리가 지금 존재한다는 것이 바로 그 증거야!"

"약한 상호 작용력(약력)에 대해서는 그만합시다."

"그러면 강한 상호 작용력(강력)*은 어떤 거죠? 그 대칭성은 지속되는 건가요?"

"강력과 관련 있는 상호작용은 전자들이 갖고 있는 양자역학적 스핀과 유사한 개념을 포함하지. 그것을 동일 구조형 스핀, 즉 아이소스핀이라고 부르는데, 그 값은 양수일 수도 있고 음수일 수도 있지만 총 아이소스핀의 수는 보존되어야만 하는 거야. 예를 들어 고에너지의 양성자가 반양성자와 충돌할 때 많은 수의 소립자가 생성될 수도 있겠지만 그것들의 아이소스핀의 총수는 충돌하는 두 입자의 아이소스핀과 같아야만 하는 거야."

"그렇다면 이제 우리는 에너지, 운동량, 전하량 보존이라는 3가지 고전적인 보존법칙에다가 아이소스핀 보존법칙을 추가해야 되겠군요."

쿼크와 쿼크

"22세의 젊은 나이로 MIT 공대에서 박사학위를 받은 2년 후에 머리 겔만 Murray Gell-Mann은 다중의 아이소스핀 상태를 이용하여 소립자들을 분류할 것을 최초로 제안했어. 또 그는 스스로 'strangeness(기묘도)'라고 명명한 새로운 종류의 양자수를 도입했는데, 그것은 그가 HEP 어휘에 추

---

* 자연계의 기본적인 힘 중에서 가장 강한 힘이며 원자핵 내부의 핵자 사이에 작용하는 힘이다. 핵 내부에서만 작용할 정도로 아주 가까운 거리에서만 작용하는 힘이며 거리가 멀어지면 급격히 감소한다.

가한 별나게 들리는 용어 중에 제일 첫 번째 것이지."

"내게는 'strangeness'라는 표현에 너무 집착하기보다는 보어가 처음으로 주장하고 슈뢰딩거가 채택한 양자수라는 것과 같은 의미로 생각해야 될 것 같은데요. 그것을 양자수라고 부르는 이유가 바로 그건가요? 또 이것은 보존되어야 하는 양인가요?"

"사실 약핵력에 대해서는 아니지만 강핵력과 전자기력이 관여하는 모든 상호작용에서는 strangeness가 보존되어야만 하지."

"약한 상호작용이 불쌍해요." 아내가 짐짓 동정하는 체했다. "세기도 약할 뿐만 아니라 대칭성을 유지하려는 노력도 가차 없이 무시당하니까요."

"1961년까지 겔만은 소립자를 8가지 군group 또는 10가지 원member으로 조직했지. 그는 부처의 가르침(팔정도)을 따라 이것을 '8중 구조식eightfold way'이라고 이름 붙였어. 원소를 분류한 멘델레예프의 주기율표가 그러했듯이 이렇게 군을 묶는 과정에서 빈자리는 아직 발견되지 않은 소립자가 존재할 것임을 암시하는 것이었지."

"더 강력한 충돌가속기를 요구하는 HEP 실험 물리학자들을 위해 더 많은 탄약이라." 아내는 빈정거리듯이 말했다. "이 모든 것이 도대체 우리를 어디로 끌고 가는 거죠?"

"그 당시까지 발견되지 않고 있던 새로운 입자들을 설명하기 위해 겔만은 3가지 기발하고도 논리적인 구조물을 제안했어. 당신이 이들 3가지 구조물을 받아들인다면 소립자들이 왜 각각의 '군'으로 분류되는지를 이해할 수 있을 거야. 이름을 '쿼크'라고 붙인 것으로 볼 때, 그 사람도 '그것들이 실제로 존재하는지'에 대해 틀림없이 심각한 의문을 갖고 있었어."

"쿼크라는 표현은 제임스 조이스James Joyce가 처음으로 창안한 말이 아닌가요?《피네간의 경야 Finnegans Wake》(1939)라는 소설의 내용 가운데 쿼크라는 표현을 모두 인용해보죠."

마스터 마크에게 '쿼크' 3개를 주자! Three quarks for Muster Mark!
마크는 분명 '바크'하기 어렵겠지, Sure hasn't got much of a bark,
마크가 짖을 수 있다면 '마크' 말고는 다 하겠지. And sure any he has it's all besides the mark.

"당신 아주 훌륭해! 어떻게 그렇게 빨리 그런 생각을 할 수 있지?"

"바로 당신이 지난번에 읽고 있던 책 중의 하나에서 내게 인용했다는 것을 잊었군요." 아내는 빙그레 웃었다. "당신이 다른 물리학자인 조지 츠바이크 George Zweig 가 스스로 'The Three Aces'라고 명명한 매우 비슷한 구조물을 생각했다고 말하지 않았나요? 그러나 이런 이름이 어떻게 쿼크에 견줄 수 있겠어요?"

"당연히 할 수 없지. 겔만과 츠바이크가 가정한 쿼크의 정말로 놀라운 특징은 전자 전하량의 몇 분의 일에 해당하는 전하량을 띠고 있다는 것이야. 그 값은 $\frac{1}{3}$ 또는 $\frac{2}{3}$ 임이 밝혀졌고, 부호는 +나 - 모두 될 수 있는 거지."

"당신이 내게 전자 전하량 e 가 우주에 존재할 수 있는 전하량의 최소 단위라고 말하지 않았나요? 그런데 어떻게 전자 전하량의 몇 분의 일에 해당하는 전하량이 있을 수 있지요?"

"물론 그랬지. 그래서 처음에 사람들은 쿼크가 존재한다는 사실을 심각하게 받아들이려고 하지 않았어. 그렇지만 어떤 소립자들은 파이온과 같은 중간자라는 군을 형성하고, 항상 쿼크-반쿼크의 쌍으로 구성된다는 것이 판명되었어. 양성자, 반양성자, 중성자 등을 포함하는 바리온

baryon(3개의 쿼크로 구성되어 있고 중성자, 양성자 등과 같이 상대적으로 질량이 큰 소립자)이라고 불리는 다른 소립자 군은 3개의 쿼크, 혹은 3개의 반쿼크로 구성되는 거야. 이런 방식으로 모든 소립자는 여전히 전자 전하량의 정수배로 표현되는 전하량을 갖게 되지."

"이거 조금 혼란스러워지네! 좀 더 쉽게 쿼크와 쿼크의 역할을 정의할 수 있겠어요?"

"그럼 한번 해볼게. 3가지 쿼크의 이름은 업up(u), 다운down(d), 스트레인지strange(s) 쿼크지. '업 쿼크'가 띠는 전하량은 $+\frac{2}{3}e$이고, 나머지 쿼크들이 띠는 전하량은 각각 $-\frac{1}{3}e$이야. 반쿼크들은 전하량의 크기는 같지만 부호는 반대가 되는 거야."

"음……, 지금까지 것을 그대로 받아들이면 파이온은 각각의 전하량이 $+\frac{2}{3}e$, $+\frac{1}{3}e$인 업 쿼크와 다운($\bar{d}$) 반쿼크의 쌍으로 구성되어 있는 경우이거나, 업($\bar{u}$) 반쿼크와 다운 쿼크로 구성되어 있어서 총 전하량이 $-1e$가 되는 경우인 것이고, 그래서 양의 중간자와 음의 중간자가 되는 거지요. 내가 제대로 이해하고 있는 거죠, 그렇잖아요?"

"당신, 나를 너무 놀라게 하지는 마."

"야호! 그런데 바리온에 대해서는 어떻게 3개가 한 조로 조합되어, 이들 수가 의미 있게 만들어지는 거죠?"

"전하량이 $+1e$인 양성자를 생각해봅시다. 그것은 전하량이 각각 $+\frac{2}{3}e$, $+\frac{2}{3}e$, $-\frac{1}{3}e$인 3개의 쿼크 uud로 구성되어 있어서 전하량의 총합은 $+1e$가 되는 거야."

"이제는 알았어요!" 아내는 쾌재를 불렀다.

"그럼 반양성자는 전하량의 크기는 그대로이지만 부호가 반대라서 총합이 $-1e$가 되는 반쿼크 $\overline{uud}$로 이루어져 있어야만 할 거야. 그리고 중성자는 물론 1개의 업 쿼크와 2개의 다운 쿼크로 이루어져 있어서 결합체의 전하량이 0이 될 거야"(그림 56).

"내가 쿼크 신봉자를 만든 것 같은데……. 이런 방식으로 HEP의 회원들은 쿼크의 적당한 조합에 의해 더 많은 소립자가 만들어질 수 있음을 확신하게 되었지."

"그럼 전자는 어떻게 하지요? 전하량이 $-1e$가 되려면 어떤 종류의 쿼크가 필요하나요?"

"전자, 뮤온, 중성미자 등은 렙톤leptons(전자, 뮤온, 중성미자 등과 같이 쿼크로 구성되어 있지 않은 소립자)이라 불리는 범주에 속하는 입자라서 우리가 알고 있는 한 쿼크나 다른 어떤 것으로 이루어진 것이 아니라는 거야."

"우주를 구성하는 다양한 입자에 대해서도 마찬가진가요?"

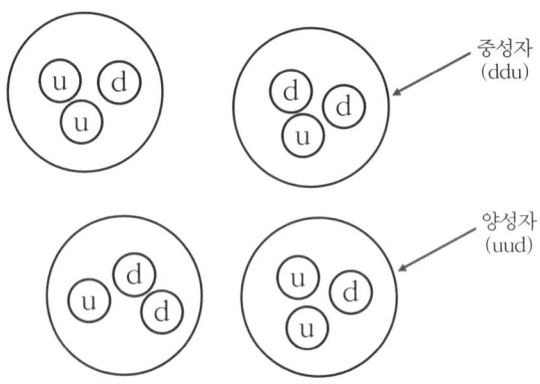

[그림 56] 2개의 양성자와 중성자를 포함하는 헬륨 원자핵의 구조. 우리가 헬륨 원자의 모형에서 핵을 사람과 같은 크기로 만들면 양성자와 중성자는 손의 크기 정도가 될 것이다. 한편 쿼크나 전자는 그것의 수천 분의 1보다도 작을 것이다. 같은 비율로 하면 원자 하나의 크기는 원자핵 주위의 모든 방향으로 수십 킬로미터까지 뻗어 있는 정도도.

"꼭 그렇지는 않아. 우주에는 두 종류의 중성미자가 있는데 하나는 전자나 베타 방출과 관계가 있고, 하나는 뮤온과 연관이 있음이 판명되었지. 비로소 우리는 4가지 렙톤과 단지 3가지의 쿼크가 있음을 알게 된 거야. 그래서 얼마 전에 하버드 대학의 셸던 리 글래쇼Sheldon Lee Glashow(1932~) 교수와 그의 동료인 제임스 비오르겐James Daniel Bjorken이 '참charm'이라고 이름 붙인 4번째 쿼크를 제안하게 되었지."

"이런 이름을 붙인 이유가 있나요?"

"당신이 말하는 '이유'라는 것이 업up 쿼크의 up이라는 말을 단지 다운down 쿼크와 구별할 필요가 있다는 뜻 이상의 의미를 갖느냐고 묻는다면 내 대답은 '아니요'야. 사실 오늘날 HEP 물리학자들은 더 다채로운 언어를 사용하기 위해 쿼크를 향flavor으로 구별 지어 나타내기도 해!"

"다 자란 남자 어른들도 이런 게임을 즐기나요?"

"사실은 HEP 물리학자 중에는 여성이 흔치 않은데 그 여성들 중의 한 사람이 다음과 같은 내용의 논문을 공동 저술했어. 그 논문에서는 충돌실험에서 참 반쿼크($\bar{c}$)와 함께 참 쿼크를 생성하는 것이 가능해야 할 뿐만 아니라, 이미 수집된 충돌실험 자료에도 참 쿼크와 참 반쿼크($\bar{c}$)가 쌍으로 생성된 증거가 포함되어 있을 거라고 주장하고 있어. 경쟁관계에 있는 두 그룹(MIT와 팔로 알토Palo Alto: 캘리포니아 주 서부의 도시에 위치한 스탠퍼드대)이 즉시 이와 같은 '참charm' 쿼크의 쌍으로 이루어진 분명한 새로운 입자를 발견했다고 발표했지. 재미있게도 우연의 일치인지 모르겠지만, 두 그룹은 1974년 11월 11일 같은 날 따로따로 발표했어.

| 셸던 리 글래쇼 글래쇼는 미국 물리학자로 스티븐 와인버그와 같은 고등학교 출신으로, 소립자의 통일모형의 기초를 세웠고 참양자수(charm 量子數)의 필요성을 제시한 이론(GIM 모형)을 제출했다. 1979년에 스티븐 와인버그, 압두스 살람과 공동으로 노벨 물리학상을 수상했다.

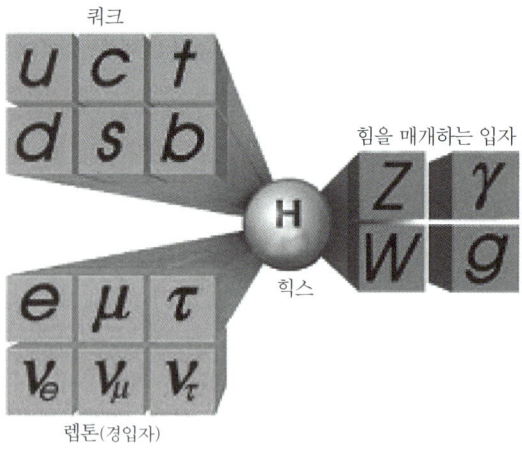

[그림 57] 입자물리학의 표준모형

한 그룹은 새로운 입자의 이름을 '프사이(Ψ)'라고 불렀고, 한 그룹에서는 'J'라고 불렀지. 노벨상을 공동수상하기 전에 양쪽 그룹의 발견자들은 그 새로운 입자를 'J/Ψ'라고 이름을 짓기로 했어."

"그럼 이제 우리는 2쌍의 렙톤과 2쌍의 쿼크를 가진 셈이군요. 내 생각에는 이제 대칭성이 다시 이루어졌으니 HEP 물리학자 사이에서도 일종의 자신감이 생겼겠군요."

"종종 '11월의 혁명'이라고 불리기도 하듯이, 사실 이 사건이 촉발한 것은 이론물리학 활동의 새로운 소동이었지. 모든 알려진 소립자에 적용하려는 시도를 하다가 대담한 이론 물리학자들이 각각의 쿼크에 3가지 색깔을 부여하기 시작했지. 이로 인해 '색역학chromodynamic*'이라고 어울리

---

* 양자수의 한 종류로 색깔이 부여된 소립자에 대한 양자역학의 이론적 확장이다. 쿼크와 글루온을 도입하여 이로 이루어진 하드론의 종류와 성질을 정확히 예측한다.

는 이름을 가진 새로운 이론이 생겨났지. 이 이론으로 예측된 최초의 것은 쿼크가 다른 쿼크에서 분리되는 일은 일어날 가능성이 거의 없다는 것이야. 다른 것은 쿼크들이 이룰 수 있는 다양한 색 조합을 고려할 때, 아직도 발견되기를 기다리는 더 많은 소립자가 있어야만 한다는 거야."

"그럼, 한편에서는 우리가 쿼크를 3가지 색 중의 1가지로 색칠하는 것은 무방하지만, 서로 떼어놓을 수 없기 때문에 보는 것은 불가능하다고 주장하고 한편에서는 HEP 실험 물리학자들은 새로 창안된 입자들을 추적하기 위해서는 더 강력한 충돌가속기가 필요하다고 떠들썩하게 외치고 있는 거죠! 그렇다면 그들은 왜 점점 더 강력하고 값비싼 기계가 필요한 건가요?"

"11월의 '혁명'을 뒤따르는 시기에 이룩한 이 새로운 물리학의 제일가는 업적 중의 한 가지는 '타우$_{tau}$'라고 불리는 다른 종류의 렙톤과 그 반입자의 발견이었어. 이 렙톤은 질량이 거의 뮤온의 17배가 되므로, 생성하기 위해서는 적어도 17배의 에너지를 갖는 충돌가속기가 필요하지."

"에너지는 질량과 등가라고 알고 있는데, 이것이 전자와 전자 뉴트리노, 뮤온과 뮤온 뉴트리노, 타우와 타우 뉴트리노가 있어야 하지 않겠어요?"

"당신이 정말 옳아. 타우 뉴트리노가 있어야만 해. 아직까지 발견되지는 않았지만 그것이 있다는 것을 의심하는 사람은 아무도 없어."

"대칭성이 부족한 것에 대해서는 어때요? 우리는 이제 6종의 렙톤 소립자와 그 반입자가 있지만, 다른 종류의 입자를 만드는 쿼크는 4종류밖에 없어요."

"아주 예리하군. 새로운 2가지 렙톤을 발견했으니—적어도 한 가지는 확실하니까—2개의 잃어버린 쿼크를 찾으러 떠나야 하겠지. 새로운 중간자를 찾기 위해서는 지상에서 가장 강력한 충돌기, 일리노이 주에 있는 페르미연구소에 있는 테바트론Tevatron의 에너지 용량 정도가 필요하지. 이것은 '입실론ϒ'이라고 불리며, 새로운 종류의 쿼크인 보톰bottom 쿼크와 보톰의 반쿼크(b̄)로 구성되어야만 한다는 것이 곧 밝혀졌지."

"보톰 쿼크가 있으면 톱top 쿼크도 있어야 되겠네요." 아내는 매우 즐겁게 말했다.

"밤이 지나면 낮이 되어야만 하듯이." 나도 호들갑스럽게 말했다.

"당신, 지난해에 페르미연구소에서 일하는 439명의 HEP 과학자가 지난 1년 반 동안 수행한 양성자-반양성자 충돌 실험에서 얻어진 자료를 조심스럽게 변경한 후에 톱 쿼크를 함께 발견했다고 시험적인 발표를 한 것을 읽은 기억이 나는지 모르겠어."

"처음 듣는 소리인데요?" 아내가 웃으며 말했다.

"이것은 정말로 믿을 수 없을 정도로 많은 사람이 함께한 일이지. 그때 이후로 동등한 두 그룹은 톱 쿼크를 발견했다는 확신을 발표하기 전에 충돌에 대한 많은 자료에 대한 면밀한 조사를 완전히 끝마쳤지."

물리학의 대통합이론

"내가 입자 물리학을 바로 이해했는지 모르겠어요. 전자, 뮤온, 타우 입자와 각각에 대응하는 질량이 없는 세 종류의 중성미자를 포함하여 6가지의 렙톤이 있지요(그림 58). 소립자라면 전하량이 0이거나 전자의 전하량과 같아야 하죠. 그리고 부분 전하량을 띠며, 나머지 모든 소립자를 구성하는 6가지의 쿼크가 있어요. 그렇다면 이 12가지 입자와 그에 대응하는 12가지 반입자가 우주에서 발견되는 모든 물질과 반물질을 구성하고 있는 것이죠."

"정말로 훌륭하게 요약했군!" 나는 아내가 정말로 400년 동안의 물리학 연구의 산물을 이해하기 시작했음을 느낄 수 있었다. "이것이 오늘날의 우주는 물론 우주의 기원을 이해하는 근거를 제공하는 새로운 물리학의 표준모형(우주의 모든 물질을 구성하는 기본 입자들의 총체적인 배열에 관한 이론)의 일부야."

"지금까지 당신은 내게 우주를 구성하는 요소가 무엇인지에 대해서 이야기했어요. 그러나 무엇이 그것을 함께 묶어 두죠? 또 어떻게 결합해야 하는 거죠?"

"당신, 영국의 물리학자 마이클 패러데이가 어떻게 전기력과 자기력이

전하	렙톤		
0	전자 중성미자 질량 0(?)	뮤온 중성미자 0(?)	타우 중성미자 0(?)
-1	전자 0.5	뮤온 106	타우 1,784

전하	쿼크		
$+\frac{2}{3}$	업 5	참 1,270	톱 174,000
$-\frac{1}{3}$	다운 5	스트레인지 175	보톰 4,250

[그림 58] 입자 물리학에서 표준모형의 구성요소. 물질을 구성하는 입자들의 이름은 질량-에너지 등가관계를 이용하여 100만 전자볼트 단위로 표현된 질량 값 위에 나타냈다.

리처드 필립스 파인만
파인만은 아원자 입자의 행동을 지배하는 수학적인 기술을 표현하는 직관적인 도형 표기를 개발했는데, 이것은 후에 파인만 도표로 알려지게 된다. 양자전기역학의 재규격화 이론을 완성한 연구 업적으로 1965년 노벨물리학상을 수상했다.

공간을 통해 작용하는지를 그림으로 나타낼 수 있게 전기장과 자기장을 창안한 방법을 기억하고 있어? 그런데 비슷한 방식으로 캘리포니아 공대의 교수인 리처드 필립스 파인만 Richard Phillips Feynman(1918~1988)이 입자들 사이에 어떻게 힘이 전달되는지를 보여주기 위해 장전달자 field propagator 라는 것을 창안했지."

"혹시 그 사람이 《파인만 씨 농담도 잘하시네 Surely You're Joking, Mr. Feynman》라는 아주 재미있는 책의 저자가 아닌가요? 제2차 세계대전 중에 로스앨러모스의 원자탄연구소에서 그의 책을 읽고 우스워 죽을 뻔 했어요. 당신도 알다시피 그가 그 조합들을 이해하고 군의 고급장교들의 사무실에서 극비의 지하저장소를 열 때 말이에요!"

"맞아. 파인만은 매우 생기 넘치는 사람이야. 그는 봉고드럼 연주를 좋아해서 아무도 요구하지 않아도 연주하기도 했지."

"그런데 장전달자가 정확히 무슨 역할을 하지요?"

"당신이 그렇게 생각하지 않을는지는 모르지만 질량이 없는 광자가 순전히 전자기력장과 연관 있는 상호작용을 전달하는 장전달자야. 텔레비전 송신기에 의해 발신된 신호가 텔레비전의 안테나에서 수신되는 것은 광양자가 전자기장의 전달자로 작용하기 때문이지. 비슷하게 약핵력장만 관계하는 방사능 붕괴는 3가지의 비교적 질량이 큰 장전달자를 이용하지. 이것들이 존재한다는 사실은 아직 관측되지는 않았지만, 에너지와 운동량의 보존법칙을 고려해보면 알 수 있지."

"무엇이 쿼크들이 서로 붙어 있게 만들지요?"

"아마도 모든 물리학에서 가장 이상한 개념이지. 쿼크 사이의 힘을 전달하는 전달자를 글루온gluon이라고 부르는데, 이것들이 핵자들을 서로 '붙인다glue'고 해서 그렇게 부르는 거야. 이런 힘은 두 쿼크가 서로 더 가까워지면 더 약해지고, 서로 멀리 떨어지면 더 강력해지기 때문에 가장 괴상한 것일 거야! 물론 이것이 쿼크들을 따로 떼어놓기 어려운 이유가 되지. 서로 멀어지게 되면, 글루온장의 에너지가 다른 쿼크-반쿼크 쌍으로 바뀔 정도로 증가해서 떨어진 쿼크들이 다시 쌍을 이루게 할 수 있는 거야. 글루온은 또 핵자들을 서로 묶어 두는 강력한 힘을 만들지. 게다가 이 글루온들은 색을 띠고 있지만 항상 색-반색color-anticolor의 쌍으로 존재하지."

"이거 점점 《이상한 나라의 엘리스Alice's Adventures in Wonderland》에 나오는 거울의 다른 쪽으로 들어가는 것처럼 들리는데요. 색color이 대체 무엇이며, 어떻게 쿼크를 색과 연관 지을 수 있지요?"

"내가 아는 것은 8가지의 글루온이 있다는 것과 그것들이 쿼크의 색을 변화시킬 수 있다는 것, 이런 기발한 일들을 함으로써 이론 물리학자들이 고에너지 상태의 상호작용에서 일어날 수 있는 가능한 한 모든 사건을 설명할 수 있다는 것뿐이야."

"알겠어요. 이 모든 색이라는 것이 무지개와 같은 실제의 색은 아니고, 단지 HEP 물리학자들이 수학적 구조에 임의로 부여한 이름에 지나지 않는군요."

"바로 그게 요점이야. 전자기력과 약핵력과 강핵력을 생성하는 장전달자들이 소립자들을 함께 묶어 둔다는(그림 58) 것이 오늘날의 물리학의 표준모형이지."

"모든 전달자, 즉 8가지의 글루온, 약핵력을 위해 3가지, 광자 등과

12가지의 소립자와 그 반입자들을 더할 때, 당신은 표준모형에서 36개의 구성 요소를 가진 셈이네요. 그것들의 신비한 색을 고려하지 않더라도 말이에요. 그러니 이제 내 생각에는 더 간단한 모형이 있어야 할 때가 되었네요!"

"당신 혼자만 그렇게 느끼는 것은 아니야. 아인슈타인이 다양하게 알려진 힘들을 통합하는 이론을 추구한 이래로 많은 이론 물리학자가 물리학에서 최고의 이론을 계속 찾으려고 했지. 나도 성공하지 못한 사람들 중의 한 사람이야. 그들은 부분적으로 성공을 거두기도 했지만 아직도 강핵력, 전자기력, 약핵력, 중력을 하나로 통합하는 대통합이론을 만들지는 못했지."

"대통합 Grand Unified Theory(GUT)." 아내가 한 자 한 자 읽었다. "내가 물리학의 진수에 다가가고 있는 느낌이군요."

"정말 그래. 그와 같은 주제에 여러 명의 경쟁자가 매달려 있지. 하나는 초대칭 Supersymmetry(SUSY)이라고 하지. 이것은 렙톤과 쿼크를 그들의 매개자들과 함께 통합했어. 이것은 심지어 중력을 포함하는 일반상대론을 양자화하는 데까지 도달했지. 단 한 가지 문제는 이 이론이 예측한 바가 아직까지 증명되지 않았다는 거야."

"나도 그것이 정말로 아름다운 이론일 거라는 사실을 믿어요!"

"내가 'SUSY'를 아는 것처럼 당신도 안다면……. 그것은 아름다운 이론이지. 그러나 매우 우아하고, 10개의 차원을 포함하는 끈이론 string theory 또는 초끈이론 superstring theory(2개의 선도적인 표준모형 중의 하나)이란 것도 있지!"

"나는 3차원만 볼 수 있고 아이슈타인의 시공간을 이해할 수 있게 해주는 4차원만 받아들일 수 있어요. 미안하지만 6개를 더 포함하는 이론에 대해서 더는 듣고 싶은 생각이 없어요."

바로 그때 전화벨이 울렸다.

"다행히 오늘 아침은 1회전이 끝남을 알려 나를 구원해주는 전화벨 소리군요."

열아홉 번째 식사

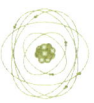

집에서의 저녁 식사

아인슈타인 '상대성이론' 100주년

"당신이 이 책의 증보판을 내기로 한 걸 보니 지난 10년 동안 물리학 세계에서 일어난 일에 대해 할 말이 많았나 보네요."

"20세기 대부분 동안 물리학자들이 추구했던 것과는 엄청나게 다른 변화가 있었지. 이 기간 동안 있었던 가장 중요한 사건은 아인슈타인이 상대성이론의 개념을 소개하고 물질의 원자모형의 타당성을 확인하고 양자역학 혁명의 출발을 도왔던 5편의 위대한 논문 출간(1905년)을 기념하기 위한 100주년 행사였어."

"우리는 '열두 번째 아침 식사' 때 상대성이론에 대해 이야기했어요. 하지만 나머지 논문들은 무엇에 관한 거였어요?"

"아인슈타인의 두 번째 논문은 원자와 분자의 크기를 결정하는 것을 다루었고, 그의 박사학위 논문이 되었지. 덧붙여 말하자면, 이 논문은 그 해에 나온 5편의 출판물 중에서 가장 널리 인용되었어. 세 번째 논문은 브라운 운동을 설명하는 이론적 모형을 만들어냈고."

"브라운 운동이 뭐예요?" 아내는 말을 끊으며 물었다.

"생물학자인 로버트 브라운 Robert Brown 이 이전에 현미경에 놓인 액체의 윗부분에 보이는 먼지 입자들의 불규칙적인 움직임을 관찰하고 보고한 적이 있었지. 아인슈타인의 이론은 이 운동이 액체를 구성하는 분자들의 불규칙한 움직임에 의해 어떻게 발생된 것인지를 설명했어."

"음, 아주 흥미롭네요. 그런데 왜 그게 대단한 일이죠? 특히 상대성이론에 관한 그의 논문과 비교할 때 말이에요."

"1905년에 극히 일부의 과학자만이 물질은 개별적인 원자와 분자로 구성되어 있다는 개념을 인정했다는 점을 생각해보구려. 아인슈타인의 논문은 먼지 입자가 개별적인 분자들에 의해 움직일 수 있다는 확고한 증거를 제시해서 그것들의 존재를 입증했어."

"그 논문들 중 하나가 '열세 번째 아침 식사' 때 언급했던 광전 효과에 관한 논문이 아니었나요? 그리고 아인슈타인은 그 논문으로 노벨물리학상을 받지 않았나요? 게다가 일부 사람들은 훨씬 더 혁명적이라 할 수 있는 상대성이론에 관한 논문으로 그가 그 상을 받았어야 했다고 생각하지 않나요?"

"그는 실제로 그것으로 상을 받은 거야. 하지만 두 가지 그러한 획기적 발견에 대한 상대적인 평가는 내가 알 수 없어. 특수 상대성이론은 모든 관찰 가능한 물리적 사건의 배경이 되는 4개의 서로 연계된 차원으로서

┃ 필리프 에두아르트 안톤 레나르트 레나르트는 금속의 광전 효과·인광·형광 따위를 연구했으며, 그것에 관련한 많은 성질을 발견한 공로로 1905년 노벨물리학상을 받았다. 그의 연구는 전자공학과 핵물리학 발전에 크게 기여했다.

시공간의 개념을 도입했지. 그것은 모든 운동은 관찰자에 따라 상대적이기 때문에 외적인 기준틀에 대한 필요성을 없애 주었어. 더욱이 그것은 진공 상태에서 빛의 속도가 관찰자의 상대적 운동 상태에 관계없이 일정하다는 가정에 근거를 두고 있어. 그래서 나는 그것이 혁명적이라는 말에 동의하는 거야. 하지만 아인슈타인이 필리프 에두아르트 안톤 레나르트Philipp Eduard Anton Lenard(1862~1947)가 발견해서 바로 그 해에 노벨물리학상을 동시에 받게 했던 광전 효과에 대해 제시했던 설명도 혁명적이었어. 바로 5년 먼저 막스 카를 에른스트 루트비히 플랑크Max Karl Ernst Ludwig Planck(1858~1947)에 의해 도입된 양자의 개념이 상당히 인위적이고, 가열된 금속의 방출 스펙트럼이라는 한 가지 현상만을 정확히 설명하는 한계를 갖는 것처럼 보였기 때문에 아직 물리학계에서 뿌리를 내리지 못했다는 점을 생각해봐. 심지어 플랑크 자신마저도 양자 개념의 부자연스러움에 대한 의심을 품고 있었지."

"아인슈타인이 입증했던 것은 전자기파의 이중성, 즉 전자기파는 파동인 동시에 입자라는 것이었지. 이는 전자기파가 방출, 전송, 흡수될 때 에너지의 양자화를 물리적 실체로 만든 거야. 한 가지 더 명심할 점은 이것으로 인해 드브로이가 전자를 포함하여 모든 입자는 이중적 성질을 갖는다는 사실을 제시했다는 거지."

"맞아요. 그것이 바로 슈뢰딩거가 자신의 파동방정식을 공식화할 수 있게 해주었고, 양자역학은 활발하게 연구되기 시작했어요. 그런데 5번째 논문은 무엇에 관한 거였어요?"

"그 논문 또한 세계적으로 유명한 등식인 $E=mc^2$로 표현되는데, 에너지와 질량이 서로 밀접한 관계가 있다는 아인슈타인의 역작이었지. 더 나아가 이러한 5편의 출판물은 이후의 물리학의 발전에 어마어마한 영향을 주었어. 일반 상대론에 관한 이론이 우주 전체에 관한 연구를 가져온 천체물리학 분야의 출범에 기여하는 동안, 양자역학의 출현은 결국 원자와 원자보다 작은 소립자에 관심을 집중시켰어."

"그것은 우주론이라 불리지 않나요? 그 분야는 세계가 어떻게 시작되었느냐는 질문을 다룬다고 당신이 제게 말했잖아요. 물리학자들은 두 그룹으로 나뉘어졌던 것 같아요. 한 그룹은 거대한 척도에서 무슨 일이 일어나는지를 추적했고, 한 그룹은 직접 관찰할 수 없는 아주 작은 척도에 대해 연구했어요."

"사실 그 경계는 그리 뚜렷하지 않아. 우리가 일상적으로 접하는 사물들을 구성하는 광범위한 원자 집합체들에 관한 연구는 극소수의 원자로 구성되는 고유한 구조들을 포함할 정도로 확장되었지."

"그게 최근에 화제가 되는 나노 기술에 관한 것인가요?"

"음, 나노 기술은 나노 과학에서 발견한 것을 적용한 거야. 하지만 주제에서 더 벗어나기 전에 원자보다 작은 소립자 물리학을 연구하는 학자들이 어떻게 천체 물리학자들과 함께 연구하는지를 설명할게. 당신은 원자보다 작은 소립자들을 실험적으로 관찰하기 위해서 그것을 발생시키는 거대한 가속기가 필요하다는 것을 기억할 거야. 무거운 소립자를 많이 발생시키기 위해서는 매우 높은 에너지가 필요한데, 이 때문에 물리학자들은 필요한 에너지가 관여하는 지구에서 멀리 떨어진 외계의 별들에서 일어나는 과정에 의존할 수밖에 없었지."

"그 말은 소립자를 연구하는 물리학자들이 천체 관측자가 되었다는 것을 의미하나요? 얼마 전 스위스에서 가동에 들어간 강입자 충돌기라고 불리는 새로운 가속기에 대해 들었잖아요. 그런데 그것은 과학자들이 질량이 무엇인지를 설명해줄 거라고 희망했던 가상의 힉스 입자를 발견하기 위해 특별히 개발된 거 아닌가요?"

"사실 그래. 하지만 2008년 9월 19일 연구원들이 양성자를 가속시키도록 충돌기에 있는 1,600개의 전자석을 통해 양성자를 처음 순환시킨 지 불과 9일 후에 녹은 전선이 초전도 전자석의 냉각용 액체 헬륨이 담긴 파이프에 구멍을 생기게 했지. 전자석 중 59개가 헬륨 유출로 피해를 입어 충돌기의 가동을 중단하고 첫 실험을 2009년 11월로 연기할 수밖에 없게 되었어."

"음, 지금이 2009년 11월이니까 이제 다시 가동되고 있나요?"

"유감스럽게도 지난 해 동안 다른 많은 문제가 발생해서 다시 연기되었지. 예상컨대, 충돌기가 완전히 가동되어 만족스런 실험이 이루어지기까지는 2년이 더 걸릴 것 같아."

"그때까지 아무런 성과가 없을까요?"

"음, 10여 명 이상의 물리학자가 분주하게 분석할 자료들이 일리노이 주의 바타비아에 있는 '테바트론'에 많이 쌓여 있어. 운이 좋으면 그들은 최근에 질량 측정에 주요 관심 대상으로 제기되는 힉스 입자의 흔적을 발견할 수도 있지."

"지금까지 테바트론에서 발견한 가장 무거운 소립자는 무엇이고 그것이 힉스 입자의 무게와 어떻게 비교되나요?"

"1995년에 톱 쿼크가 발견되었는데, 이는 더 가벼운 쿼크와 W 입자로 분열되는 것을 관찰하여 이루어졌어. 수십억 또는 기가전자볼트의 단위로 환산한 톱 쿼크의 무게는 175GeV이지. 이는 힉스 입자에 대한 추정

[그림 59] 톱 쿼크를 발견한 미국의 입자가속기 테바트론

치인 114~184GeV와 비교되고 있어. 따라서 그것은 이미 기록되었지만 아직 자세히 조사되지 않은 많은 충돌 중에서 발견될 가능성이 매우 높다고 봐. 그 분석을 완성하는 데 1년은 금방 지나게 될 거야. 그러는 동안 강입자 충돌기가 곧 가동될 거라고 희망을 가져봅시다. 물론 충돌기가 수집하는 자료를 면밀히 조사하는 데도 어느 정도 시간이 걸릴 거야."

유망한 나노 기술

"이제 새로운 나노 과학이 탄생시킨 나노 기술에 대해 말해주세요."

"1959년에 상상력이 풍부한 이론 물리학자인 파인만이 원자 크기로 새로운 미세한 구조를 만들어내는 것이 가능하다고 처음 지적했지. 그 구조들은 미세한 기계를 작동하고 자료를 엄청난 정도로 집적하여 저장

에릭 드렉슬러 드렉슬러는 나노 공학의 아버지라 불린다. 분자 나노기술 분야 최초로 MIT에서 박사학위를 받았다. 그의 저서 《나노 시스템》은 1992년 가장 뛰어난 컴퓨터 과학서적상을 받았다. 《창조의 엔진》은 나노 기술에 관한 최초의 저술로 평가된다.

하는 데 사용될 수 있는데, 이는 그것들의 표면 면적 대 부피 비율이 매우 커서 특이한 성질을 부여하기 때문이지. 그로부터 27년 후 1986년에 에릭 드렉슬러 Eric Drexler(1955~)가 미래에 펼쳐질 흥미진진한 몇 가지 가능성을 구상한《창조의 엔진 Engines of Creation》이라는 책을 출간했어."

"그럼 파인만이 최초의 나노 과학자가 된 건가요?"

"아니, 그의 관심은 다른 곳에 있었어. 실제로 여러 물리학자와 화학자가 반도체 물질 위에 형성되는 양자점 또는 미세한 실린더 모양으로 말려 있는 탄소 원자 망으로 구성된 나노 튜브와 같은 미세한 원자 집합체의 연구와 제조를 수행했어."

"나노 물질은 크기가 어느 정도인가요?"

"1나노미터는 1미터의 10억 분의 1이야. 그것의 크기는 반지름이 1미터인 비치볼과 비교해서 반지름이 1나노미터인 원자를 생각해보면, 지구의 반지름과 놀이용 구슬의 반지름의 비율과 같은 거지."

"도대체 그렇게 눈에 보이지 않을 정도로 작은 구조를 가지고서 무엇을 할 수 있나요?"

"실제로 그 가능성은 무궁무진해. 정상적인 상태에서 불투명한 구리가 나노미터 수준으로 크기가 작아진다는 이유만으로 투명해지고, 보통은 안정된 알루미늄 금속이 가연성을 갖게 되지. 미세한 반도체의 전기적 성질이 양자역학적 효과에 의해서 제어된다는 사실에서 이름이 유래한 양자점 quantum dot을 생각해보면 돼. 그것의 독특한 특징은 그것이 내는 색깔인데 그 점이 클수록 그 색깔이나 형광은 붉은색을 띠게 되지. 반대로 그 점이 작을수록 색깔은 푸른색이 되는 거야."

"모두 아주 흥미롭네요. 양자점의 용도가 무엇인가요?"

"생물학자들은 살아 있는 세포 안에서 일어나는 다양한 과정의 추적을 알기 위해 채색된 염료를 사용해. 양자점은 매우 밝기 때문에 아주 미세한 세포까지도 촬영을 가능하게 해주지. 더 나아가 단세포의 이동 촬영도 가능하게 해서 암전이, 줄기 세포 치료법, 그 밖의 많은 연구 영역의 관찰을 쉽게 해주게 되는 거야."

"대단히 유망한 것처럼 들려요." 물리학보다 생물학에 관련이 있는 아내는 점점 더 들뜨게 되었다. "나는 앞으로 의학과 약학 분야에서 효과적으로 많이 활용될 것이라는 것을 알았어요. 그런데 이 양자점의 다른 용도도 있나요?"

"그들의 독특한 특성을 사용하기 위해 생겨나는 많은 새로운 산업이 있어. 사실 인터넷상에서 양자점을 구입할 수 있지. 그 용도를 예를 들어 볼까? 적외선 신호를 방출하는 양자점의 입자가 모든 침입자에게 달라붙어서 법률 집행기관이 침입자를 추적하는 것을 돕게 되지. 마찬가지로 양자점은 인쇄용 잉크에서 용해되어 지폐 위조를 식별할 수 있어. 당신도 알다시피 사람의 상상력은 여러 가지 응용을 가능하게 하지."

"그 밖의 다른 형태의 나노 입자가 실용적으로 응용되는 것이 있나요? 또 그러한 응용이 어떻게 이루어지나요?"

"판매를 목적으로 제조되는 다양한 나노 입자의 수가 몇 년 전 약 200가지였다가 현재 1,000가지가 넘을 정도로 증가했어. 그것을 생산하는 방법은 두 가지가 있어. 하향식 접근법은 이전에 반도체 장치의 제조에서 사용된 것과 똑같은 방식으로, 예를 들어 수증기에서 침전되는 것과 같은 방식을 이용하지. 상향식 접근법은 그것이 원자와 분자가 잘 섞여서 저절로 합쳐지는 새로운 형태의 분자 자체 조합을 이루어낸다는 점에서 다르지."

"이런 신기한 물질들을 의학에서도 응용하고 있나요?"

"그럼. 알츠하이머병의 초기 증상이 중추신경계에 미세한 단백질이 증가하는 거지. 금과 이러한 단백질들을 끌어들이는 자성을 지닌 나노 입자를 결합시켜서 체액 속에 존재하는 다른 단백질에서 그러한 단백질들을 분리해낼 수도 있지. 이러한 차단 방식은 전통적 방식보다 1,000배 이상 정밀하여 몸을 쇠약하게 만드는 질병을 조기에 발견하고 치료가 가능하게 하는 거야."

"이러한 방법들이 실제로 병을 치료하는 데 응용되어 왔나요?"

"녹내장을 치료하는 지속적으로 방출되는 약을 담은 나노 크기의 주머니를 지닌 콘택트렌즈를 만드는 방법이 있지. 마찬가지로 금으로 도금된 나노 크기의 구가 개발되어 일반적으로 주변을 둘러싸고 있는 건강한 조직보다 많은 혈액이 스며 나오는 종양을 찾아내는 데 사용되고 있어. 이렇게 축적된 여러 개의 구가 저강도의 적외선이 비춰질 때 환하게 빛나게 되어 종양이 있는 위치를 찾아내는 거야. 이후에 좀 더 강한 적외선 레이저를 투사하게 되면 그 구는 충분히 뜨거워져서 종양 세포를 파괴하게 되지. 이러한 결과들이 동물 실험에서 확인되었지만 인간을 대상으로 하는 임상 실험은 곧 이루어질 예정이야."

"정말 놀라워요. 하지만 나노 입자가 우리의 환경 속으로 방출되는 것이 생명체에 미칠 수 있는 영향을 고려하는 사람은 없나요?"

"당신이 예상하는 것처럼 환경 속에 존재하는 모든 나노 입자를 찾아내는 것과 그것들이 일으킬 모든 가능한 위험성에 대해 상당한 관심이 있어 왔지. 중요한 것은 정상적인 크기에서 독성이 쉽게 형성되고 관찰되는 화학적 구성물이 아니라는 사실 때문에 복잡해. 그 대신 나노 입자의 성질이 그것의 크기와 결정 구조, 그것들이 다른 입자들과 상호작용하는 방식에 의해 결정되는 거야. 지금까지는 이러한 모든 변수를 포함하는 어떠한 규약도 만들어지지 않았어."

"분명 정부의 모든 규제가 이러한 발생 초기의 산업의 발전을 방해할 거라고 경고하는 사람들이 있을 거예요. 그리고 정부가 나노 입자를 공장 규모로 제조하는 것이 중대한 위험성을 가져오기 전에 일반인을 보호하기 위해 안전 조치를 시행해야 한다고 주장하는 사람들도 있을 거예요."

"정치적 문제에 대한 당신의 의견이 옳아. '책임 있는 나노 기술을 위한 본부'와 같은 몇몇 기관과 우드로윌슨 Woodrow Wilson 센터의 새로운 나노 기술에 관한 계획 등에서 이러한 문제들을 제기하고 널리 알리고 있어."

"그동안 나노 과학자들은 이러저러한 발전에 도움을 주기 위해 무슨 일을 하고 있나요?"

양자 얽힘

"아마도 미래에 발전이 가장 유망한 분야는 반도체를 이용한 양자 전산 분야일 거야. 그 작은 크기 때문에 하나의 점 안에서 이루어지는 것이 양자역학에 의해 통제되고, 이는 두 가지 이상의 점이 얽히는 것과 같은 진기한 효과를 가능하게 하지."

"잠깐만요! 얽힘이라는 게 뭐예요?"

"그것은 불투명한 상자 안의 고양이를 대상으로 한 에어빈 슈뢰딩거의 사고실험을 설명하는 과정에서 그가 만들어낸 독일어 verschänkung을 번역한 거야. 상자 안에는 방사성 원자가 붕괴할 때마다 깨지게 될 독이 든 유리병이 고양이 옆에 있어. 고양이의 현재 상태가 결정되어 있지 않기 때문에 이러한 상자의 상태는 각각 살아 있는 고양이와 죽은 고양이를 대표하는 중첩된 두 파동함수를 이용하여 양자역학적으로 기술할 수 있지. 양자적 객체는 측정되기 전에 서로 다른 두 상태나 두 위치의 중첩으로 있을 수 있으며, 둘 중 하나의 상태로 붕괴하게 돼. 그래서 슈뢰딩거는 일종의 부비트랩이 장치된 상자 속에 갇힌 고양이의 상황을 제안했어. 양자역학적으로 고양이는 동시에 죽어 있으면서 살아 있는 거야. 즉 고양이는 둘 중에 하나의 상태를 갖게 돼. 현재에 둘 사이의 중첩 상태를 유지하면서 진동하는 미세 철사줄을 관측하는 실험의 제안이었어. 철사줄에 놓인 전하는 상자 외부의 센서가 검출할 수 있는 전기장을 만들어 내지."

"그 말은 고양이가 동시에 죽기도 하고 살기도 한다는 것을 의미하지 않나요? 하지만 그것이 어떻게 이루어질 수 있어요? 그리고 우리가 그 상자를 열어서 알아낼 수는 없나요?"

"양자역학에 따르면, 상자를 여는 것은 얽혀져 있는 파동함수를 붕괴시켜 살아 있는 고양이나 죽은 고양이를 기술하는 단일 파동함수로 만드는 거야. 상자를 열기 전의 중첩된 파동함수 상태에 대해 말하자면, 그것들은 고양이의 상태가 결정되어 있지 않다는 것을 의미하는데, 상태를 알 수 없다는 것과 결정되어 있지 않다는 것은 다른 거야."

"결정되지 않은 것과 모른다는 것은 같은 말 아닌가요?"

"사실 그렇지 않아. 당신도 기억하겠지만 지금 한 이야기는 우리가 어떤 사건의 상태를 완전하게 기술할 수 있는 정도를 제한하는 하이젠베르크의 불확정성 원리의 다른 표현일 뿐이야. 그러므로 그것은 우리가 전자의 정확한 위치와 운동량을 동시에 측정하는 것을 못하게 하지. 내가 덧붙이고 싶은 말은 하나의 얽힘은 국소적일 필요가 없고 임의의 먼 거리에서도 일어날 수 있다는 거지. 아인슈타인이 사망한 지 50여 년이 지난 지금도 멀리 떨어져 있는 두 입자 사이의 순간적인 통신을 요구하는 것이기 때문에 그가 거부했던 '원거리 사이에서의 유령 같은 작용'에 대한 그의 경멸 때문에 아직도 우리는 시달리고 있어. 그리고 물론 어떠한 정보도 빛의 속도보다 빨리 이동할 수 없기 때문에 순간적인 전달은 가능하지 않은 거지. 사실 아인슈타인은 보리스 포돌스키Boris Podolsky와 나탄 로젠Nathan Rosen과 1935년에 멀리 떨어진 곳에서 작용에 대한 양자역학적 기술이 불완전함을 입증하려는 실험을 제시했지. 많은 논란이 된 그들의 논문은 EPR 역설로 알려지게 되었어. 하지만 1982년에 이르러서야 비로소 그들이 제시한 실험이 실제로는 파리 대학에서 프랑스의 물리학자들에 의해 수행되었어. 그들이 발견한 것은 양자역학이 아니라 아인슈타인의 설명이 잘못되었다는 것이었어."

"당신이 얽혀진 쌍의 물리적 비유물을 제시할 수 있다면, 나는 이 이상한 개념을 보다 쉽게 이해할 텐데요."

"좋아, 설명해주지. 양자역학적 결과가 기이하고 이상하게 여겨지는 이유는 우리가 일상 세계에서 그러한 것들을 전혀 경험한 적이 없기 때문이야. 하지만 시소의 한쪽이 올라가면 나머지 한쪽은 내려와야 한다는 의미에서 볼 때 마주보는 두 끝이 서로 얽혀 있는 시소를 생각해봐. 한쪽의 위치를 바꾸는 것은 즉각적으로 반대쪽의 상반된 변화를 유발하지. 얽혀진 쌍에 대한 양자역학적 기술은 유사한 결합을 제공하는데, 2개의 입자가 수 킬로미터 떨어져 있더라도 한 입자의 스핀의 변화가 다른 입자의 모든 스핀의 변화에 대해 즉각적으로 반응하게 되지."

"사람들이 양자역학의 타당성을 부정하지 않는 상황에서 아인슈타인과 그의 공동 연구자가 두 입자의 얽힘을 설명하기 위해 어떤 제안을 했나요?"

"그들은 현재 상태의 양자역학에서 구체적으로 기술되지 않는 숨은 변수의 존재를 가정했지. 결국 양자역학은 틀린 것이 아니라 그저 불완전할 뿐이야. 그래서 이러한 숨은 변수들은 얽혀진 입자들의 가능한 상태 사이에서 필요한 결합을 제공하기 위해 어떤 방식으로든 작용해야 하는 거야."

"음, 그럴듯한 가능성처럼 들리네요. 그럼 왜 프랑스 물리학자들의 실험이 아인슈타인이 틀렸다는 것을 증명한다고 말했어요?"

"틀렸다는 말은 너무 심한 말이었던 것 같아. 불필요하다는 말은 어떨까? 데이비드 봄(David Bohm) 교수가 가장 최근에 제안한 것은 두 입자가 하나의 파동에 의해 결합될 수 있다는 것과 그것 자체가 이 파동함수의 형태를 갖는 숨은 변수라는 거지."

"좋은 설명인 것 같은데, 나는 아직까지 잘 모르겠어요."

"당신의 말은 뉴턴 역학이 지배하는 세계에서 우리의 경험에 의해 조건화한 전형적인 직관을 양자역학이 부정하고 있다는 사실에 근거하고 있다고 생각해. 따라서 아마도 아인슈타인을 괴롭혔던 것은 실제 측정에 의해 확립되기 전에도 물리적으로 실제해야 하는 것에 대해 양자역학이 명백하게 부정한다는 점이었던 것 같아. 두 가지 모순된 듯한 파동함수들의 중첩이라는 슈뢰딩거의 고양이의 기술에 대한 그의 대답은 그가 달을 관찰하건 말건 간에 달은 여전히 존재한다고 생각하는 것으로 보여."

"음, 이것이 궁금증을 갖게 하네요. 양자역학 분야에서 실제로 무슨 일이 진행되고 있는지를 이해하는 사람이 있나요?"

"그와 똑같은 질문을 받을 때, 파인만은 실제로 양자역학을 이해한 사람은 아무도 없다고 대답했지."

"그 말이 확신을 주는 것 같지는 않네요. 하지만 얽힘에 관한 이야기로 돌아가서 얽힘이라는 것이 무엇이고 그것이 어떻게 컴퓨터로 응용되는지 내게 다시 말해줘요."

양자 컴퓨터

"2개 또는 그 이상이 얽힌 입자들의 양자 상태는 실제로는 전체로 간주되는 하나의 얽힘 상태를 형성하지. ↑와 ↓로 상징되는 반대 방향의 스핀을 지닌 2개의 얽힌 입자가 있다고 가정해봐. 각 입자의 스핀을 결정하기 전에 스핀은 미지의 상태야. 일단 ↑라고 결정되면 반대편 입자의 스핀은 실제로 측정할 필요도 없이 ↓로 알려지게 되지. 그러한 얽힘이 계산을 가능하게 하는 방식에 관해서는 설명이 다소 복잡해. 하지만 그것을 오늘날 컴퓨터 언어의 기초를 이루는 2진수의 관점에서 생각해봐. 숫자 1이 하나의 상태를 나타내고 0이 나머지 상태를 나타낸다면 이러한 짝에 의해 형성될 수 있는 다양한 조합이 말하자면 디지털 언어의 글자가 되는 거지. 2개의 얽힌 양자 상태를 생각할 때에도 비슷한 가능성이 일어나는 거야."

"그러면 이런 의미인가요? 각각의 수가 1 또는 0이 될 수 있는 3개의 비트_{bit}가 있다고 가정해요. 그것들이 형성할 수 있는 조합은 모두 합쳐 000, 100, 010, 001, 110, 101, 011, 111이라는 8가지가 되겠네요."

"바로 그거야. 당신이 생각한 3개의 비트는 하나의 레지스터_{register}를 형성한다고 말하지. 4개 비트의 레지스터는 2×2×2×2=16개의 가능한 조합을 포함하고, 나머지도 그런 원리야. 양자 컴퓨터가 특이한 것은 각각의 비트가 양자 중첩에 의해 동시에 0과 1의 값을 저장할 수 있는 큐빗qubit(양자 컴퓨터에서 정보저장의 최소 단위)이 된다는 거지."

"그 말은 3개 큐빗으로 된 하나의 레지스터는 한번에 8개의 조합을 모두 저장할 수 있다는 의미인가요?"

"바로 맞았어. 따라서 가령 12개의 큐빗으로 된 하나의 레지스터가 형성되면 그것은 4,096개의 중첩된 조합을 포함하게 되지. 이러한 방식은 4,096개의 병렬 계산을 한번에 수행할 수 있게 하는 반면, 일반 컴퓨터는 4,096번의 개별적 계산을 반복해야 하지."

"정말로 놀랍군요. 양자 컴퓨터가 할 수 있는 것에 한계가 있을까요?"

"음, 우선 물리적 한계가 있어. 가령, 분극 가능한 원자에 의해 형성된 정확히 250개의 큐빗으로 구성된 하나의 레지스터는 우리의 전 우주에 존재하는 원자보다 많은 숫자를 저장할 수 있지. 그러면 새로운 형태의 계산이 효과적으로 수행되도록 기술뿐만 아니라 새로운 계산 알고리즘을 개발할 필요가 생겨. 이러한 이유로 현재의 발전 상태는 아직도 실험실 안에 머물러 있는 거야."

"그밖에 이러한 양자 얽힘을 이용하는 새로운 방식이 있나요?"

"가장 관심이 많은 활동 분야 중 하나는 양자 암호화지. 역사적으로 새로운 형태의 부호화encoding 정보가 개발될 때마다 인내심과 기술의 향상으로 그 부호를 해독하는 수단이 제공되었어. 양자 얽힘은 정보 가로채기에서 안전한 정보 전달 체계를 가능하게 하는데, 그 이유는 얽힌 체계에 대해 어떠한 침입이 있어도 통신을 즉각적으로 교란시키고 침입자의 출현을 알리기 때문이야. 상업적 용도로 몇 가지 형태가 이미 시장에 나온 것도 이상한 일이 아니지."

"정말 대단히 놀라운 일이네요. 좋은 사람들과 나쁜 사람들이 호기심 많은 눈이나 귀에서 자신들의 비밀을 안전하게 하기 위해서 그것을 사용할 수 있겠네요."

"아마도 그런 이유 때문에 국방성에서 양자 암호화에 관해 좀 더 많은 것을 배우려고 연간 2,000만 달러 이상을 할당해온 것 같아. 당신이 흥미롭게 생각할 또 하나의 발전 분야가 있어. 2개의 지점이 불투명한 벽에 의해 분리되어 있을 때에도 얽혀진 쌍을 이용하여 A 지점에 있는 입자를 제거하고 그것을 B 지점에 나타나게 하는 것이 가능해. 이 과정은 양자 원격 이동이라고 부르지. 그 가능성은 실제 실험에 의해서 증명되어 왔어. 하지만, 그것이 원래의 입자가 벽의 반대편에 나타날 수 있기도 전에 파괴되기 때문에 미래의 바람직한 수송 수단이 될지는 미지수야."

"그렇지 못하는 거군요. 그러면 나는 뉴턴의 운동법칙에 지배를 받는 교통수단을 계속 이용해야겠네요."

스무 번째 식사

해변에서의 점심 식사

보스-아인슈타인 응축

"날씨가 정말 좋다!" 식당에서 멕시코 만을 내려다보면서 내가 외쳤다.

"네, 겨울을 여기 플로리다에서 보낼 수 있어서 정말 좋아요. 그런데 당신이 나에게 양자 얽힘에 대해 설명해주려고 했던 것을 생각해보았는데, 전에 설명했던 것과 관련해서 자꾸만 의문이 생겨요. EPR 역설을 제안한 것 이외에 아인슈타인이 이 주제에 대해서 언급한 다른 것이 있었나요?"

"내가 알기로는 아인슈타인은 그의 다른 생각들을 몇몇 동료와의 사적인 편지 왕래에 국한시켰어. 하지만 아인슈타인은 수많은 원자의 양자 얽힘과 관련해서 물질의 제5 상태가 존재한다고 제안함으로써 아주 큰 공헌을 했지."

"물질의 제5 상태요? 나는 물질의 3가지 상태에 대해서만 아는데, 다시 말해 온도가 점차 낮아지면 기체는 응결되어 액체가 되고 액체는 얼어서 고체가 되지요. 다른 두 상태는 뭐죠?"

"냉각시키는 것 대신에 매우 높은 온도로 기체에 열을 가하면, 활성화된 기체 원자는 많은 충돌을 하게 되고 원자 내의 전자 일부가 떨어져 나가게 되지. 이렇게 해서 기체는 이온화되고 이온화된 기체는 물질의 제4 상태라고 알려진 플라스마라고 불리지."

"간단하게 이온화된 기체라고 하지 않고 왜 물질의 제4 상태라고 해야 하는 거죠?"

"기체 원자를 아주 강한 전기장에 놓아두면 기체 원자에서 전자가 외부로 떨어져 나가 플라스마가 만들어질 수도 있는데, 플라스마는 일반 기체의 특성과는 아주 다른 독특한 성질을 지니기 때문이지. 예를 들어, 보통 기체는 부도체인 반면에 플라스마는 전기를 전도할 수 있고 그 주위에 자기장을 만들기도 해."

"맥스웰이 예견했던 대로, 움직이는 이온 즉 전기를 띤 입자의 이동은 전류와 같기 때문에 그 주위에 자기장을 형성한다는 거죠? 그런데 물질의 제5 상태는 뭐죠?"

"먼저 배경 지식을 조금 말해줄게. 1924년에 인도의 물리학자 사티엔드라 보스 Satyendra Bose 가 아인슈타인한테 논문을 보냈는데, 거기에서 1900년에 막스 플랑크에 의해 처음으로 유도된 복사 법칙에 대한 새로운 유도 방법을 제시했어."

"복사에 대한 양자이론이 된 그 발견 아닌가요?"

"맞아! 보스가 설명한 것은 동일한 광자 기체에 대한 통계적인 계산이었지. 그런데 최종 결과가 플랑크에 의해 이미 얻어진 것과 다르지 않았기 때문에 원고를 출판하는 데 어려움에 부딪치게 돼. 반면, 아인슈타인은 이 대체 방법의 중요성을 깨닫고 당장 영어로 된 원고를 독일어로 번역해서 출판할 준비를 했어."

"아인슈타인이 훌륭한 일을 했네요. 하지만 내가 기억하기로는 아인슈타인은 수많은 그의 동료가 마땅히 인정을 받도록 도와주었잖아요."

"이번 경우에는 아인슈타인은 보스의 이론을 확장시켜 질량을 가진 동일한 분자들을 포함시켜서 자신의 논문을 몇 편 이어서 출판했어. 이 일을 하면서 아인슈타인은 상당한 수의 동일 원자가 아주 낮은 온도로 식혀지면 그것의 속도가 충분히 느려져서 원자의 전체 집합이 가질 수 있는 가능한 한 가장 낮은 에너지 상태로 합쳐진다는 것을 발견했어. 즉, 원자가 자신의 독자적 성질을 잃어버리고 이제는 보스-아인슈타인 응축 BEC(Bose-Einstein Condensation)이라고 알려진 일종의 초 원자로 합쳐지는 거야."

"아하! 그래서 그것이 물질의 제5 상태로 알려져 있군요. 원자가 아주 극도로 낮은 온도로 식혀졌을 때에만 BEC가 형성된다는데, 첫 번째 BEC가 실제로 형성될 때까지 얼마나 오래 걸렸어요?"

"71년. 절대온도 1,000만 분의 1K 이내로 온도를 낮추는 수단을 개발하는 데 그만큼 오래 걸렸어."

"그것은 0.0000001K예요. 도대체 그게 어떻게 가능하죠?"

"1995년 여름에, 콜로라도 볼더에 있는 천체물리학 합동연구소에서 칼 위먼Carl Wieman과 에릭 코넬Eric Cornell이 이끈 과학자들이 이 온도까지 냉각된 약 2,000개의 균일한 루비듐 원자로 이루어진 작은 방울을 만들어내는 데 성공했지. 그들은 6개의 레이저가 진공 유리병을 둘러싸고 각 레이저가 유리병의 중앙에서 만나도록 한 후에 진공 유리병 안에 루비듐 원자 가스를 넣었어. 레이저 빛의 진동수는 레이저 빛(광자) 때문에 생기는 작은 충격을 받은 기체 원자가 흡수하기에 적합한 값을 갖도록 맞춰졌지. 자기장에 의해 루비듐 원자는 원자의 움직임과 반대되는 방향으로 이동하고 있는 광자만을 선별적으로 흡수하도록 맞춰졌어. 이것은 6개의 레이저 빛이 교차하는 유리병 중앙으로 그것들을 부드럽게 미는 동안에, 원자의 속도를 느리게 해서 그것들을 식히는 2가지 효과를 가지고 있어. 이러한 방식으로 유리병에 있는 루비듐 기체의 온도는 결국 절대온도 2만 5,000분의 1K 정도로 낮아졌던 거야."

"와우! 단지 몇 개의 레이저 빛이 만들어내는 엄청난 일이네요!"

"그래. 그런데 그 온도는 BEC를 만들기 위해 필요한 것보다 아직도 100배나 높았지. 원자를 둘러싸고 있는 자기장의 세기를 증가시켜서 유리병의 중앙에 원자들이 머무르게 하고 가장 활발한 원자만이 벗어날 수 있도록 만들었지. 그렇게 하면서 그들 중 높은 에너지를 갖고 있는 원자들만 달아나게 되어 가능한 한 가장 낮은 에너지를 얻을 때까지 남아 있는 원자들의 온도를 더 많이 낮아지게 하는 거지. 이게 바로 이 과정의 마지막 단계가 증발 냉각이라고 불리는 이유야."

"커피처럼 어떤 뜨거운 액체가 컵 안에서 식는 그 방식 아니에요?"

"맞아! 가장 뜨거운 액체 분자는 남아 있는 분자가 용기 안에서 반복된 충돌을 통해서 낮아진 온도에 맞추려고 하는 동안에 수증기로 달아나는 거지."

"다른 사람들도 이 연구를 한 적이 있나요?"

"실제로 그런 적이 있어. 독자적으로 연구하면서 MIT의 볼프강 케테를레Wolfgang Ketterle(1958~)는 볼더에서 처음 성공한 후에, 겨우 몇 달 뒤에 나트륨 원자에서 BEC를 만들어냈지. 이 과학자 3명(에릭 코넬·볼프강 케

■ 볼프강 케테를레 케테를레는 코넬, 위먼과 함께 '보스-아인슈타인 응집'을 동일한 에너지를 갖고 진동하는 레이저빔의 광입자처럼 응집·운동하는 물질을 인공적으로 만드는 데 성공함으로써 그동안 이론적으로만 존재했던 '보스-아인슈타인 응집'을 실험적으로 성공했다.

테를레·칼 위먼)이 모두 2001년 노벨물리학상을 공동 수상했어. 그 이후 전 세계적으로 수십 개 이상의 실험실에서 성공적으로 BEC를 만들어냈지."

"왜 이렇게 관심이 많은 거죠?"

"BEC를 묘사하는 한 가지 방법은 어떤 분자에 대한 양자역학적 설명, 즉 분자의 위치에 집중되어 있지만 공간으로 확장된 파동 묶음을 생각해보는 거야. 기체 원자가 BEC를 만들려고 합치면서 각각의 파동 묶음은 BEC를 나타내는 단 하나의 파동 묶음을 형성하면서 겹쳐져. 이렇게 해서 BEC가 우리가 직접적으로 관찰할 수 없는 양자 세계를 거시적으로 볼 수 있게 해주는 거야."

"BEC는 얼마나 크죠?"

"칼 위먼 등이 만든 루비듐 원자 방울에는 2,000개의 원자가 포함되어 있었고 10초 정도 동안 존재했어. 그 뒤에는 3분까지도 버틸 수 있는 훨씬 큰 BEC도 만들어졌지. 이것이 과학자들이 양자역학적 파동을 맨 눈으로 관찰할 수 있게 해준 거야."

"실제로 그것을 본 사람이 있어요?"

"한 번뿐이 아니야. 2개의 BEC가 나란히 놓이게 되면 어떤 일이 생기는지 생각해봐(그림 60). 보통 기체처럼 행동했다면 그 원자들은 상호 확산되는 경향을 보일 거야. 그들이 보통 고체처럼 행동했다면 그들은 다 부서져 버렸을 거야. 하지만 그들은 실제로 각각 거대한 양자 파동 묶음이기 때문에, 간섭하는 광파에 의해 만들어지는 것처럼 최소 최대가 있는 간섭무늬를 만들어내지."

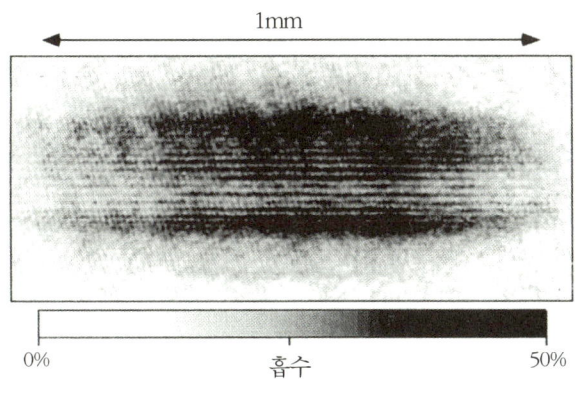

[그림 60] 2개의 확장하는 BEC에 의해 형성된 간섭무늬

"그럼 이것이 각각의 BEC가 동시에 입자이면서 파동인 두 가지 성질을 나타내는 하나의 거대 원자처럼 행동한다는 것을 의미하는 거예요?"

"그게 바로 정확한 표현이야. 우리가 그림 60에서 보는 것은 양자역학의 모든 법칙을 따르는 두 물질파의 간섭이지. 보통은 현미경으로 볼 수 있는 크기로 제한되어 있긴 하지만 지름 1밀리미터 정도인 BEC는 맨 눈으로도 볼 수 있어."

"그러면 하이젠베르크의 불확정성 원리는 어떻게 되는 거죠? 원자의 정확한 위치와 에너지를 동시에 알 수는 없지 않나요?"

"아인슈타인은 응축물 속에 있는 모든 원자는 가능한 한 가장 낮은 에너지를 가지고 있다고 했지. 그러나 하이젠베르크는 원자들은 그들을 가두는 유리병의 중앙에 정확히 있을 수 없다고 했어. 게다가 양자역학에서는 이 원자들은 일련의 띄엄띄엄하게 허용된 에너지 값 중에 하나를 가지고 있어야 하고, 허용된 에너지의 최소값은 0이 아닌 작은 값을 가지게 되지. 이 0점 에너지를 갖는 원자들은 유리병의 정중앙은 아니지만 근처에서 천천히 움직이지. 이런 방식으로 응축물은 거시적 세계에서 하이젠베르크의 불확정성 원리를 관찰할 드문 기회를 제공한 거야."

"BEC를 이용한 사람이 있어요? 있다면 무슨 목적으로요?"

"BEC의 기본적인 사용은 움직임 중에 있는 양자역학을 관찰하는 것에 있었어. 수많은 연구원이 특이해 보이는 BEC 성질들을 연구했지. 하버드 대학 물리학자인 르네 하우 Lene Hau는 재미있는 발견을 했어. 대학원생 2명의 도움을 받아서 그녀는 소듐 원자의 BEC를 준비하고 레이저 빛을 통과시켜서 두 번째 레이저 광펄스의 통과가 지연되도록 하는 조건을 만들어주었지. 그녀가 1999년에 증명한 것처럼, 이 두 번째 광펄스는 우주 공간에서 빛이 진공을 통과해 진행하는 초당 약 29만 9,792킬로미터의 속도와 비교해볼 때, 초당 160분의 1킬로미터 밖에 안 되는 속도로 느려질 수 있게 되지. 2년 뒤에 그녀와 연구원들은 광펄스를 짧은 시간 동안 실제로 완전히 멈추게 했어."

"매우 놀랍군요. 그런데 아인슈타인은 빛의 속도는 모든 관찰자에게 일정하고 같아야 한다고 가정했는데, 어떻게 빛의 속도를 바꿀 수 있는 거죠?"

"특수 상대성이론은 진공 상태에서 빛의 속도 c는 빛과 관련해서 움직이고 있는 관찰자뿐만 아니라 움직이지 않는 관찰자에게 일정하다고 실제로 명시하고 있어. 그런데 그것이 정말로 의미하는 것은 그 어느 것도 빛의 속도보다 빨리 이동할 수 없다는 것이지. 즉, 더 늦게 이동하는 것은 허용되는 거야. 내가 이 책을 쓰는 동안에 우리가 수년 전에 했던 토론을 생각해봐. 그리고 그림 30처럼 표면에 어떤 각을 이루고 매질에 입사하는 빛은 속도가 느려지고 굴절에 의해 진행 경로가 변하게 되지. 파면이 움직이는 속도는 빛의 위상속도라고 불리고, 어떤 물질의 굴절률에 의해 아주 조금 늦춰지지. 동시에 광펄스를 기술하는 거시적 파동 묶음은 군속도$_{\text{group velocity}}$(파동의 최대 진폭이 이동하는 속도)로 움직이고, 이것이 빛의 속도보다 훨씬 작아질 수 있는 거야."

"이것이 양자 불가사의의 다른 예인 거예요?"

"그래. 이것은 완전히 양자역학적 개념이지. 코넬과 위먼을 포함한 한 그룹이 다른 실험을 했는데, 이들은 BEC를 움츠러들게 하거나 내파$_{內破}$ 시켰어. 이어서 그것은 망원경으로 관찰이 가능했던 가끔씩 일어나는 초신성의 폭발과 비슷한 방식으로 폭발했지. 그래서 물리학자들은 이 폭발을 즉흥적으로 '보사노바$_{\text{Bosenova}}$'라고 이름 붙였어."

"브라질에서 50년 전에 새롭게 소개되었던 음악 형태 이름인 보사노바$_{\text{bossa nova}}$를 따라한 거군요. 갑자기 춤추고 싶어지네요."

스물한 번째 식사

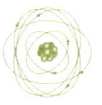

베네치아 만에서의 점심 식사

우리의 에너지 문제

"정말 아름다운 수로야." 베네치아 만 해변에 있는 식당에서 점심 식사를 하기 위해 자리를 잡으며 내가 말했다.

"정말 그래요. 만이 아주 깨끗해서 물속에서 헤엄치는 숭어를 볼 수 있을 정도예요. 그런데 오늘 신문에 앨라배마 주에 있는 석탄 공장에서 폐기물이 또 유출되었다는 기사 읽었어요?"

"물론 읽었지. 전기를 생산하기 위해 화력발전소를 이용하는 것과 관련된 위험 요인 중 하나를 지적했지. 그런데 폐기물을 유출하여 나쁘지만 하천으로 겨우 1만 갤런(3만 7854리터)의 슬러리(미세한 고체 입자가 물속에 현탁(懸濁)된 현탁액)만 방출했어."

"겨우 1만 갤런이요! 그것이 동북부 앨라배마에 사는 주민들에게 얼마나 많은 해를 끼칠지 모르겠어요."

"잠재적으로는 상당히 크겠지만, 3주 전에 약 5,000세제곱킬로미터의 석탄재가 테네시 주의 해리 만에 방출되었던 것보다는 상당히 적을 거야. 그것은 약 30센티미터 깊이의 석탄재 층으로 약 13제곱킬로미터를 덮기에 충분한 양이지. 게다가 이 비산회(연소 과정이나 파쇄 과정에서 날리게 되는 회분)는 광범위한 선천적 결손증과 신경·생식 체계 장애를 유발하기에 충분한 양의 납과 탈륨을 포함하고 있어서 앨라배마에 방출된 슬러리보다 훨씬 치명적이야."

"이 재난이 어째서 1979년에 스리마일 섬에서 발생한 원자로 사고에 비유되는 거죠?"

"그 재난이 야기한 공포가 미국에 원자력발전소를 추가로 건설하는 것을 사실상 멈추게 했거든. 뒤이어 논란이 있었지만, 물 순환 펌프 고장과 연이은 작동 고장으로 생긴 연료의 노심 용해는 누구도 죽이지 않았고 암을 발생시키기에 충분한 방사선 가스를 방출했을지도 모르지. 그에 비해 앨라배마로 흘러들어온 재가 섞인 조류는 근처 주거 지역의 세 주택을 파괴했고, 근처에 있는 에모리 강을 오염시켰고, 피해를 입은 넓은 지역을 두루 포함하여 도로와 철로를 침수시켰어."

"그러면 석탄 사용을 멈춰야 하는 걸까요? 환경도 나아지고 지구 온난화를 늦추는 데도 많은 도움이 되지 않을까요."

"유감스럽게도 석탄이 아주 싸고 또 많기 때문에 석탄을 포기하는 것은 현실적이지 않아. 하지만 우리에게 정말로 필요한 것은 배출 가스 규제와 화력발전소에서 만들어지는 폐기물에 대한 더 엄격한 규정이지."

"폐기물, 그게 원자력발전소 사용을 방해하는 요인 중 하나 아니에요? 또 방사성 폐기물 처리는 어떻게 해야 하죠?"

에너지 폐기물

"'열일곱 번째 아침 식사' 때 이야기했던 것을 생각해봐. 그때 이후로 리처드 멀러Richard Muller가 《미래 대통령을 위한 물리학Physics for Future Presidents》이라고 제목을 붙인 책에 아주 명쾌하게 분석을 해놓았어."
"그래요? 그 분이 제안한 것 중에 어떤 게 있는데요?"
"우선 방사선 폐기물의 내용물과 가장 활발한 원소의 반감기를 고려해서, 그 방사능이 원래 광석에 있던 상태로 돌아가려면 약 1만 년이 걸린다는 것을 발견하게 되지. 어떤 저장 장소도 안전하게 1만 년 동안 지속될 거라고 장담하는 것이 불가능하기 때문에, 사람들은 두 손을 번쩍 들면서 그 문제를 다루기 힘들다고 말해."
"현실적으로 받아들여야만 하는 건가요? 지구상에 있는 어떤 생물이 1만 년 후에 어떤 모습일지 어느 누구도 예측할 수 없을 거예요."
"현실적으로 그렇지만, 많은 기술적인 문제를 다룰 때와 마찬가지로 관심이 잘못된 질문에만 집중돼 왔어. 게다가 핵폐기물은 이미 생산되어서 그것을 저장하지 않는 것은 선택 사항이 아니야."
"네바다 주에 있는 유카 산으로 제안된 저장 장소는 어떻게 된 거예요? 왜 공사를 계속하지 않는 거예요?"
"국민과 워싱턴에서 선출된 의원들이 안전성에 대해서 터무니없는 요구를 해오고 있기 때문이지. 예를 들어 1년 전에 환경보호국은 규제 기간을 1만 년에서 100만 년으로 연장하기로 결정한 거야! 하지만 더 중요한 것은 22년 동안 135억 달러를 그 부지를 탐색하는 데 쏟아 부은 뒤에, 2009년에 오바마 정부에서 결국 유카 산 저장소를 포기하기로 결정했던 거야."

"현명한 결정이었던 거예요, 아니면 정략적이었던 거예요?"

"상원의 다수당 대표인 네바다의 상원의원 해리 리드 Harry Reid가 이 부지를 사용하는 것을 반대했다는 사실이 요인이었을 수도 있어. 하지만 공식적인 이유는 그 부지가 적절하지 않은 지질 때문에 사용할 수 없다는 거였어."

"그러면 그것을 발견하는 데 22년이 걸리고 135억 달러가 들어갔다는 거예요?"

"멀러가 지적했듯이, 기본적인 오류는 방사선 폐기물이 환경으로 흘러 들어 갈 제로의 가능성을 찾는다는 거지. 좀 더 현실적인 접근법은 제로보다는 0.1퍼센트의 누출 위험을 받아들이는 걸 거야. 결국 그것도 겨우 1,000분의 1 정도의 가능성이지. 지면 위 저장 용기에서 현재 방사능 수준은 원래 우라늄 광석에서보다 1,000배 정도 높다는 것으로 볼 때, 이 두 수의 곱이 1이라는 것은 실제 위험 수준이 우라늄이 땅에서 옮겨지기 전과 거의 똑같은 수준이라는 것을 보여주는 거야. 더 고무적인 것은 저장 창고에 있는 방사능 수준이 매년 줄어든다는 거지. 300년 뒤에는 100배로 줄어들게 돼."

"어떻게 해서 이것이 현재 땅속에 있는 우라늄에 의해 야기되는 위험과 비교되는 거죠?"

"예를 들어서 콜로라도에 있는 산에 포함되어 있는 우라늄의 방사능은 현재 수준이 10배로 떨어지기 전까지, 단지 몇 100년이 아니라 100억 년 이상 지속될 거야. 게다가 이 우라늄의 대부분은 수용성이지. 멀러가 지적했지만 콜로라도에서 이 구성물을 통과하는 지하수는 결국에는 콜로라도 강에 도달하게 되고, 샌디에이고에서 로스앤젤레스까지 서부 지역의 대부분 지역에서 마시는 물이 되는 거지."

"그러니까 유카 산에 방사능 폐기물을 적절하게 가둬 저장하는 것은 로스앤젤레스에서 차 한 잔을 마시는 것과 관련해서 현재 사람들에게 더 적은 위험을 야기한다는 거네요."

원자력에 대한 좋은 소식

"리처드 멀러는 다른 훌륭한 제안을 했어. 그는 페블베드원자로pebble-bed reactor 배치를 제안했지. 탄화규소로 입혀진 내열성의 열분해 흑연 자갈층 안에 우라늄 연료를 묻는 거야. 자갈은 연료에서 우라늄235에 의해 방출되는 중성자를 감속시켜서 연쇄 반응을 조절하지. 어떤 이유에서든 원자로가 과열되기 시작하면, 방출된 고에너지의 중성자가 훨씬 많은 우라늄238에 의해 흡수되고, 이번에는 우라늄238이 훨씬 적은 수의 중성자를 방출해서 연쇄 반응이 실제로 더 늦춰지게 하는 거야!"

"근사하게 들리는데요. 페블베드원자로가 1979년 스리마일 섬과 7년 후 체르노빌에서와 같은 노심 용해를 야기할 수 없다고 이야기하는 건가요?"

"물리 법칙이 원자 연쇄 반응에서 실제로 일어나는 것을 지배하기 때문에, 페블베드원자로는 사람이나 기계 고장과는 상관이 없다고 여겨지지."

"핵 원자로와 관련해서 다른 좋은 소식은 있나요?"

"1950년대 초반부터 약 10년간 계속된 핵실험으로 인해 흥미로운 결

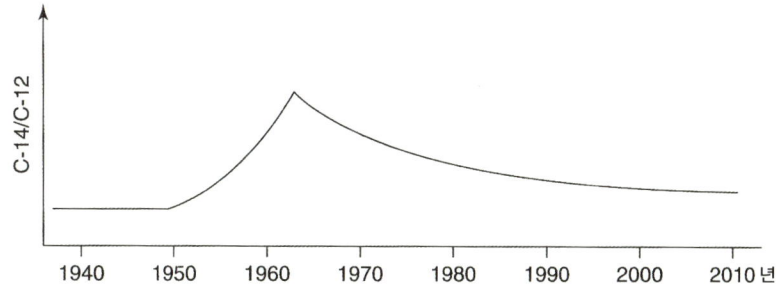

[그림 61] 대기 중에 훨씬 많은 탄소12에 대한 탄소14의 도식적 비율. 1950년대 초반 원자핵 실험이 증가한 이후에 비율이 증가하기 시작하다가, 1963년에 부분적 핵실험 금지 조약(LTBT)이 체결된 이후에 비율이 점차 줄어들었다.

과가 있었어. 1963년에 부분적 핵실험 금지 조약이 승인될 때까지. 지상에서 핵실험으로 인한 결과 중 하나는 현재 대기 중에 있는 방사성 동위원소 탄소14의 양을 증가시킨 거야. 탄소14는 보통 우주선이 대기 중의 질소 원자와 부딪히면서 만들어지는데, 1963년에는 탄소14의 수준이 거의 2배가 되었지(그림 61). 몇몇 연구에 의하면 그 이후에는 그래프와 같이 감소했어."

"그게 왜 흥미로운 것이죠?"

"고고학적 유물의 연대를 결정하기 위해 방사선 탄소 연대 측정법을 사용하는 비엔나 대학의 일부 물리학자들은 1992년에 사체가 발견되었을 때 몇 년 동안 이미 죽어 있었던 2명의 나이 많은 여자 자매가 죽은 날짜를 추측하는 데 이 기술을 사용하기로 했지. 죽기 바로 전 그들의 뼈에서 만들어진 지방 세포에 있는 탄소14의 양과 현재의 탄소12의 양의 비율을 결정해서 한 자매의 몸에 있는 세포는 1988년에, 다른 몸에 있는 것은 1년 뒤에 형성되었음을 증명할 수 있었어. 이 자매가 꽤 부유했기 때문에 이 결과는 그들의 유산에 대해 판결을 내리는 데 아주 중요한 것으로 증명되었지."

"흥미롭네요. 이 이야기 외에 다른 것이 있나요?"

"2002년에 스톡홀름에 있는 카롤린스카 연구소에서 일하는 요나스 프리센Jonas Frisén 교수는 이 '폭탄 펄스' 연대 결정 방법을 사용하는 연구를 웨스턴 오스트레일리아 대학에서 박사학위를 취득한 동료인 크리스티 스폴딩Kristy Spalding에게 위임했어. 그녀의 업무는 도살된 말의 뇌에 있는 신경 세포의 연대를 결정하는 거였는데, 이것은 말이 살아 있을 때 새로운 뇌 세포를 만들어냈는지를 결정하기 위해서였지."

"바로 그 문제에 대해 하버드 대학 교수와 프린스턴 대학 교수 사이에 논쟁이 있지 않았나요?"

"맞아. 엘리자베스 굴드Elizabeth Gould가 말기 암 환자의 해마에 존재하는 화학 추적자를 발견했지만, 파스코 라킥Pasko Rakic은 뇌에는 신경 조직 발생이 없다고 주장했지. 해마는 기억과 학습을 책임지는 뇌의 부분이라서, 거기에서 추적자를 발견했다는 것은 새로운 세포의 형성을 가리키는 것이지. 일단 말의 두뇌에서 신경 세포를 분리해내는 힘든 기술을 개발하고 나서, 스폴딩은 그것을 인간의 두뇌를 검사하는 데까지 확장시켰지."

"그래서 무엇을 발견했나요?"

"측정한 탄소 비율에 근거해서 스폴딩과 그녀의 동료는 시각을 조절하는 시각피질에 있는 신경 세포가 인간의 나머지 부분에 있는 신경 세포와 같은 나이라는 것을 발견했어. 이후 그들은 인간의 신피질에 대해서 검사를 했고, 거기에도 신경 조직 발생이 없다는 같은 결론을 내리게 되었지."

"그러면 콜롬비아 대학의 신경생물학 교수인 우리 아들은 이 논쟁에 대해서 뭐라고 할까요?"

"데이비드 설저David Sulzer는 신경 조직 발생은 성인 두뇌의 해마의 후 신경구에서 일어나는 게 분명하다고 했어. 하지만 지금까지 그는 인간 대뇌 피질에서 신경 조직 발생에 대한 확실한 증거는 없다고 생각해."

"탄소로 연대를 결정하는 원자-펄스 기법이 다른 문제를 해결하는 데에도 적용된 적이 있나요?"

"스폴딩은 인간의 지방 세포가 8년마다 교체된다는 것을 확인하는 데 이 방법을 사용했어. 이것은 사는 동안 내내 지방 세포는 똑같은 상태라고 믿어왔던 기존의 믿음에 상반되는 거였지. 또한 이 과정은 법의학적인 수사를 도울 뿐만 아니라 몇몇 결정 장기에서 세포 교대를 확인하는 것과 좋은 와인의 생산연도를 증명하는 데 사용되어 왔지."

"대기 중에 유입되어 지구 온난화를 야기하는 탄소의 증가량이 그림 61에서 보여준 탄소12에 대한 탄소14의 비율에 어떤 영향을 미치는 거예요?"

"지구상의 다양한 근원에 의한 대기 중의 탄소의 증가량은 이전의 핵실험에 의해 과도하게 증가한 탄소14를 희석시켜 주지. 그래서 폭탄-펄스 연대 결정 방법은 없어지게 될 거야."

"물리학 분야에서 지구 온난화에 대해 우리에게 말해줄 것이 무엇이 있을까요?"

"지구 온난화의 물리적 요인은 분명히 물리 법칙에 의해 지배되지. 흔히 자기 잇속만 챙기는 방법을 내세우는 정치인들과 여러 단체가 하는 역할과 비교해보면, 물리학은 이 문제를 다루는 데 한참 부족해. 지구 온난화의 과학과 정치에 대한 흥미로운 토론에 대해서는 앞에서 언급한 리처드 멀러의 책을 추천할게."

스물두 번째 식사

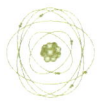

해변 식당에서 식사

어떻게 모든 것이 시작되었을까

아내는 해변의 식당에서 주문한 아침 식사를 기다리며 말했다.

"이 책의 초판 후기에서 당신은 우주의 기원에 대해 그 당시까지 알려진 내용에 대한 간단한 요약을 제시했어요. 그 이후에 상당히 더 많은 것이 알려졌을 것 같은데요."

"정말 그렇지. 우리가 15년 전에 갖고 있던 다소간 전망을 포함한 생각은 그동안 망원경, 인공위성, 고소 기구에 부착된 다른 측정 장치를 가지고 수행한 광범위한 관측에 의해 계속 확장되어 왔어. 우리는 이제 어떻게 우주가 시작되었는지에 대해 훨씬 진보된 사실을 알게 되었지."

"예전에 당신이 말했던 내용을 생각해보면, 우주 전체가 130억 년 전쯤 불타는 구체에서 시작되었다고 했어요. 이것은 부분적으로는 우주가 팽창한다는 허블의 관측에 근거한 것이죠. 뒤집어 생각해보면 현재 우주의 상태가 마치 이 폭발을 기록해놓은 영화 필름의 한 장면과 같다고 생각할 수도 있죠. 우리가 영화를 뒤로 돌려보면 우주가 다시 불타는 구체로 돌아가는 것을 볼 수 있겠죠."

"그렇지. 이것이 우리가 우주 생성의 빅뱅 모형에 대해 이해한 것이지. 1922년에 러시아의 물리학자 알렉산더 프리드먼Alexander Friedman이 아인슈타인의 일반 상대성이론을 이용하여 점차 속도가 줄어들지만 계속 팽창하는 우주에 대한 3가지 결말을 추정해낸 것을 기억할 수 있을 거야"(그림 62).

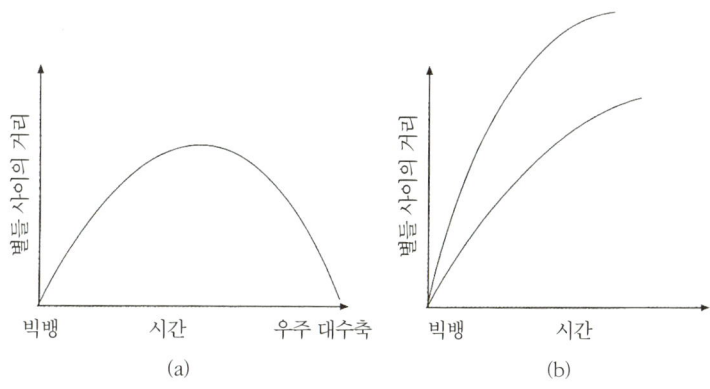

[그림 62] 프리드먼의 3가지 모형. (a) 우주는 빅뱅에서 시작하여 어느 정도 팽창한 다음 점차 속도가 느려지면서 우주 대수축을 맞게 된다. (b) 다른 2가지 모형은 팽창이 멈추지 않고 계속되는 것을 보여준다.

우주배경복사 Cosmic Microwave Background

"빅뱅이 마이크로파 복사에 잔영을 남겼을 것이라는 조지 가모프의 1948년 추측은 어떻게 되었어요?"

"그 이야기에는 인간적인 측면이 있어. 뉴저지의 벨 전화연구소 소속의 과학자 몇 명이 1965년에 인공위성과 교신하기 위해 사용하던 전파망원경의 안테나에 감지되던 신비의 배경 잡음 때문에 애를 먹었지. 안테나에 둥지를 틀었던 비둘기의 흔적까지 모두 청소한 다음에도 잡음이 어디서 오는지를 알 수가 없어서 연구원들은 우주 전체에 마이크로파 주파수 범위에서 균일한 복사가 퍼져 있다고 생각할 수밖에 없었어."

"인근의 프린스턴 대학의 과학자들도 거의 비슷한 때에 조지 가모프가 예측한 마이크로파 복사를 추적해볼 준비를 하지 않았나요?"

"벨 전화연구소 소속의 아노 앨런 펜지어스 Arno Allan Penzias 와 로버트 우드로 윌슨 Robert Woodrow Wilson 은 로버트 디키 Robert Dicke 와 그의 프린스턴 대학 동료들이 이런 시도를 한다는 것을 알게 되었고 두 그룹은 모여서 곧 각각의 성과를 나란히 출판하기로 했어. 첫째 논문은 디키와 그의 동료들이 빅뱅이론을 입증하는 데 우주배경복사가 어떤 역할을 하는지 상세하게 설명했어. 펜지어스와 윌슨이 쓴 둘째 논문은 그들의 실제 관측을 기술하는 것으로 논문의 범위를 주의 깊게 제한했어. 이 논문은 디키의 논문이 이에 대한 가능한 한 설명을 제공한다고 언급했지."

"왜 펜지어스와 윌슨이 그렇게 신중했을까요?"

"윌슨은 당시까지는 부정되지 않았던 정상우주론을 믿고 있었어. 이 이론은 보존법칙에 따라 팽창하는 우주의 열린 공간은 새로운 은하의 탄생으로 채워진다고 했지. 따라서 그는 갑자기 빅뱅이론의 지지자로 보이는 것을 주저했어. 그러나 윌슨은 기꺼이 1978년에 펜지어스와 함께 노벨물리학상을 받았지."

빅뱅 Big Bang

"빅뱅이론은 도대체 무엇을 정확하게 예측했어요?"
"빅뱅이론은 원시 수프를 이루던 양성자, 중성자, 중성미자 등의 입자들이 원자핵을 형성할 정도로 충분히 식었을 때인 최초의 창조 순간에서 1초 정도가 흐른 후에 대해 시작하지. 빅뱅이론은 그 최초의 1초 동안 무슨 일이 일어났는지에 대해서는 알려주지 않고 있어. 그런 이유로 빅뱅이론은 가끔 '그 다음날 이론'이라고 불리기도 하지."
"원시 수프가 충분히 식었다는 것은 무슨 뜻인가요? 그 당시의 온도가 몇 도였는지 우리가 어떻게 알 수 있죠?"
"우리가 지금 알고 있는 것에서 우주가 처음에 만들어질 때의 조건을 계산할 수 있으면, 그 당시에 존재했을 온도와 압력을 추정하는 것이 가능하지. 예를 들어 우주가 탄생한 지 10만 년 되었을 때에는 지금의 태양과 비슷한 6,000K도였지. 우주가 1주일 밖에 안 되었을 때는 1,700만 도였고, 우주가 1초밖에 안 되었을 때에는 별의 일생을 마치는 초신성 폭발에서 핵의 온도로 추정되는 100억 도 정도였지. 그렇지만 이제 빅뱅이론으로 돌아가 봅시다. 초창기에 그것을 지지했던 조지 가모프와 그의 동료들은 원자핵이 최초의 몇 분 안에 생성되었을 거라고 가정했어. 그들은 모든 원자의 핵이 그때 생성될 수 있었을 것이라는 잘못된 생각을 갖고 있었지만, 지금은 가장 가벼운 3가지의 원자의 핵만 빅뱅의 핵 합성으로 생성되었으리라는 것을 알게 되었어. 더 무거운 원자핵들은 훨씬 나중에 별들 안에서 생성되었지."

"그렇다면 수소, 헬륨, 리튬의 원자핵만 빅뱅 후 최초 몇 분간에 생성되었다는 말이군요. 그다음에는 어떤 일이 일어났어요?"

"조지 가모프가 계산한 형성된 원자핵의 비율은 현재 우주에서 각각 차지하는 비율과 잘 맞고 있어. 그래서 이것이 빅뱅이론을 강하게 뒷받침해주고 있지. 게다가 이 이론은 높은 온도 때문에 우주의 구성 요소들이 모든 방향으로 무작위로 빠르게 퍼져 나가야 했기 때문에 최초의 우주가 아주 균일했을 것이라고 추측하고 있어. 그런데 이 균일성은 현재의 우주에도 여전히 유지되고 있지."

"현재 우주도 균일하다고 어떻게 말할 수 있어요? 우주는 빈 공간으로 분리된 은하들로 구성되어 있지 않나요?"

"지역적인 견지에서 보자면 그렇지. 그러나 우주 전체를 보면 모든 방향으로 균일하게 물질이 분포되어 있다는 것을 볼 수 있어. 게다가 각각의 은하가 거리에 비례하는 속도로 다른 은하에서 멀어지는 균일한 팽창이 진행 중이라는 것도 알 수 있지. 즉, 허블이 처음에 언급한 대로 우리와 거리가 먼 은하일수록 빠른 속도로 멀어진다는 거야."

"내가 기억하는 허블의 법칙을 말하는 것이군요. 그렇지만 팽창하는 우주의 중심은 어디에 있어요?"

"빅뱅이론에 의해 예상되는 균일한 팽창은 중심이나 가장자리를 갖지 않아. 광속의 유한성이 오직 관측 가능한 우주의 유일한 제한이지. 은하 간의 거리를 측정하는 데 빛이 1년 동안 이동하는 거리인 광년을 사용하면 가장 먼 은하가 137광년 거리에 있고, 빛보다 빠른 것은 없기 때문에 그 바깥쪽에 있는 것은 우리가 볼 수 없다고 할 수 있어."

"불타는 구체가 팽창한다는 설명으로 돌아가 보면, 처음에 그 안에 들어 있던 입자들은 무엇이었어요?"

"처음에는 양성자, 중성자, 중성미자 등의 아원자 입자가 있었지. 불타는 구체는 당시에 존재했던 다른 입자들부터 안쪽으로 산란되어 그 안에 함유되었던 광자 형태의 에너지도 갖고 있었어. 우주가 팽창하면서 그 입자의 속도는 느려졌고 이에 따라 우주는 식게 되었지. 탄생 후 38만 년 쯤 되었을 때, 구체가 팽창하고 식어서 구체 안에 갇혀 있던 광자가 도망갈 수 있었어. 우주가 계속해서 커졌기 때문에 이 광자들은 균일한 배경을 이루어서 현재까지도 계속되고 있어."

"펜지어스와 윌슨이 발견한 우주배경복사이군요!"

"바로 그거야. 요즘에는 빅뱅이 창조 후 1초 안에 무슨 일이 일어났는지에 대해 설명하려는 시도가 점점 더 늘어나고 있어."

"무슨 일이 실제로 일어났는지 우리가 어떻게 말할 수 있어요?"

"우리 지식이 얼마만큼 신빙성이 있는지 의문을 품는 것은 당연하지. 일반 상대성이론 덕에 아주 오래전까지 시간을 거슬러 올라갈 수 있었지만 최초의 1초에 존재했던 온도와 압력에서는 상대성이론보다는 처음으로 1970년쯤 제안된 대통일이론이 유용해."

"그것을 사용하면 창조의 시점에 무슨 일이 있었는지 설명할 수 있어요?"

"그 순간의 온도와 압력은 무한대이므로 어떤 이론으로도 가능하지 않지. 우주가 갓 태어났을 때의 엄청나게 높은 온도와 압력에서는 원자핵을 구성하는 기본 단위인 양성자나 중성자조차도 불안정해. 그것들이 글루온을 매개로 하여 상호작용하는 쿼크로 구성된다는 점을 감안한다면 무엇이 일어났는지를 추정하기 위해서는 핵물리학의 표준모형을 이용할 필요가 있어."

급팽창 우주 Inflationary Universe

"MIT를 졸업하고 코넬 대학에서 박사학위를 취득 후 연수 중이던 젊은 입자 물리학자 앨런 거스 Alan Guth가 당시 태동기이던 대통일이론을 적용하여 우주가 탄생한 지 10^{-39}초 되었을 때 무슨 일이 있었는지 알아내려고 했어. 그가 우주는 최초의 1초보다도 작은 그 순간에 지수적으로 팽창하고 있었다고 계산했어."

"지수적이라는 것이 뭔가가 점점 빨라진다는 뜻인 것 같은데, 이 경우에 지수적이 무슨 의미인지 좀 자세히 말해주겠어요?"

"지금은 우주가 양성자의 1,000억 분의 1이라는 최초의 크기였는데 10^{-35}초 사이에 1미터의 크기로 자라났다고 하지."

"팽창률이 광속보다 빨랐다는 의미인가요? 그것은 상대성의 법칙과 모순되지 않나요?"

"꼭 그런 것은 아니야. 거스가 발견한 것은 모든 우주가 탄생한 다음 근사적으로 10^{-39}초에서 10^{-34}초 사이의 기간에 놀라운 속도로 팽창했다는 것이지."

"어떻게 공간의 팽창과 공간 안의 입자의 운동을 구별하는지 이해가 안 돼요."

"표면에 작은 점이 균일하게 분포하는 부풀릴 수 있는 풍선을 생각해 봐. 풍선이 팽창하면 이 점들은 균일하게 서로 멀어지게 돼. 동시에 이웃한 점을 연결하는 빛 파동은 팽창하는 풍선에서 표시된 공간만큼 늘어나게 되는 거지. 이렇게 되면 광파의 파장은 변하게 되지만 그 속도는 변하지 않게 되는 거야. 따라서 상대성이론은 팽창에 의해 영향을 받지 않게 되는 거지."

"오, 이것은 우리가 알고 있는 도플러 효과와 비슷하네요. 그렇지만 원래의 빅뱅이론은 설명하지 못하고 급팽창 이론이 설명하는 것은 무엇인가요?"

"빅뱅이론이 설명하지 못하는 점이 몇 가지가 있어. 그 중 하나는 공간이 평평하다는 것이지. 그것은 펜지어스와 윌슨에 의해 발견된 우주배경복사를 연구하기 위해 특별히 만들어진 관측 위성에서 여러 차례 확인되었어. 거스의 계산은 이런 관측과 정확하게 일치하는 평평한 우주를 분명하게 예측하고 있지."

"우주가 풍선과 같이 팽창한다면 풍선의 곡면은 그 풍선이 팽창함에 따라 점점 평평해지겠군요. 그 풍선이 우주적인 차원으로 팽창하면 관측자의 눈에 평평해 보이는 되겠죠."

"역시 이해가 빠르군. 빅뱅이론이 설명하지 못하는 것이 하나 더 있어. 그것은 어떻게 눈에 보이는 하늘의 반대편에 있는 먼 지역이 각자의 균일성이 요구하는 대로 서로 인과적 접촉을 해왔는지 하는 문제이지."

"광속으로 전달되는 그들 사이의 모든 의사소통이 우주의 나이보다 많은 시간을 요구하기 때문인 거지요?"

"바로 그거야! 지금 급팽창 우주론이라고 알려진 것은 거스가 제안하고 다른 사람들에 의해 보강되었는데, 이 우주론은 최초의 10^{-39}초가 끝나고 급팽창 기간이 시작하기 전에는 작은 우주의 모든 영역 간에 접촉이 이루어졌다고 암시하고 있지. 그러면 그들의 유사한 균일성이 사실상 예측될 수 있어. 급팽창 우주론은 또한 자기 단극이라고 불리는 전기적 전하에 대한 자기적 유비물(빅뱅에 의해 생성된 것으로 추측된다)이 그동안 검출되지 않았는지도 설명하고 있지. 자기 단극들은 팽창 끝에 아주 희석되어서 현재에는 그것을 발견하려는 광범위한 노력이 있지만 관측되지 않고 있어."

"팽창을 유발하는 힘이나 에너지는 무엇인가요?"

"한 가지 이상의 가능성이 있기 때문에, 내가 분명하게 한 가지의 답을 하기는 어려워. 먼저 여담으로 중력에 대한 에너지의 관계에 대해 말해봅시다. 뉴턴은 중력이란 두 분리된 물체 사이에 서로 당기는 힘이라고 했는데, 이는 양의 힘이야. 떨어진 물체 사이에 서로 힘이 작용한다는 이 개념은 17세기에는 혁명적인 것이었지만 그것은 20세기에는 중력장이라는 개념으로 대체되었어. 어떤 물체 주변의 중력장의 값은 그 지점에서 단위 질량당 받게 되는 중력이야. 인력이 양의 값이지만 그 지점에서 중력장과 관련된 위치 에너지는 음의 값이라는 것을 보일 수 있어. 상상할 수 있듯이 급팽창에 의해 확대된 극히 작은 얼룩에는 엄청나게 많은 새로운 물질의 생성이 필요했어. 따라서 엄청난 양의 음의 위치 에너지가 그 당시에 지수적인 비율로 팽창하고 있던 우주 전체에 동시에 뿌려지게 되었지. 아인슈타인의 질량-에너지 등가원리를 이용하면, 새로운 물질의 증가하는 질량이나 양의 에너지는 근본적으로 음의 중력 에너지와 균형이 맞추어지게 된 거야. 이것은 물리학의 보존법칙이 요구하는 대로 전체 에너지는 변화하지 않는다는 것을 의미하지."

우주배경복사의 탐색

"급팽창이론이 우주배경복사 Cosmic Microwave Background 와 관련이 있나요?"

"우주배경복사에 대한 관측은 팽창하는 빅뱅이론에 상당한 근거를 제공해주었어. 고도 기구에서 이루어진 초기 관측은 펜지어스와 윌슨에 의해 처음 보고된 우주배경복사의 균일성을 확인시켜 주었지. 그 뒤로 나사NASA가 우주배경복사 탐사선COBE을 만들었고, 1990년 1월에 그 위성은 우주배경복사의 에너지 밀도 분포는 2.735K도의 온도를 갖는 흑체의 복사와 일치한다고 보고했어. 이것은 빅뱅 우주론에서 예측한 것을 놀라울 정도로 정밀하게 확인시켜 주었어."

"흑체 복사가 무엇인지 다시 말해주세요."

"흑체란 그것에 입사하는 모든 광선을 흡수하는 거지. 그것은 입사하는 어떤 전자기파도 반사하거나 전달하지 않아. 그러나 이 가상의 흑체가 빛을 방출할 때, 빛의 스펙트럼은 흑체의 온도가 절대영도에서 증가함에 따라 변하게 되는데, 이 방출되는 스펙트럼이 흑체 복사라고 불리지."

"COBE가 빅뱅이론을 뒷받침하는 다른 것을 발견했나요?"

"빅뱅이론에 따르면 우주배경복사에 미세한 온도 변화가 있어야 하고 그것은 우리가 지금 하늘에서 관찰하는 물질의 군집과 연관이 있어. 이

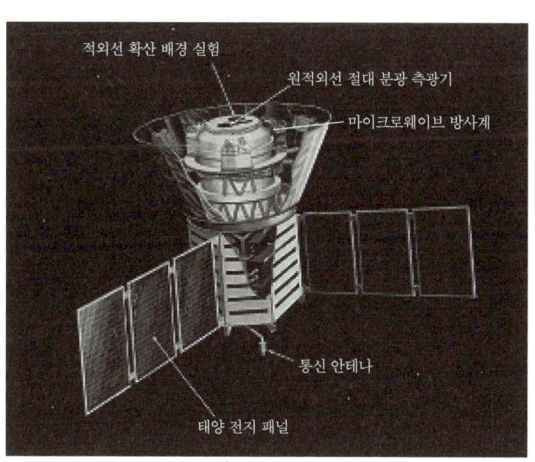

[그림 63] COBE의 구조도. 약 2톤이 넘는 우주선

렇게 우주배경복사의 온도 분포에서 매우 미세한 변이를 감지해내려면 극도로 예민한 탐침이 필요해. 1992년에 COBE는 그토록 원했던 온도 변이를 보여주는 하늘 전체의 온도 지도를 보내왔어. 2003년에는 윌킨슨마이크로파관측위성WMAP이 더 해상도가 높은 지도를 만들었어."

"윌킨슨이 바로 우주배경복사를 초기 우주의 화석에 견준 사람이 아닌가요?"

"맞아. 그는 우주배경복사에서 초기 우주를 유추해내는 것은 화석이 된 뼈를 연구하여 공룡을 재구성하는 것과 같다고 말했지. 그렇지만 WMAP이 생성해낸 지도를 통해 과학자들이 우주의 나이가 137억 년이고 최초의 별이 나타나기까지 2억 년이 걸렸다는 것을 알게 되었어. 가장 중요한 것은 우주의 4퍼센트만이 눈에 보이는 물질로 이루어졌고, 23퍼센트는 눈에 보이지 않는 암흑 물질로 이루어졌으며, 나머지는 신비한 암흑 에너지로 이루어졌다는 것을 WMAP이 확실하게 했다는 점이야."

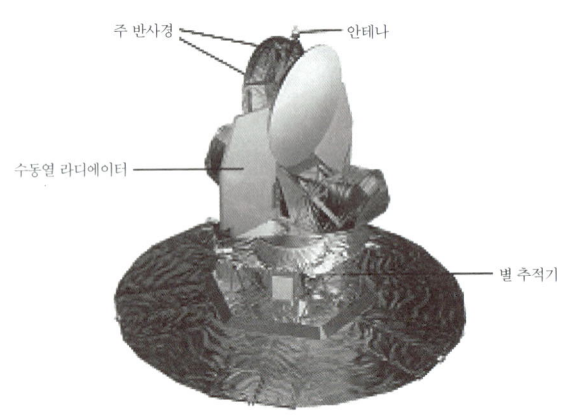

[그림 64] WMAP의 구조도. 무게가 840킬로미터 정도의 탐사선

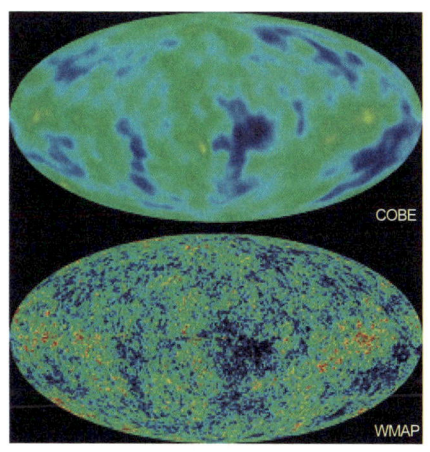

[그림 65] 2003년 미국 나사가 최초로 공개한 우주배경복사의 온도 분포

"와! 우리가 볼 수 있는 1,000억 개의 은하가 고작 우주의 4퍼센트 밖에 차지하지 않는다는 말씀이신가요? 정말 놀랍군요."

"1933년에 프리츠 츠비키Fritz Zwicky는 눈에 보이는 별들 사이의 만유인력이 그가 관찰한 은하 성단들의 형성을 설명하기에는 충분하지 않다는 것을 깨달았어. 따라서 어딘가에 질량이 매우 큰 물질이 존재해야 한다고 가정했지. 그는 그것이 보이지 않아 암흑 물질이라고 이름을 붙였어. 이 암흑 물질은 눈에 보이는 물질을 이루는 미립자와는 다른 것으로 구성되어 있다는 것은 분명해. 다른 천문학적인 증거뿐 아니라 암흑 물질의 중력장이 그 근처를 지나는 빛을 휘게 하는 것이 관측되어 암흑 물질이 어떻게 조성되었는지는 모르지만 그것이 우주에 존재한다는 것은 확증되었어."

"그러면 우리가 암흑 물질을 못 보지만 그것이 있다는 것은 감지할 수 있다는 말이군요. 암흑 에너지는 어떤 거예요?"

"점점 더 많은 관측 자료는 제3의 물질-에너지 형태가 우주에 존재한다는 것을 증명하고 있지. 1917년에 아인슈타인이 일반 상대성이론에 의해 팽창하는 우주라는 예측을 피하기 위해 임시로 만들어낸 우주 상수가 있었는데, 암흑 에너지는 그것과 가끔 관련되기는 하지만 지금은 어떤 이론으로도 암흑 에너지가 예측되진 않아. 아인슈타인과 그의 동료 대부분은 우주가 실제로 정지되어 있다고 생각했지."

"허블이 몇 년 후 우주가 정지된 것이 아니라 팽창한다는 것을 보여주었을 때, 아인슈타인이 우주 상수를 도입한 것은 자신의 가장 큰 실수라고 가모프에게 말하지 않았나요?"

"그것은 사실일 수 있지만, 우주 상수는 서로 밀어내는 암흑 에너지와 꼭 들어맞아. 많은 관측 결과를 설명할 수 있지만, 우주 상수의 계산된 크기는 그렇지 않아."

"그럼 다른 적절한 대안이 있나요?"

"앨런 거스와 같은 입자 물리학자들은 암흑 에너지를 진공의 에너지와 연관시켰지. 양자역학에 의하면 진공은 완전히 아무것도 없는 것이 아니고, 가상 입자들이 그 안에 있을 수 있지. 하이젠베르크의 불확정성 원리에 따라 가상 입자의 존재를 생각할 수 있게 되었지만 불확정성 원리로 인해 그것들을 직접 관측할 수 없기도 해. 결과적으로 그런 입자들은 나타나거나 사라지면서 관련된 에너지를 갖고 있지. 그렇지만 이 진공 에너지에 대해 계산된 크기는 지나치게 크다는 것이 밝혀졌어."

"우리는 암흑 에너지가 무엇인지 모른다는 말인가요?"

"찰스 베넷 Charles Bennett 이 본 것과 같이, 우리가 아주 많은 생각을 갖고 있다고 말하는 것이 더 정확할 수도 있어."

스물세 번째 식사

별빛 아래에서 외식

하늘의 별

어느 맑고 상쾌한 저녁, 식당의 야외 의자에 앉아서 나는 말했다.
"밖에서 식사를 하면 식당 안의 시끄러운 잡음이 덜 들려서 우리 또래의 사람들이 이야기를 나누기 좋지."
"맞아요. 또 밤하늘의 반짝이는 별을 바라보면 즐거워요. 지난번에 우주배경복사에 대해 이야기를 한 것이 생각나요. 우주의 팽창과 관련된 빅뱅이론의 증거가 이것뿐이 아니라고 했지요?"
"사실 경쟁하는 두 천문학자 그룹 사이에서 초신성의 연구로 인해 열띤 공방이 있었지."

"흥미롭군요." 아내는 웨이터가 다가오자 말했다. "와인을 주문한 다음에 더 이야기해주세요."

"먼저 우주에 있는 별의 일생에 대해 우리가 알고 있는 것을 이야기해 봅시다. 최초의 별은 빅뱅 후 2~3억 년쯤 지난 후에 나타난 것으로 추정되고 있지. 현재 존재하는 은하 안의 별들 사이의 공간에는 주로 수소 분자를 함유한 가스 구름이 있어. 이것은 별을 이루는 기본적인 물질이기도 하지. 다양한 요인으로 이 가스 구름이 교란되는데, 이로 인해 밀도가 높은 부분이 여러 조각으로 나뉘게 되고, 이 조각들은 더 밀도가 높은 플라스마를 이루도록 합쳐지지."

"그 조각은 어떻게 크게 되나요?"

"대개 분열은 플라스마의 전체 질량이 태양의 크기 정도가 되면 멈추게 되지. 그러면 가스 분자들을 추가적으로 계속 끌어당기며 거의 구체를 이루어 회전하는 원시별이 되는 거야. 더 많은 수소 분자를 끌어당기면 원시별의 온도와 압력과 밀도가 상승하여 수소 핵이 융합할 수준이 되는데, 먼저 중수소가 된 다음 헬륨 핵이 되지."

"수소 핵융합은 태양에서 일어나는 현상 아닌가요?"

"맞아. 사실 일단 수소 핵융합이 일어나면 원시별은 완전한 별이 되는 거지."

"그것은 추측이에요, 아니면 실제 관측에 근거한 거예요?"

"은하 안에서 태양보다 작은 별이 형성된다는 것은 지난 세기 동안 관측되어 왔어. 하지만 더 큰 별이 형성된다는 것은 아직까지는 그렇게 잘 알려지지는 않고 있지."

"그러면 태양의 나이는 어떻게 되고, 그것은 얼마나 오랫동안 존재할 수 있어요?"

"태양은 50억 년 전에 형성되었고 아마도 다음 50억 년 동안 있을 것으로 예상되지."

"그렇지만 우리가 그것을 어떻게 알 수 있어요?"

"다른 별의 존재처럼, 태양도 태양을 구성하는 수소 분자를 안쪽으로 끌어당기는 인력과 굉장한 에너지를 함유한 수소로 이루어진 가스가 밖으로 나가려는 힘이 이루는 균형에 기반하고 있지. 예를 들어 손으로 풍선을 꽉 쥐었을 때, 안으로 가하는 힘은 풍선이 가지고 있는 기체의 압력과 맞서고 있는 것과 유사하다고 보면 되는 거야. 태양의 밀도와 크기를 안다면 태양에 함유되어 있는 수소의 양을 계산할 수 있지. 핵융합에 대한 지식을 적용하면 남아 있는 모든 수소를 다 태우는 데 얼마나 걸릴지 알 수 있어."

"그러면 그것이 50억 년이라는 말이군요. 그래도 태양이 핵융합을 통해 빛을 낸다는 것은 누가 알아냈는지 궁금해요."

"아서 스탠리 에딩턴Arthur Stanley Eddington이 1920년에 이 가능성을 최초로 제시했지. 8년 후, 가모프는 수소 원자핵 사이에 존재하는 '쿨롱의 법칙'의 한계를 극복하고 중수소로 융합하려면 얼마만큼의 에너지가 필요한지를 계산했어. 결국 1939년에 한스 베테Hans Bethe(1906~2005)는 수소 원자핵이 헬륨으로 융합하기 위한 다양한 가능성을 연구하여 1967년에 노벨물리학상을 수상하게 되었지."

"그러면 태양이 모든 수소를 다 소모하면 어떻게 되는 거예요?"

| 한스 베테 베테는 태양과 같은 별은 수소 핵융합을 통해 헬륨 원자핵을 만들어내면서 그때 발생하는 에너지로 빛을 낸다는 것을 밝혀서 노벨물리학상을 수상했다.

적색거성과 백색왜성

"대부분의 수소 핵이 헬륨 핵으로 융합되고 나면, 외부로 향하는 압력이 증가하여 태양이 현재 크기의 대략 100배 가까이 팽창하게 될 거야. 그런데 3개의 헬륨 핵이 융합하여 탄소 원자핵을 형성하게 되고, 그 다음 이 탄소 원자핵은 헬륨 핵과 융합하여 산소 원자핵을 형성할 수 있지. 모든 핵융합 과정은 에너지를 방출하므로 확장된 태양은 적색거성으로 10억 년 정도 더 계속해서 타오르고 있는데, 적색거성Red Gaint이란 이름은 망원경을 통해 보게 되면 붉은 색으로 보이기 때문에 붙여진 거야."

"우리 은하계에 적색거성이 많이 있나요. 그것들이 헬륨 핵을 모두 다 태워 버린 후에는 어떤 일이 생기게 되나요?"

"적색거성은 우리 은하수 안에서 10만 개 이상의 별로 이루어진 구상 성단 안에서 발견되고 있어. 이 적색거성은 원래 약 100억 년이나 그 이

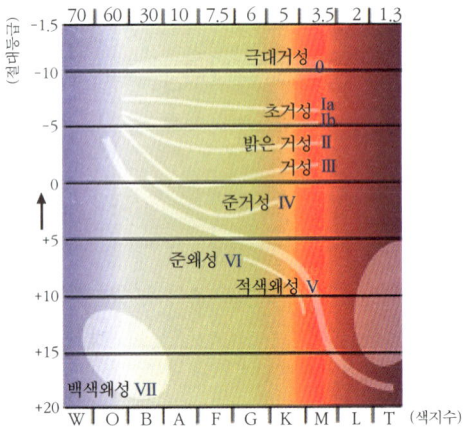

[그림 66] 헤르츠스프룽–러셀 도표

전에 밝은 태양과 같은 별로 형성되었지. 적색거성이 대부분의 헬륨 핵을 탄소와 산소로 융합시키고 나면, 그것은 중력이 내부로 향하기 때문에 점차 우리 지구 정도 크기로 줄어들지. 이것은 백색왜성White Dwarf이라고 불리는 거야. 백색왜성의 밀도는 태양 밀도의 4배, 지구 밀도의 7만 배 정도야. 이 정도의 밀도에서는 전자들의 양자역학적 축퇴縮退(양자역학에서 하나의 에너지준위에 대해 2개 이상의 상태가 존재하는 일)가 별의 크기를 더 축소시키려는 중력에 대항하는 압력을 생성하게 되지."

"왜 적색거성이 백색왜성의 크기로 줄어들고, 그 밀도가 그렇게 커져야 하는지 잘 모르겠어요."

"원래 별의 질량 중 일부가 에너지로 바뀌거나 수소 핵융합과 또 이후 헬륨 핵융합 중의 복사에 의해 사라진다 할지라도 전체 질량은 단지 조금씩만 줄어들지. 태양과 같은 별에서는 구성 전자의 중력이 수소와 헬륨 핵의 열로 인해 자극을 받은 운동과 상쇄되어 균형을 이루고 있어. 적색거성이 융합에 공급되어야 할 핵을 다 써 버리게 되면, 중력이 우세하게 되고 그 별은 크기가 줄어들게 되지. 질량이 조금씩만 줄어들기 때문에 질량의 부피에 대한 비율에 의해 결정되는 밀도가 증가하게 되는 거야."

"잠깐만요. 백색왜성의 전자 축퇴는 보스-아인슈타인 응축의 전자 축퇴와 같은 것인가요?"

"그래, 같은 거야. 보스-아인슈타인 응축에서 전자 축퇴는 모든 전자가 단일한 에너지 상태를 차지하게 해서 우리의 정확하지 않은 능력으로도 그것들이 어디쯤 있는지를 정확히 결정할 수 있었지. 반대로 백색왜성에서는 전자 축퇴가 개별 전자에 일어날 수 있는 축소된 부피에서 그 이상의 감소를 막는 거야. 파울리의 배타원리에 따르면, 에너지가 4개의 동일한 양자수로 묘사되는 2개의 전자는 똑같은 공간을 차지할 수 없어. 그래

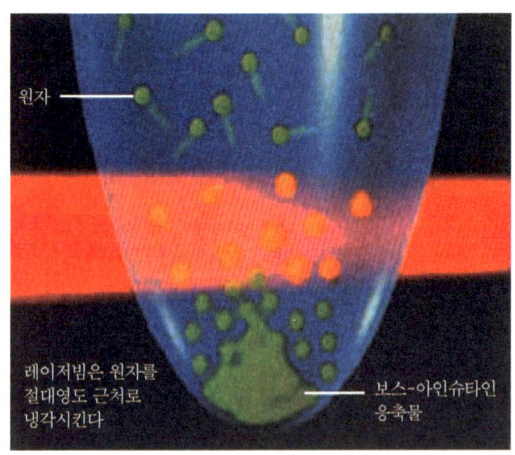

[그림 67] 보스-아인슈타인 응축물 내에서 확인된 갇힌 단일 이온

서 축퇴한 전자 기체Electron Gas*는 안쪽으로 향하는 중력에 대해 양자역학적 대항 압력을 가하는 것이지.”

"천문학자들은 실제로 우주에서 백색왜성을 보았을 것 같은데요. 그래서 결국 그들은 어떻게 되나요?"

"지구 위의 밤하늘에서 보이는 태양과 같은 별 중에 가장 밝은 별인 시리우스는 시리우스 B라고 불리는 백색왜성과 쌍성으로 함께 있지. 이 백색왜성의 크기는 지구에 맞먹는데 반해, 질량은 태양의 1.05배야. 그래서 시리우스 B는 지구보다 밀도가 약 73만 배 높지. 백색왜성이 어떻게 될 것인지는 우주가 상대적으로 어리기 때문에 대답이 불확실해. 주변부에 남아 있는 기체의 핵융합이 감소함에 따라 개별 백색왜성은 점차로 차가

---

* 금속 내의 자유전자를 기체로 간주했을 때 이들의 집합을 말하며 전도성, 불투명성, 광택 등과 같은 금속의 특징을 결정짓는다.

워져서 관측하기 정말로 어렵게 활동하지 않는 어두운 별이 되기 때문이지. 그러나 백색왜성이 쌍으로 나타나는 것이 발견되기도 해. 그런 쌍둥이 백색왜성은 폭발적으로 상호작용을 해서 Ia형 초신성을 탄생시킬 수도 있어. 그것에 대해서는 나중에 설명해줄게."

"좋아요. 그런데 모든 별은 늙어 가면서 똑같은 운명을 겪게 되나요?"

"그것은 크기에 따라 달라. 태양 질량의 약 8배 이하인 별은 대개 헬륨보다 훨씬 무거운 핵융합을 지탱할 수 없어. 그래서 그들은 적색거성으로 변하고, 나이가 들어감에 따라 최종적으로는 백색왜성이 되는 거야."

"이들 백색왜성은 모두 똑같이 생겼나요?"

"그것에 대해 궁금해하는 사람이 당신만이 아니야. 17세의 인도 물리학자가 영국의 케임브리지 대학을 방문하는 중에 똑같은 질문에 대해 숙고했지. 1928년에 수브라마니안 찬드라세카르Subrahmanyan Chandrasekhar(1910~1995)는 인도의 마드라스를 방문 중인 뛰어난 이론 물리학자 아르놀트 조머펠트Arnold Sommerfeld를 만났어. 조머펠트는 그에게 그 당시 양자역학에서 일어나고 있는 최신 발전들에 대해 소개해 주었지. 찬드라세카르는 그 후 연구 서적들을 읽다가, 케임브리지 대학에 있는 랠프 하워드 파울러Ralph Howard Fowler와 아서 스탠리 에딩턴의 저서들을 접하게 되었던 거야. 찬드라세카르는 1925년에 발간된 아서 에딩턴의 책에서 고전 물리학을 이용하여 계산할 때, 백색왜성의 큰 밀도를 별 안에 있는 원자들이 만들어내는 외부로 향하는 압력과 조화시키는 것이 어렵다는 것을 알게 되었지. 그러나 1926년 파울러의 책은 양자역학적 전자 축퇴가 정확한 설명을 해줄 수도 있다는 것을 암시했지. 대부

| **수브라마니안 찬드라세카르** 찬드라세카르는 백색왜성의 질량은 태양 질량의 1.4배를 넘을 수 없다는 것을 밝혔다. 이 연구로 1983년 노벨물리학상을 수상했다.

분의 천문학자가 그 당시 막 생겨난 양자역학에 대해 잘 몰랐기 때문에 이러한 아이디어는 확립되는 데 꽤 긴 시간이 걸렸고 찬드라세카르도 같은 이유로 몇 년의 시간이 필요했어."

"정확하게 찬드라세카르가 무엇을 했나요?" 아내는 주문한 해산물 요리를 거의 다 먹으면서 조바심이 나서 물었다.

"그는 인도에서 영국으로 향하는 배에 18일간 갇혀서 백색왜성의 외부에서 내부로 이동할 때 밀도, 압력, 중력이 변하는 방식을 계산하면서 시간을 보냈어. 다시 말하자면, 백색왜성의 내부 구조를 확립하는 연구를 했던 것이지. 그보다 먼저 파울러가 그랬던 것처럼, 그는 갇힌 전자들이 빛의 속도에 가까운 속도로 움직이고 있다는 것을 결론 내리는 데 양자역학 법칙을 이용했어. 그러나 찬드라세카르는 이것이 특수 상대성이론을 포함시킬 필요가 있다는 것을 의미한다는 것을 깨달았지. 당시 유럽에서 이론가들이 두 가지 이론의 정확성에 대해 이제 막 연구를 시작하고 있었기 때문에 신입 대학원생에게도 쉬운 일이 아니었지. 그러나 그는 이미 그렇게 빨리 움직이고 있는 전자의 에너지의 증가가 더는 전자의 속도를 증가시키지 않고, 대신 전자의 관성을 증가시키는 역할을 한다는 이론을 확립시켰지."

"관성은 외부의 힘에 의해 영향을 받지 않는 한, 정지 상태일 때는 계속해서 정지 상태를 유지하거나, 운동하고 있을 때는 영원히 일정한 속도로 계속해서 물체의 운동 상태를 계속 유지시키려는 물체의 속성 아닌가요? 어떻게 관성이 변할 수 있죠?"

"속도가 빛의 속도에 가까워질 때 일어나는 현상은 운동하고 있는 전자의 질량이 실제로 증가하게 되어 그 이상의 가속에 대해서 저항한다는 것이야. 아마도 내가 25년 후에 물리학을 공부한다면, 그것은 이미 널리 잘 알려져서 많은 실용적 장치에서 적용되고 있을 거야."

"찬드라세카르가 시대를 앞섰다는 말인가요? 그런데 그것이 그가 이룩한 모든 것인가요?"

"그의 계산은 두 가지 독립된 결과를 이끌어냈는데, 백색왜성의 내부 구조를 어떻게 결정하는지를 보여주었고, 어떤 백색왜성도 태양 질량의 1.4배보다 큰 질량을 가질 수 없다는 것을 발견했다는 것이야. 내부 구조를 계산할 수 있다는 그의 논문은 이해하기가 더 쉬워서 찬드라세카르가 영국에 도착한 후 1년이 안 되어 출간되었어. 양자역학을 상대성이론과 맞물리게 하는 것은 더 놀랍고 이해하기가 더 어려워서 영국 천문학회지에 제출된 논문을 심사하는 천문학자들에 의해 보류되었지. 찬드라세카르는 계속되는 보류에 지쳐서 논문을 미국 천문학회지에 보냈어. 다행히 그것은 양자역학 이론을 잘 알고 있는 물리학자에 의해 심사되었고, 그는 동료 천문학자와 상의한 후에 출판을 추천했어. 찬드라세카르는 이것과 그 후에 이어지는 발견들 때문에 노벨물리학상을 수상할 때까지 55년을 보내야 했지."

"질량이 태양 질량의 8배를 초과하는 늙어가는 별에는 어떤 일이 생기는지 궁금해요." 아내는 후식으로 커피를 마시면서 말했다.

"조그만 기다려. 내가 집에 가서 자세히 이야기해줄게."

스물네 번째 식사

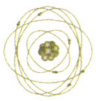

음료를 마시며 나눈 마지막 대화

초신성과 중성자별

아내가 정성껏 준비한 저녁을 먹고 나는 의자에 앉아 둘이 가장 좋아하는 음료를 마시면서 마지막 이야기를 시작했다.

"우리가 큰 별들의 자세한 역사에 대해 아는 것은 상당히 추측에 의한 것이야. 우리는 별이 크면 클수록 그 일생이 더 짧다는 것을 알고 있지. 또한 대략 태양의 8배를 초과하는 질량을 갖는 별은 탄소와 산소를 형성하는 과정을 넘어서는 핵융합 과정을 지탱할 수 있다는 것을 알고 있어. 질량이 태양 질량의 8배를 초과하는 별은 탄소와 산소의 핵융합을 유발시켜서 무거운 원소들의 핵을 형성할 수 있을 정도로 높은 온도에 도달할 수 있지. 예를 들어 큰 별의 가장 바깥쪽 층은 온도가 우리 태양 내부에서와 마찬가지로 500만 도 정도에 이르게 되는데, 이것은 수소에서 헬륨으로 핵융합을 촉발시키기에 충분한 것이지. 별 내부로 이동해보면 헬륨에서 탄소와 산소로 핵융합을 촉발시킬 정도로 높아질 때까지 온도와 압력이 상승하게 되지. 그러나 깊이 들어갈수록 연속되는 층들은 산소, 질소, 마그네슘 등을 포함하고 내부 중심부는 점차로 붕괴되어 안정적인 철-56이 되는 방사성 원소 니켈-56으로 만들어져 있어. 거기까지가 핵융합이 자발적으로 일어날 수 있는 한계야."

"왜 핵융합 과정이 철에서 멈추는 것이죠?"

"철에 있는 각 핵자의 결합에너지가 다른 어떤 원소보다 크기 때문에 철-56의 핵융합은 가벼운 원소로 핵분열하는 것과 마찬가지로 외부에서 추가 에너지가 필요하지."

"잠깐만요. 아까 무거운 별은 동심구체의 층들이 훨씬 무거운 원자들로 이루어졌다는 사실을 제외하고 양파와 유사한 구조를 가지고 있다고 말하지 않았나요?"

"그것이 바로 천체 물리학자들이 무거운 별들의 구조라고 실제로 믿는 것인데, 핵융합 과정은 층들의 경계선에서 일어나게 돼. 가장 내부의 니켈-철 중심부는 그 안에 있는 전자들의 바깥으로 향하는 축퇴 압력을 이용하여 안으로 수축하게 하는 중력에 저항하게 되지. 중심부가 훨씬 더 많은 철을 축적하게 되면, 그 크기가 찬드라세카르 한계를 초과하게 되고, 그것은 급격히 수축되면서 중성자별을 만들게 되는 반면, 바깥쪽 층들이 폭발하게 되는 데 이를 II형 초신성이라 부르는 것이야."

"와! 정말 흥미로운데요. 천문학자들이 오랫동안 초신성들을 관찰해왔을 것 같아요."

"최초로 기록된 초신성은 2세기 말경 중국의 천문학자에 의해 보고되었지. 당신이 상상할 수 있듯이, 몇 주일간 지속되다가 그 후 사라지는 새로운 밝은 별의 갑작스러운 등장은 지금까지 늘 관심을 끌어오고 있어. 그래서 캘리포니아 공과대학California Institute of Technology에 있는 급한 성격의 물리학자인 프리츠 츠비키는 1930년대 초반에 초신성에 이끌려 천체물리학 연구를 하게 되었지. 1932년 제임스 채드윅이 중성자를 발견한 이후, 츠비키는 늙어가는 별의 중심부는 원자핵의 밀도에 가까운 밀도에 이를 때까지 급격히 수축하게 될 수도 있다는 것을 주장했어. 그렇게 초밀도의 중심부 안에 있는 물질은 압축된 중성자 가스로 변형되고, 그 중성자 가스의 중력은 별의 크기와 질량을 줄이게 된다는 것이지. 그리고 그 '잃어버린' 질량은 초신성의 폭발에 힘을 가하게 된다는 거야."

"츠비키가 중성자별을 주장한 근거는 무엇이었나요?"

"결국에는 꽤 선견지명이 있는 것으로 밝혀졌던 상상에 의한 직관과 대략적인 계산이지. 츠비키는 근처의 윌슨 산 천문대에서 월터 바데Walter Baade와 함께 초신성들을 관측하고 중성자별에 관한 확실하지 않은 이론을 발전시키기 위한 연구를 계속했어. 그 당시 동시대 학자들에 의해 크게 무시당했던 츠비키의 추측은 중성자별이 실제로 확인된 대략 35년 후에야 입증되었지."

"그 이후 아주 흥미로운 이야기가 있었겠는데요."

"1967년에 케임브리지 대학에서 조셀린 벨 버넬Jocelyn Bell Burnell이라는 대학원생이 우주에서 방출되는 전파 신호를 감지하기 위해 고안된 전파 망원경으로 작성한 다량의 도표 자료를 검토하고 있었어. 그녀는 대략 1초에 한 번씩 나타나는 규칙적으로 반복되는 신호를 발견했어. 지도 교수의 자문을 통해 그녀는 그것의 근원이 빠르게 자전하는 중성자별이라는 것을 확인하고, 그 발견을 박사학위 논문의 핵심으로 제출했지. 그 논문이 출간되었을 때 그녀의 박사학위 논문 지도 교수의 이름이 다섯 명의 공동 저자 중에 첫 번째로 있었는데, 그런 논문 출간에서는 흔히 있는 일이지. 그런 식으로 해서 앤터니 휴이시Antony Hewish(1924~)가 1974년에 노벨물리학상을 공동 수상했던 거야. 그런데 그것도 조셀린 벨 버넬과 공동 수상한 것이 아니고."

▮ **앤터니 휴이시** 휴이시는 1974년에 구경 합성 기술을 개발하고 태양의 플라스마에서 영향을 받기 쉬운 장파장 전파로 우주 전파원을 살피다가 매우 짧은 주기로 강도가 변하는 펄서를 발견하여 마틴 라일Martin Ryle과 함께 노벨물리학상을 수상했다.

"그렇다면 상당한 분노를 야기했을 것 같아요. 최근에 스웨덴 학계에서 그런 남성 우월주의가 여전히 존재했다니 믿기 어려워요."

"그렇지만 버넬은 많은 다른 상과 훈장을 받았는데, 1999년에는 대영 제국 훈장을 받았고, 2007년에는 기사 작위까지 받았지."

"자전하는 중성자별이 어떤 것인지 설명 좀 해주세요?"

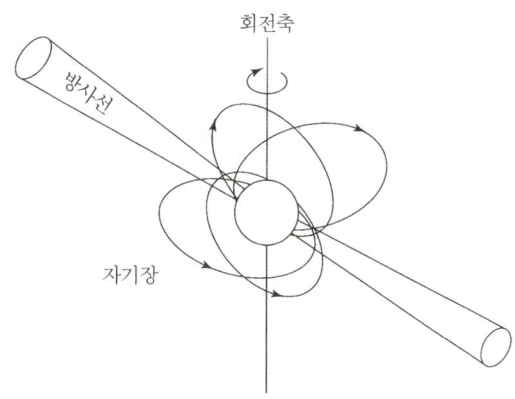

[그림 68] 자전하는 중성자별과 그것의 자기장과 자축을 따라 내뿜는 복사를 그림으로 나타냈다.

"중성자별은 직경이 약 10킬로미터인 밀도가 아주 높은 구체인데, 축을 중심으로 빠르게 회전하지. 이런 경우 회전 속도는 더 빠를 수도 있지만 초당 1바퀴 정도 회전하는 거였어. 그 결과 중성자별은 아주 강한 자기장에 의해 둘러싸여 있는데, 지구의 자축과 자전축이 서로에게 기울어져 있는 것과 마찬가지의 이유로 중성자별의 자축은 자전축에서 기울어져 있어(그림 68). 중성자별이 자전을 할 때 전자기파가 자축을 따라 방출되는데, 이것 때문에 중성자별은 등대 꼭대기의 회전하는 불빛처럼 보이게 돼. 이런 전자기파가 지구에 전파되면, 기록이 가능한 펄스(지속 시간이 극히 짧은 전류나 변조 전파)가 되어 자전하는 중성자별은 다른 말로 펄서(펄스를 내는 별)라고도 해. 현재까지 우리는 방사선, 가시광선, X선 펄서를 관측했어."

"모든 큰 질량을 갖는 별은 나이가 들면 중성자별이 되는 건가요?"

블랙홀

"질량이 대략 태양의 20배를 초과하는 별은 매우 밀도가 높은 내핵을 형성하지. 이러한 핵이 대략 태양 질량의 2.5배를 초과하면, 어떠한 척력도 주변을 둘러싸고 있는 층들에 작용하는 중력을 극복할 수 있을 정도의 충분한 힘을 가지고 반대로 밀어붙일 수 없어. 그래서 핵은 붕괴하여 블랙홀을 형성하게 되는 거야."

"아인슈타인의 일반 상대성이론에 대해 이야기할 때 블랙홀을 언급했죠? 그런데 블랙홀은 무엇이고 어떻게 생겨난 것인가요?"

"그 후에 나타난 것은 직접적인 관찰보다는 이론적 계산에 근거한 것이지. 급격히 수축하는 별의 핵은 밀도가 무한대인 한 점으로 압축된다고 하지. 이것은 '특이점$_{singularity}$'으로도 불리는데, 중력에서 벗어나는 데 필요한 속도인 '탈출속도$_{escape\ velocity}$'가 빛의 속도와 똑같아지는 둘레인 '사건 지평선$_{Event\ Horizon}$' 안으로 일단 들어오게 되면, 블랙홀의 강력한 중력이 빛을 구성하는 광자조차도 탈출할 수 없게 하지. 그것이 바로 블랙홀을 직접 관찰할 수 없는 이유이기도 해. 수학적인 특이점은 제1차 세계대전에서 독일군에서 근무하던 카를 슈바르츠실트$_{Karl\ Schwarzschild}$가 처음으로 계산했는데, 그는 아인슈타인의 일반 상대성이론에 근거를 두고 계산했지. 그는 1915년에 아인슈타인에게 논문 2편을 보냈는데, 첫 번째 논문에서는 고립된 별 내부와 주변의 시공간의 곡률을 다루었어. 그가 러시아 전선에서 걸린 병으로 죽기 바로 전에 완성했던 두 번째 논문에서는 현재 '슈바르츠실트 특이점'이라 불리는 것의 형성 과정을 설명했지. 아인슈타인은 블랙홀의 개념을 이상하다고 생각했지만, 그를 대신하여 그 논문들을 물리학자들에게 소개했던 거야."

"우리는 그 개념을 이상한 것이라고 생각하지 않는데요."

"1939년에 로버트 오펜하이머$_{Robert\ Oppenheimer}$와 하틀랜드 스나이더$_{Hartland\ Snyder}$는 아인슈타인의 일반 상대성이론을 이용하여 큰 질량을 가진 별들은 궁극적으로 블랙홀이 된다고 결론을 내렸어. 그런데 그들의 저명한 프린스턴 대학 동료인 존 휠러$_{John\ Wheeler}$는 1962년까지 이러한 계산을 신뢰할 수 없다고 생각했다가, 1962년 즈음에 일부 큰 질량을 갖는 별들이 블랙홀로 붕괴된다는 것에 동의를 했지."

"우주에서 존재할지도 모르는 블랙홀을 실제로 탐지해낼 수 있는 방법이 없나요?"

"그것은 러시아의 천체 물리학자인 야코프 보리소비치 젤도비치$_{Yakov}$

Borisovich Zeldovich가 해냈어. 그의 이론적 계산은 우리가 현재 블랙홀에 대해 이해하고 있는 것에 상당한 기여를 했고, 1964년에 실제로 블랙홀을 찾는 시도를 하게 했지. 그것은 블랙홀이 사건 지평선 밖에 있는 별들 사이의 기체들뿐만 아니라 블랙홀 부근에 있는 별들에 영향을 끼칠 것이라고 예상되는 방법을 찾는 데 기반을 두고 있었어."

"내 생각에는 블랙홀의 중력이 주변의 물체에 현저한 영향을 끼칠 것 같은데요."

"1965년부터 시작하여 10년 동안, 새로운 젊은 천체 물리학자들은 계산을 통해 블랙홀이 회전할 수 있으며 블랙홀을 둘러싸고 있는 시공간에서 토네이도와 같은 소용돌이를 만들어낼 수 있다는 것을 보여주었어. 블랙홀에 빠지는 별이나 다른 질량이 큰 물체는 지구가 지진이 일어날 때 맥동하는 것과 똑같은 방식으로 블랙홀을 맥동하게 하지. 그들의 계산은 또한 블랙홀의 질량, 전하, 회전 속도가 블랙홀의 중력과 사건 지평선의 모양을 결정하는 데 지배적인 매개변수들이라는 것을 보여주었지. 그러나 그들은 1975년경에 자신들이 한 분석의 대부분을 결론지었고, 이 그룹의 천체 물리학자들은 점차로 다른 문제들을 연구하기 위해 떠났어. 그와 비슷한 시기에 65세의 찬드라세카르는 그 그룹이 발전시켰던 복잡한 수학을 확장, 발전시키기로 결심하고, 8년 후 그 결과를 《블랙홀의 수학 이론 The Mathematical Theory of Black Holes》이라는 책으로 출판했어."

"허블 우주망원경과 다른 위성들을 통한 관측이 블랙홀을 찾는 데 도움이 되었나요?"

"물론이지. 우리는 이제 거대한 블랙홀이 우리의 은하계를 포함한 대부분 은하계의 중앙에 자리하고 있다는 것을 알게 되었지. 또한 더 멀리 떨어진 은하계에서도 블랙홀을 찾아냈어."

표준 촉광으로서 초신성

"조금 전에 Ia형 초신성에 대해서 설명해준다고 약속했죠? 그것은 II형 초신성과 어떻게 다른가요?"

"II형 초신성은 질량이 큰 별들의 매우 높은 밀도를 갖는 핵이 폭발해서 중성자별이 만들어질 때 생성되지. 초신성은 가장 바깥쪽 층에 있는 수소에서 형성된 모든 원소를 포함하는 항성이 갑자기 크게 폭발하여 만들어지는 거야. 반면에 Ia형 초신성은 백색왜성이 폭발하면서 생성되는데, 백색왜성은 별 내부에 있는 수소와 헬륨이 모두 융합해서 결과적으로 탄소와 산소를 형성하는 적색거성의 잔류물이지. 그래서 Ia형 초신성의 스펙트럼에는 수소 방출선이 없는 거야."

"융합 과정이 산소에서 멈추는 이유는 백색왜성의 전 단계가 태양의 질량보다 몇 배 크지 않은 별이기 때문이라고 말하면 맞나요? 그런데 무엇이 백색왜성을 폭발하게 하나요?"

"시리우스 B와 같이 고립된 백색왜성들과 궁극적으로 우리의 태양은 폭발하지 않을 것으로 생각되는데, 대신에 점진적으로 더 어두워질 거야. 백색왜성이 이웃하는 백색왜성이나 기체에서 추가로 질량을 공급받게 되면, 그 백색왜성은 찬드라세카르 한계에 이를 때까지 더 커지고 뜨거워지며, 밀도가 커지게 되지. 그 한계에 이르면 백색왜성이 열핵 폭발을 하게 되는 거야. 그런데 실제로 이 과정이 진행되는 것을 관찰한 사람이 아무도 없어서 지금 말하는 것은 전적으로 수학적 계산에 근거를 둔다고 할 수 있어."

"내 생각에 초신성이라는 명칭은 폭발하는 별이 매우 밝다는 사실에 근거하는 것 같아요. 초신성을 관측할 때 어떤 유형의 초신성인지 어떻게 구별할 수 있죠?"

"태양보다 40억 배 만큼이나 밝은 초신성들이 발견되고 있어. 그렇지만 지구에서 측정하는 밝기는 주로 폭발하는 별에서 우리가 얼마나 멀리 떨어져 있는지에 달려 있어. 초신성의 유형을 결정하는 것은 별의 방출 스펙트럼을 기록함으로써 가능하지. 수소 방출선이 관측되면 Ia형이 아님을 알 수 있어. 왜냐하면 백색왜성은 사실상 폭발하기 오래전에 가지고 있는 모든 수소를 다 융합해 버리기 때문이지. 반대로 II형 스펙트럼은 훨씬 다채롭고 수소에서 나오는 몇 개의 강력한 방출선을 포함하고 있지."

"어떻게 초신성이나 멀리 떨어진 은하에 있는 별과의 거리를 측정할 수 있어요?" 아내가 별의 밝기에 대한 나의 말을 기억하고서 물었다.

"그것이 바로 수년 동안 천문학자들을 힘들게 해왔던 문제야. 여러 가지 다양한 별을 고찰했지만, 초신성의 기원에 대해 더 많이 이해하게 된 최근까지는 은하수 밖에 있는 은하계에 대한 신뢰할 만한 거리지표가 밝혀지지 않았지. 백색왜성들이 서로 비슷한 역사를 가지고 있다고 여겨지기 때문에, 그들의 폭발이 비슷한 밝기를 낸다고 예측되는 거야. 그래서 초신성은 표준 촉광으로 기능을 할 수 있는데, 표준 촉광의 적색편이~red shift~는 지구의 관측자의 거리를 측정할 수 있는 수단을 제공하고 있어. 두 그룹의 천문학자들은 이것을 증명하기 위해 연구를 시작했지. 서부 해안의 솔 펄머터~Saul Perlmutter(1959~)~가 이끄는 '버클리 초신성 우주론 프로젝트 팀'과 하버드 대학의 로버트 커슈너~Robert Kirshner~의 'High-Z 초신성 탐색 팀'이 바로 두 그룹이야. 버클리 팀은 통계적인 변이를 최소화하기 위해 기록된 Ia형 초신성의 수를 최대화하는 데 집중했고, High-Z 팀은 횟수가 더 적은 관측에 대해 정밀성을 극대화하는 데 역점을 두었지."

"동일한 초신성에 대해 2가지 다른 관측을 하는데서 생기는 차이점은 무엇인가요?"

"몇 가지 요인이 분석을 복잡하게 할 수 있지. 그 요인 중에 가장 중요한 것은 전파되는 빛을 부분적으로 흡수하는 별 사이에 존재하는 먼지야. 버클리 팀이 거의 3배나 많은 수의 멀리 떨어진 초신성을 관측했지만, 각 초신성에 대한 측정 오차는 High-Z 팀보다 거의 2배나 컷지. 흥미롭게도 그 두 그룹이 독립적으로 연구를 했고 서로 수위를 차지하기 위해 경쟁까지도 했지만, 최종 결과는 매우 놀랄 정도로 유사했어."

"그 경쟁에서 최종 승자가 있었나요?"

"최종 측정 결과가 다소 놀라운 것이었기 때문에, 두 팀 모두 증명을 더 하기 전에 결과 발표를 꺼렸지.

| 솔 펄머터 펄머터는 초신성을 관찰해 우주가 가속 팽창한다는 사실을 밝힌 애덤 리스Adam Riess, 브라이언 슈밋Brian Schmidt과 함께 2011년 노벨물리학상을 공동 수상했다. 이들은 1998년에 우주가 가속 팽창한다는 동일한 연구 결과를 내놓기도 했다.

1998년에 마침내 High-Z 팀은 연구 논문을 천문학회지에 제출하기로 결정했고, 그 후에 버클리 팀도 비슷한 결과를 제출했지만 책은 1999년에 발간되었어."

"그들의 결과에서 무엇이 그렇게 놀라운 것이었죠?"

"그들의 측정은 우리가 믿었던 것처럼 멀리 떨어져 있는 은하계는 거리가 멀어질수록 더 빠른 속도로 우리에게서 멀어지고 있는 것이 아니라, 실제로 은하계의 이탈이 가속화되고 있다는 것을 보여주었던 것이야. 그것을 설명할 수 있는 유일한 방법은 은하계를 서로 떼어 놓는 암흑 에너지가 있을 수밖에 없다는 것을 가정하는 것이지. 이 새로운 미지의 것이 당신도 이미 알다시피 우주배경복사 측정에 의해 그 존재가 독립적으로 확인되었던 눈에 보이지 않는 암흑 물질을 결합시키는 거야."

"그래서 이제 이야기가 끝난 것인가요?"

"나는 그것이 우리의 우주 탐험에서 그 다음 단계로 나가는 시작이라고 생각해. 이 때문에 유럽 우주 항공국은 2009년 5월 14일에 로켓을 발사해서 2개의 궤도로 두 관측소를 보냈지. 허셀 우주 관측소는 우주 먼지가 다른 파장들의 복사를 차단하기 때문에 지금까지는 관측되지 않았던 별들의 형성을 밝히기 위해 원적외선과 파장이 1밀리미터 이하인 복사를 감지할 수 있는 장비를 갖추었지. 플랑크 위성은 윌킨슨 탐사선보다 훨씬 광범위한 각도의 영역에 걸친 민감한 저온 감지기로 우주배경복사를 자세히 조사할 거야. 이것은 우주의 생성에 대한 급팽창 모형의 정확성을 확증할 수 있는 우주배경복사 편광(偏光)의 소용돌이를 감지할 수 있기를 희망하고 있기도 하지."

"더 좋은 모형도 있나요?"

"팽창 우주론에 대한 몇 가지 대안이 제안되었지. 그 대안들은 다차원적인 끈이론을 활용하는 경향이 있는데, 전형적으로 특이점을 통과하여 팽창하는 단계로 가기 전에 초기의 수축하는 단계를 포함하고 있어."

"그런데 그 중 팽창 우주론보다 관측 결과와 잘 들어맞는 것이 있지 않나요?"

"지금까지는 제기된 대안 중에서 그 어떤 것도 팽창 우주론만큼 잘 발전되어 있지 않고 관측 결과에 잘 들어맞지도 않아. 추가적인 관측을 통한 증거가 이들의 유용성을 증명해야 하지. 플랑크 탐사선이 1,000억 번이 넘는 측정 결과를 수집하고 그 과정을 진행시키는 데 거의 2년이 걸릴 것이지만, 탐사는 계속되고 있어."

"지금까지 당신이 물리에 대한 많은 지식을 이해하기 쉽게 설명해주어서 정말 고마워요. 앞으로도 일상에서 물리에 대한 관심을 갖도록 할게요."